獣医学の狩人たち 2

20世紀の獣医偉人列伝

大竹 修

大阪公立大学共同出版会

序

　「光陰矢の如し」今のうちに、獣医界における先達の偉業や、生き様を残しておかなければ、明日の日に、その名は忘れ去られ、功績は埋もれてしまうのではないだろうか。

　こんな不安と焦りの気持ちが、まるで評伝を作ることが、自分の晩年に課せられた義務であるかのような錯覚に陥いらせた。

　2017年5月に出版された、28名の「獣医学の狩人たち・20世紀の獣医偉人列伝」に続き、新たに20名を追加した。

　本書に描かれた偉人は、第二次世界大戦後の未曾有の不況の中を、飽くなき探求心と旺盛な好奇心で、自分の信じた道をひたすら歩み、夢を実現し、社会の要請に応えるために、熱く生きた人々である。

　本書には、空襲で灰燼と化した学園を復興させ、「中興の祖」と呼ばれた偉人、郷土の誇りとして、民衆の手で顕彰された偉人、世界最大の伝染病を根絶に導いた偉人、食中毒の原因究明と防遏に貢献した偉人、人工授精や胚移植技術を、世界に先駆けて普及させた偉人たちが掲載されている。

　それぞれの分野のパイオニアであるため、獣医畜産関係者および学生には、獣医学史の一環として認識していただくことを期待する。

　一般の読者には、獣医分野の研究が、人類の健康と平和に大きく貢献していることを、知っていただく機会になるのではなかろうか。

　各評伝の多くは、公益財団法人動物臨床医学研究所（理事長　山根義久氏）が発行している「動物臨床医学誌」に連載されたものを修正・加筆した。

　本書の出版にあたり、初版同様多大なご支援をいただいた日本全薬工業株式会社（ゼノアック）社長の福井寿一氏、編集の労をとってくれた浜名克己鹿児島大学名誉教授、および、根気よく著者の要望を取り入れてくれた大阪公立大学共同出版会事務局長の児玉倫子氏に、深謝いたします。

2020年3月　　大竹　修

目　　次

参考：獣医学の狩人たち、初版、2017年5月1日発行、目次

掲載人物紹介

- **中村道三郎**：明治、大正、昭和の3代にわたって、麻布学園の発展一筋に尽力し、戦火で灰燼と化した麻布獣医学校を、学生たちとともに汗して見事に再建し、「麻布大学中興の祖」と敬慕された。

  犬臨床の大家として一世を風靡し、獣医畜産教育功労者として紫綬褒章を受章した。

- **大澤竹次郎**：幼少時代から、過酷な環境にくじけることなく学問を志し、東京大学、東京農工大学、および麻布大学において、多くの獣医解剖学書を著わし、「仏の竹次郎先生」として学生から慕われた。

  自身が希有な大事件に関連した経験をもち、後に住民の手により、郷土の偉人として顕彰され、評伝も出版された。

- **田中丑雄**：東京大学農学部長、初代東京農工大学長を務めた、獣医薬理学者。戦後に獣医事審議会委員長として、GHQから獣医学教育6年制を打診されて尽力したが、畜産の振興を目的として設立された獣医学科は、農学部門の1分科という論が強く、多勢に無勢で押し切られ、無念の涙を飲んだ。

  獣医学の歴史を後世に伝え残すために、日本獣医史学会を設立した。

- **白井恒三郎（紅白）**：文永堂出版社で、「獣医畜産新報（JVM）」の編集主幹として長年活躍した、獣医畜産ジャーナリストの大御所である。

  多くの獣医畜産誌の編集や執筆に携わり、不朽の名著「日本獣医学史」を著わした。

- **梅津元昌**：軍馬に鼻疽が多発していた時代に、奉天獣疫研究所で、従来の診断液の30倍の効力を示す"マレイン"を開発した。

　東北大学時代に、日本初のケトーシス症例を発見し、反芻動物の消化生理機構の研究を進める中で、ルミノロジーを提唱し、名著「乳牛の科学」を著わした。日本獣医畜産大学（現日本獣医生命科学大学）学長を務めた。

- **中村稕治**：釜山の獣疫血清製造所において、史上最大の伝染病として、世界中から恐れられていた"牛疫"に対して、生ワクチンを開発し、天然痘についで、牛疫を地球上から根絶に導いた立役者である。

　後に日本生物科学研究所を設立し、各種ウイルス感染症のワクチンを開発し、日本農学賞、紫綬褒章を受賞した。

- **中村良一**：北海道大学および日本獣医畜産大学（現日本獣医生命科学大学）で、臨床研究一筋の道を歩み、「獣医内科診断学」および「獣医内科治療学」を著わし、獣医心電図研究会初代会長として貢献した。

　特殊な経験として、馬の伝染性貧血裁判の証人となり、また日本初の南極観測隊の出発に際し、氷と吹雪の世界で活躍する役目を担う樺太犬の、事前の体調管理に一身を投げ打った。

- **北　昂**：「蹄なくして馬なし」といわれた軍馬の華やかな時代に、獣医士官として装蹄学の研究に専念した。

　戦後は日本装蹄学校（現駒場学園）で、装蹄師、牛削蹄師の養成と技術水準の向上に貢献し、「日本装蹄発達史」の編纂に全精力を傾けた。

　麻布大学へ移ってからは、心臓外科学領域の研究活動を推進した。

- **西川義正**：家畜の人工授精に関する世界的権威である。農林省畜産試験場から京都大学に移り、後に帯広畜産大学の学長を務めた。

　　迷信や宗教的理由に阻まれながらも、人工授精の実績をあげ、畜産界に大きく貢献した。凍結精液の技術開発に成功し、学士院賞を受賞した。

　　世界畜産学会会長を務め、畜産の繁栄に大きく貢献した。

- **椿　精一**：遠足で訪れた福島県の野口英世記念館で、野口博士の世界的な偉業に感化され、細菌学を学ぶために獣医学の道に進んだ。

　　北里研究所の研究員としてワクチン製造に尽力し、青森県十和田市に北里大学獣医畜産学部を設立する立役者となった。

　　日本獣医師会会長として、悲願の獣医学教育6年制改革に尽力した。

- **今泉吉典**：国立科学博物館の動物研究部長として、膨大な著作を世に出した著名な動物学者。日本の主な山岳や島を踏破して動物採集を続け、形態分類学の研究に専念した。イリオモテヤマネコや、ニホンオオカミ研究の第一人者であった。

- **桐沢　統**：農林省家畜衛生試験場（現動物衛生研究所）北陸支場において、吉田信行支場長とのコンビで、牛乳房炎の研究に専念した。

　　日本全薬（ゼノアック）に転職すると、乳房炎治療薬や、乳房炎診断液（PLテスター）を開発した。産業動物獣医師の研修の場として、「しゃくなげ会」の設立、運営に貢献した。

- **幡谷正明**：東京大学時代、酪農が盛んになるにしたがって、急増した生産病の第四胃変位と、ルーメンアシドーシスに起因する蹄病に対して、予防治療および普及活動に貢献するとともに、宮崎大学へ転出後は、牛の異常産（アカバネ病）の病因探索に尽力した。

- **藺守龍雄**：戦後、馬から牛に主体が変ったわが国の畜産形態の中で、大阪府立大学において、獣医繁殖学の研鑽、邁進によって、農家の生活安定に貢献し、家畜繁殖学会の充実と発展に強いリーダーシップを発揮した。

  チリ国との「家畜繁殖研究プロジェクト」の代表として、成功に導く国際的な貢献を果たした。

- **阪崎利一**：国立予防衛生研究所（現感染症研究所）において、サルモネラの研究をはじめ、病原性大腸菌や腸炎ビブリオの研究で、朝日賞を受賞した。

  カンピロバクターやエルシニアなどの研究で、細菌分類学領域の研究に貢献してバージェイ賞を受賞し、自分が発見した細菌にエンテロバクター・サカザキの名前が付された。わが国獣医界初の野口英世記念賞を受賞した。

- **三宅　勝**：帯広畜産大学において、獣医繁殖学一筋の研究生活で、この分野の基礎を築き、さらに普及に努めた。

  北海道家畜人工授精師協会の会長として、人工授精師の技術水準の向上に貢献するとともに、教育者として高く評価された。

- **杉江　佶**：農林省畜産試験場において、牛の過剰排卵誘起の研究から始まり、ついに世界で初めて、牛の非手術的な胚移植技術に成功するという偉業をなしとげ、日本農学賞を受賞した。

- **村上大蔵**：畜産の盛んな東北地域の山間部や牧野において、原因不明の奇病が頻発した時代に、岩手大学の臨床スタッフとして、馬の腰フラ病（簗川病）や牛のワラビ中毒、ピロプラズマ病、グラステタニーなど、放牧病の病態および病因を明らかにした。

  さらに乳牛の低カルシウム血症による産前産後の疾病の病理を研究し、「カルシウム代謝の岩大」の評価を高めた。

- **阪口玄二**：大阪府立大学において、人の食中毒で一番恐ろしいボツリヌス菌による食中毒の発生メカニズムに関する研究に邁進した。

  毒素の抗原性の違いによって、A～G型に分類されるボツリヌス毒素の作用機序の解明など、世界のボツリヌス毒素の研究業績は、阪口の独壇場であった。日本細菌学会の最高賞である浅川賞を受賞し、紫綬褒章も受賞した。

- **坪倉　操**：齧歯類の仮性結核症の病原体程度の認識度であったエルシニアが、小児の腸管感染症や食中毒などの人獣共通感染症の病原体としてクローズアップされた。鳥取大学において、健康豚がエルシニアを保菌しているという研究業績は、坪倉の名を一躍世界に広め、日本獣医学会越智賞を受賞した。

1．麻布大学中興の祖
中村道三郎　NAKAMURA Michisaburo（1878～1962）

中村道三郎理事長

　かつて麻布獣医学園では、「ミッチャン」の愛称で呼ばれ、世間から「麻布の中村」か「中村の麻布」か、と噂された中村道三郎理事長は、厳格な中に心の底に流れる温かいものを感じさせる人であった。

　明治・大正・昭和の3代にわたって、全人生を「麻布」に奉仕し、全国津々浦々に居住する多くの教え子から、深く敬愛された、秀でた教育者であった。

　特に犬疾病学では、天下一といわれる卓越した臨床家であった。

　1878年3月11日に、備前（現岡山県早島町）の旧藩士の家に生まれた中村は、終生「私は士族だ」を誇りとした人であった。

　子供の頃から向学心が旺盛で、将来はぜひ上京して、勉学に励みたいという夢を、大きく膨らませてきた。

　そこで、草鞋、脚絆（きゃはん）姿に荷物を詰め込んだ笈（おい）を背負い、修験者のような恰好をして、神戸まで徒歩で行き、その後は神戸始発の汽車に乗って上京した。

　現在の歌舞伎座あたりにあった旧藩下屋敷で生活し、キリスト教会経営の学塾「自栄館」において、多感な青春時代を送った。

「自栄館」は後世、社会に大きな貢献を果たした人を、多く輩出したことで有名になった。

　郁文館、明治学院に通い、熱心に英語の知識を身につけた中村は、英文書籍の読解はもちろん、英会話も、通訳ができるまでに上達した。

　俗に"芸は身を助ける"といわれるが、後の中村にとって、英語力が身を助け、麻布学園の発展に大いに役立った。

　その後、東京帝国大学獣医学実科に入学し、1901年に卒業した。

　当時、東京帝大農学部本科は、学者を目指す者が多かったのに対して、実科は、実務者育成を目的とした教育をしていた。

　教員の多くは、本科と実科を兼任していた。

　実科卒業生からは、本科卒業生と同じく、世の中に偉業を残した学者を多く輩出した。中村も、そのうちの傑出した1人であった。

　卒業後は主馬寮馬医となり、御手元犬飼養方監督に任ぜられた。

　この職域は、天皇または皇族の手元で飼われている犬の管理責任者という立場で、1年5カ月間勤務した。

　その後は、山口県立農学校獣医学科教諭となり、2年半後に、当時、アジア地域に蔓延した牛疫*の、日本国内侵入防止のため、農商務省下関臨時牛疫検疫所に出向した。

　業務態度が優秀だった中村は、ここでも頭角をあらわした。

　中村の優秀ぶりを認めた農商務省の西川勝蔵畜産課長と、東京帝大の勝島仙之介教授の推挙によって、1905年に、弱冠28歳で、麻布獣医学園の教頭として迎えられ、付属動物病院長となった。

● 麻布獣医学園の歴史

　中村の人生を語るには、麻布大学の歴史を述べる必要がある。

　麻布大学の創立者は、明治初期に活躍した、旧薩摩藩出身の與倉東隆

博士である。

與倉は、中村を麻布へ引き抜いた西川課長や、勝島教授の友人で、開成学校法学部経済学科予科で学んでいた。

ところが、父の友人である松方正義（後の総理大臣）の強い勧めがあり、駒場農学校獣医学科に転入して、お雇い外国人ヤンソン教師の指導を受けた。

松方が與倉に獣医学を勧めた理由は、大久保利通の「日本の近代化には畜産学が必要である」という、強い思いが影響したためであろう。

卒業後は、米国やドイツに留学し、帰国後に駒場農学校教授として、日本の近代獣医学の発展に大いに寄与した。

東京農林学校（東大農学部の前身）の獣医学科長になった與倉は、学校を芝三田から、交通の不便な駒場に移そうという声が高まった時、移転によって、実地の臨床と学生実習が不便になることを心配した。

そのために、獣医畜産教育の疫学や、臨床などの実地面で、力のある者の養成を目標とし、1890年に、東京の麻布区本村町慈育小学校構内に「東京獣医講習所」を開設した。時に與倉は29歳であった。

この講習所は、1894年に「麻布獣医学校」となった。翌年、動物病院が開設されると、麻布区新堀町に移転し、校主として獣医学校の経営に専念することになった。

学校からは古川橋が近かったので、学校そのものが「古川橋」と呼ばれていた。

校舎はしゃれた洋館であった。與倉はいつも2頭立ての馬車で登校した。

與倉は、1909年に設立された、東京府獣医師会の初代会長を務めた。

與倉の活躍は目覚ましく、動物病院を中心とした麻布獣医学校は、京浜地区の競走馬、東京府下の乳牛、犬の、外来と往診が多数で、盛況を

きわめていた。

　臨床を担当していた中村は、犬病の診療で名声を博すとともに、建学の意を解し、「臨床の麻布」として特異な学校に育て上げた。

　與倉は1920年、60歳の時に流行性感冒に罹り、惜しまれながら他界した。

　その後、「麻布獣医学校」は1934年「麻布獣医専門学校」に昇格したが、1945年5月に米軍機の東京大空襲によって、学校の一切が灰燼（かいじん）となり、再起不能といわれた。

　1947年に、現在地の神奈川県に移転し、1950年に「麻布獣医科大学獣医学部獣医学科」となった。

麻布獣医専門学校の看板（1940年アルバム）

　このような変遷を経て、現在は麻布大学となった麻布獣医学園において、開祖、與倉東隆とならび称される「麻布の人」が、中村道三郎である。

・「麻布の人・中村」の由来

　中村は内村兵衛の跡を継ぎ、第10代、11代（1944〜49年）の校長になった。

　学制改革によって1950年、大学に昇格し、本邦唯一の獣医単科大学、麻布獣医科大学になると、初代学長に、東京大学から板垣四郎博士を迎え、中村は名誉校長となり、後に名誉教授となった。

　中村は、麻布での50有余年を、教頭、動物病院長、校長、理事長として、麻布獣医学園一筋に精根を打ち込み、現麻布大学の歴史を築いた、

まさに「麻布の人」である。

麻布に中村を迎えた第一の目的は、校風の刷新であった。

興倉校長の期待を裏切ることなく、見事に「質実剛健」の学風を樹立した。

動物病院を活用して、学校経営と臨床教育の発展を計り、「臨床の麻布」として、特異な学校に育て上げた。

大正時代の学生たちの休日や、サボタージュした者の娯楽は、もっぱら浅草でのオペラ観賞(特にオペラ常設の日本館)が大きな楽しみで、50銭もあれば終日楽しめた。

昭和の初期は世界恐慌で、大学を出ても就職難の時代であり、当時の青年は、将来への希望よりも、今日一日の生活に困惑した。

このような経緯を経た麻布獣医学園の中で、中村はひたすら診療に専念しながら、麻布の臨床水準の向上に努力した。

その結果、いつしか「麻布の中村」か、「中村の麻布」か、といわれるようになっていた。

東京大空襲で灰燼化し、再起不能といわれた時期に、中村は校長だった。

学校の最高責任者として、当時の都立園芸学校、旧海軍相模工廠（しょう）跡、日本経済専門学校、旧陸軍獣医資材廠跡、本校分校舎などを転々として、辛うじて授業を継続した。

これらの建物は、木造のバラック式で、戸締りも不完全なため、冬期休暇直前まで授業を続行するのがやっとであった。

軍馬は農耕馬に姿を変え、それに加えて、牛やめん山羊、豚など、畜産の必要性が叫ばれるようになった。

しかし、当時は戦後の困窮と食糧不足が続いていたので、遠方から列車通学する学生たちは、空腹を抱えて、板張りの床に直接正座して受講

するなどの不便や苦痛に耐えながら、勉学をしなければならなかった。

　中村は学生に向かって、「君たちは家畜の保健衛生、すなわち獣医的業務のみが仕事ではなく、獣医学を基礎として、国民生活に貢献せねばならぬ。

　そのための勉強であり、それだけ国民から期待されておる。したがって君たちの活動分野は無限である」と常々話していた。

　おそらく創立以来、最も経営難の時代だったであろう。

　このような困苦欠乏の時期だったからこそ、かえって向学心が鼓舞され、病欠者や中途退学者はほとんどいなかった。

　そしていつとはなしに、野球の試合などが、学外のチームとの間で行われ、文化祭的な行事も開催され始めた。

　そんな中で、中村は2～3の教員と図って私財を担保し、幾多の難関を乗り越えて、不屈の精神で見事に学園再興を成し遂げた。

　マッカーサー司令部に赴いた中村は、米国のデキソン獣医大佐と直談判するなど、超人的な働きをした。

　中村の熟練した英語力のおかげで、談判は通訳なしで行われた。

　「君はきれいな英語を使うね」と誉められるほどの熱意によって、学園は広い土地を得ることができた。

　相模野の淵野辺にあった平地林を伐採して造成された、陸軍兵器学校跡が、学校の候補地となった。

　当時の現地は一面に雑草が生い茂り、その中に何台もの壊れた戦車が放置され、敗戦の惨めな姿を晒していた。

　学校の復活が軌道に乗るまで、中村たち教員は廃墟のあばら屋に住み、学生たちは、近隣農家からムシロを集めて寝場所を作って生活した。そして食堂作りにも腐心した。

　中村は、この時代を振り返りながら、同窓会で「わが校は他校のよう

に、資本家などから出資の力を借りず、同窓諸君の協力により再建した。

　だから、同窓諸君の学校である。このような学校は他に類例がない」
と誇らしげに語った。

　このようなことから、中村は「麻布獣医学園中興の祖」と敬われる存
在として、現在までその名を残している。

　1947年に、現在の神奈川県相模原市渕野辺に移転し、それが現在の麻
布大学の始まりとなった。

　学校の経営が至難になった
時、不利用の土地を売却しよう
ではないかとの声が出た。

　その時、中村は「私の目の黒
い間、校地は絶対に売らない」
と断言した。

　「現在の学校の状況は、生死
の境にあるような状態だけれ

淵野辺キャンパスの本館

ど、前途は明るい。敷地は確保できたし、戦争も終わったのだから、こ
れからの問題は再建運用資金だけだ。

　何としても再建を達成しなければならない。私もわらじ履きの気持ち
で努力するから、まず膝元の東京、神奈川の同窓生が、全国に先駆けて
協力し、全国の同窓生に奮起を呼びかけてほしい。

　自分たちの力で再建するのだという気持ちになって頑張ってもらいた
い」と檄を飛ばした。

　中村が学生に向けた教育ならびに学校経営に対する熱意は、相当なも
のであった。

　当時、自宅から学校までの約40分を、徒歩通勤していたが、往診も多
くて多忙だったため、毎夜帰宅は夜中になっていた。

このように、ひたむきに頑張る中村の姿を、尊敬の眼差しで見ていた学生たちは、他の先生の言うことは聞かなくても、中村から受けた注意や命令だけは、誰も文句を言わず素直に従った。

　当時は「犬猫の先生になるなら麻布へ行け」と言われ、小動物診療は麻布の専売特許のようになっていた。

　大正・昭和時代の都会地における開業獣医師は、麻布出身者が9割を占めていた。これも中村の教育のおかげであった。

　中村は特異な性格の持ち主であった。実務的能力を示すものとして、どのような申請の推進に際しても、一般的な「お願いします」だけではなく、その部局の最高責任者と膝詰めで談判した。

　申請事項について、理路整然と議論を闘わせ、納得づくで認可を勝ち取るという、論理性と説得力に長けていた。

　母校の東京帝大実科で、独立問題が起きた時のことだった。

　中村は駒場校友会筆頭理事として、時の文部大臣岡田良平、文部次官赤司鷹一郎の両氏と、2日間にわたって論戦を続けた。

　そのおかげで、運動の誠意が認められ、実科独立に賛意を得て、光明を与えたことは有名で、現代まで語り草になっている。

　その後、1935年に東京高等農林学校（東京農林専門学校）を経て、1949年の学制改革で、東京農工大学になると、中村は同窓会長を務めた。

　1955年に、長い人生を麻布獣医学園のため一筋に精魂を打ち込んだ中村に対して、私学教育、獣医畜産教育の功労者として藍綬褒章が下賜され、勲四等瑞宝章が授与された。

　学校における中村は、主として内科学、薬物学を講義したが、その本領を発揮したのは、付属動物病院における臨床教育であった。

　中村が院長をしていた時代の動物病院は、宮家をはじめ、英国、ドイ

ツ、イタリア大使の夫人や令嬢が、犬猫を連れて毎日のように来訪していた。

中村が英・独の会話にきわめて堪能であったので、動物診療を通じて、在京の各国大公使館員や、その家族の信任が厚かったからである。

ある英国夫人は、「中村先生の英会話は、まるで故郷に帰ったような気持ちになれるほど上手です」と、周囲に話していた。

学生はその様子を目の当たりに見て、教えられた。その頃は宮中の御用掛を兼ねていた。

ある日、シャム（現タイ）公使の令嬢が、犬の診療で来院した。

病院の窓外で、中村が令嬢と会話中に、「シャモ」と言った学生がいた。

次の講義の時間に中村は、「外国の代表機関である大使館や公使館から来訪されることは、本校の名誉である。

今朝、私がシャム公使令嬢と話をしている時、窓外でシャモとあざけ笑った学生がいたことに感づき、大変不愉快であった。

このようなことは国際礼儀を失したことで、まことに申し訳なく、赤面の至りであった。実にけしからんことである。

本校の名誉を傷つけないよう、言語は慎むよう厳重に注意しておく」と授業の間に、礼節をもって外国人と交際することを説き、また獣医師は英語・ドイツ語に習熟する必要があることを教えた。

• 中村の業績

1919〜21年、臨床獣医学は、中村の犬猫内科疾病の診断治療が、小動物臨床の中心となった。

1922年に著わされた中村の「犬と其疾病」の序を、読みづらい部分もあるが、原文のまま紹介する。

「本書は元来成書にあらずして単に実地養犬家に簡便なる診療を指示するを目的とせり。故に本書の内容配列の如きは、固より系統を遂へるにあらず。

また、学術的に叙述せるものにあらず。要は普通吾人の遭遇する疾病と至要至便（しようしべん）にして、且つ実行し易き療法を抄載するを以って本領とせり。

したがって疾病の説明については、しばしば学術的には妥当を欠くの嫌い（傾向）あることなきを保せず、又、療法の如きも現代獣医学の進歩せる業績を紹介せざる怨なしとせざるも。

之は本書の目的にあらざるを以て省略することとし、唯何人と雖も実行し得るの療法は、現代の進歩に遅背せざることに留意せり。幸いに著者の衰微を諒（了解）し、読者諸賢が之に依て稗益するところあらば著者の欣幸（きんこう：喜び）とするところなり」

中村の著書

大正時代の漢字や仮名使い、あるいは文章形体のため、読みづらいかも知れないが、当時は愛犬家の宝典として人気を博した書籍で、版を重ねた。

その他にも、犬の診断法、家畜別診断法、臨床家畜実験処方集などを著わしている。

また、獣医畜産新報を始めとする獣医雑誌に、貴重な症例報告を毎号のように紹介した時期があった。

昭和の初期は、狂犬病の発生が多く、1日に5頭以上の発生を診ることがあり、診療時に危険な場面に遭遇することが多々あった。

狂犬病と診断した犬は、警視庁の獣医部に報告し、警官と獣医師の係

官が来て捕獲し、犬舎ごと運搬した。

　疑似狂犬病の場合は、病院に２週間入院させて、観察と治療を行うので危険なことがあった。

　入院動物は、１日平均して15頭ほど、多い時は30頭になった。

　外来診療は15〜20頭程度。学外から講演を依頼されたり、手術実習をすることが多かった。

　こんな時、中村は蘊蓄（うんちく）ある理論で名講義をしたが、時には不真面目な聴講生の態度に怒りを覚え、廊下へ突き出すこともあった。

　獣医界の発展に、たえず細心の配慮をした。1923年の獣医師法発布促進運動の発端は、麻布の卒業生が主力となって結成した東京府獣医師会であった。

　内村兵衛校長を会長に選び、全国に呼びかけ、東京で全国獣医師会連合大会を開催し、猛烈な運動を展開した。

　目的達成の後は、東京府獣医師会を麻布獣医畜産学校内に置くなど、すべての陰に中村の助力があった。

　中村は学園に、質実剛健の気風を吹き込み、堅忍不抜の校風を発揚させた。

・エピソード２つ３つ

　明治の初期は、ヤンソン教師が近代獣医学の総帥であったが、次の時代に解剖、病理、その他に分化した。

　内科全域は、勝島仙之介博士が権威であった。

　その次の時代になると、もはや１人で日本の臨床獣医学を代表することはなくなり、全国の大学や農林専門学校で、優秀な学者や臨床家が、群雄割拠する時代になってきた。

学者の代表としては、勝島の後を継いで東京大学内科教授となり、獣医寄生虫学分野を確立した板垣四郎博士がいた。

　しかし、小動物臨床の権威としては、むしろ麻布の中村が名声を博していた。

　この2人はしばしば対比され、中村の名医としての評判は他を圧し、皇族、華族、富豪など、当時の日本の上層部や在京の外国人をはじめ、多くの愛犬家が中村の門を叩いた。

　中村は、勉強と努力と多年の経験を通し、その言動は自信に満ちていた。

　ある時、某高家の愛犬が重態となり、板垣、中村の両者に診療依頼がかかった。

　その犬は、今から思えばレプトスピラ症*であったが、当時の獣医界ではまだよく知られておらず、山本脩太郎博士の研究が始まったばかりの頃であった。

　板垣は「尿毒症」と診断し、「尿毒症の原因には種々ある」のに対して、中村はずばり「汎発性間質性腎炎」と断定した。

　さすが両大家の診断は、ともに的を射たものであった。

　板垣の学者らしい慎重さに比較して、一般の人々は、中村の方が頼もしい名医と思うのが当然であった、という臨床余話が語り伝えられている。

　中村は自分の文書をあまり残していないので、人となりを知ることは難しいが、その頃の同僚や学生が本人から聞いた話が2〜3残っている。

　豪快な性格で、麻布に赴任した理由は、1905年に勝島教授から「中村、麻布に行け」との鶴の一声だった。

　当時は牛疫が流行していた時であったが、「下関に中村がいる。少し

乱暴なきらいはあるが」ということで人事が決定したらしい。

　古川橋の時代は、麻布にも壮士（血気さかんな男）ぶって武勇伝をひけらかしていたバンカラな悪童連中がいた。

　古川橋、麻布十番を肩で風切り、わがもの顔で闊歩していた連中でさえ、「中村先生が来るぞー」という声が聞こえると同時に、なりを静めたくらいで、不正な行動が見つかると、頭からどなられたのである。

　しかし、叱られたり、どなられたりした連中ほど、卒業しても中村を慕い懐かしみ、相変わらず親子関係のような繋がりで結ばれていた。

　それは、厳格さの中に温情味があふれていた、中村の人徳といえるだろう。

　寮が燃えた時のことであった。学部長の深野高正教授は責任を感じて、学長と一緒に中村理事長に進退伺を提出した。

　ところが、中村は２人を叱り、「私をやめさせるつもりか。大学の責任は理事長にあるんだ。学長や学部長に何ら責任はない」

　深野名誉教授の回顧談である。

　ある土曜日の夜遅くに、中村が寄宿舎の巡回に訪れたところ、４人の寄宿生のうち、１人だけが布団の中におり、他の３人は不在であった。

　「３人はどこに行ったのだ？」、「品川（遊郭）へ行きました」、「君はなぜ行かんのだ？」、「金がないので行けませんでした」

　あきれながら中村は、その夜はそのまま帰った。

　翌朝再び寄宿舎を訪ねると、３人は本当に帰ってきていなかった。

　心配になったので、品川の某楼を訪ねて行き、帳場で宿帳を調べたところ、「麻布新堀町11番地　中村道三郎他２名」と書いてあった。

　それを見た中村は目を丸くして驚くとともに、よりによってわが名を

かたるとは不埒な奴らだ、と大いに腹を立てた。

　しかし、怒って帰るわけにもいかず、部屋に入ってみると、3人は床の中で、布団を頭からかぶって恐縮していた。

　「なぜ他の者を起こして早く帰らんのか？」と尋ねると、学生たちいわく、「少々飲みすぎて勘定に不足を生じ、帰ることができません」と頭を掻きながら、さらに肩をすぼませて小さくなった。

　この返事に、さすがの中村も怒ることもできず、ただ呆れるばかり。

　やむなく某楼を引き上げると、金を工面して、部屋に1人残っていた者に届けさせたという一幕があった。

　その後、この学生たちは一変して真面目になり、遊びに行くことはなくなって、勉学に専念し、成績も上位で卒業し、今では社会に出て立派に活躍していると、中村はしみじみと語ったという。

　これも中村の人間性が厳しい反面、学生に対しての情の深さを物語るものであった。その時代を忍ばせる学生たちの若気のいたりの回顧録である。

　1942年度の卒業生の思い出話。中村は「入浴の方法を教える」と言った。

　その当時の学生は、銭湯に行っていたので、銭湯の心得を教えるとのことだった。

　当時の学生は、北海道から沖縄までの全国各地からと、モンゴル出身者がいたので、風呂の入り方が各自異なっていた。

　「人が風呂に入っとったら、絶対に水を入れるな。皆が気持ちよく入っとる風呂だから、自分が熱くても水を入れるな。

　江戸っ子というのは、いなせな連中が大勢いるから、絶対に水は入れるな」という訓示だった。

　このような日常の話の中で、師弟の絆が自然に芽生えた。

　学生との宴会の余興で、中村が歌を披露することがあったが、その歌は外国の歌に限られていた。

　後年、麻布大学学長を務めた、子息の中村経紀が語る父親像は、「父は生涯を通して、苦労のつきまとった人生を送ったと思います。

　家の外においては、麻布の臨床中心の教育の達成と、戦後の学校再建で苦労しました。

　天皇家から絶大な信用を得ていたようで、天皇家の通用門の木戸のカギを預かり、自由に出入りし、天皇家の愛犬の治療にあたっていたと、聞いたことがあります。

　他方、家庭では子供が6人という子だくさんで、ケンカの絶える間のない賑やかさだったので、さぞ大変だったでしょう。

　趣味の少ない人で、酒はまったく駄目で、朝早くから夜遅くまで働き、子供の頃からあまり話をしたことはありませんでした」

　その反面、「家庭では、外での父と違って自由主義でした。母、兄、姉などはいつも家でパーティーを開いたりしていましたが、父は働きバチで無関心でした。

　家にいる時は、趣味みたいに読書、それも外国の専門書のみを読んでいたようです。

　書道が好きで、硯を大切にして、墨をすっては"中村白雲"と書いていました。

　英語とドイツ語が達者だったのは、明治学院出身ということがあり、往診を通して多くの大使、公使などと接する機会を得たようです」

　学校で見る謹厳な姿からは想像もできない、家庭内での小時間を、ゆったりとくつろいでいた面を述べている。

さらに、「父とは性格が違い、細胞遺伝学を専攻した私は、時代（環境）の違いと遺伝子の作用は、形質発現に重要な役割りがあることを、身に染みて経験しました」と語っている。

中村は8歳下の音楽界の大御所、山田耕作と昵懇（じっこん）で、巣鴨の自営館という、キリスト教牧師の経営する学生の下宿で、一緒に生活した時代があった。麻布獣医学園校歌の作曲は、山田の友人の堀内敬三である。

• 中村の遺言テープ

中村の逝去は、理事長現職中の夏の暑い日であった。

犬の疾病治療に卓越した技量を持ち、「犬臨床の中村」、「麻布の中村」として名を馳せた。

大学という、象牙の塔に籠るだけの学者ではなく、57年間の長きにわたって麻布獣医学園一筋に、ほとばしる情熱を傾けた稀有な教育者であり、「麻布獣医学園中興の祖」として長くその名を残している。

葬儀は日本獣医師会館で、学園葬として執り行われた。

亡くなる3日前に、入院中の国立病院で、山田今朝吉、深野高正、藤岡富士夫の3氏を前にして、中村は自らの足跡と思い出を収録した。

この偉人の貴重な遺言テープが残されている。

その内容が、濃縮された文章として、同窓会の会報に収められている。

まさにロウソクの芯が燃え尽きようとしている寸前であるにも関わらず、そんな素振りは微塵もみられなかった。

天井を見上げ、あるいは目をつむり、そして1人で相槌を打ち、時には3氏に話しかけながら、次から次へと走馬灯のように浮かんでくる、過ぎ去った日々の情景を、感慨深げに語ったひとときであった。

本評伝中に書き綴った内容と重複する場面が多いが、中村の人柄が滲

み出ている原文のままを掲載し、本項を締めくくりたい。

「僕が麻布に来たのは1905年、あの頃はすべてが官僚主義で、学校も官僚教育だったよ。

私立の麻布へ"中村行け"と勝島先生に言われてね。ちょっと難しいと思ったが、親分の命令だったから、2カ年で麻布を粛清したら元に帰してやるという条件付きで麻布に来たんだ。

当時、牛疫が出てね。『下関の臨時検査所に中村がいる。少し乱暴なきらいはあるが』と決定したらしい。

来てみると、なるほど設備、教育はいいかげんなものだったね。

学校教育というものは、こんな教室ではできないから、まず教室を新しく作ってくれ、と何度もケンカしたね。

まだ28〜29歳だった（この頃教頭で来ている）。まもなく平屋の新校舎ができて、学校らしい学校になった。

それからいろいろあったが、どうしても専門学校にさせたいと頑張ったね。

とうとう與倉先生の同郷である田中　宏先生（解剖学）に仲介に入ってもらって、『この麻布を我々に引き継がせてくれ』と掛け合った。

怒らないように、上手にね。その返済に頭を痛めた。

それからは、まあ、日曜だろうが、祭日だろうが、かまわずに動物病院でセッセと働いた。

年に1万円純益が上がって、2カ年で返済できたんだよ。

それから今度は専門学校だろう。麻布は1年遅れたね。専門学校にするには15万円という資産がなければ許可されない。

そこで、僕は生涯で悪いことをしたことがない人間で通したが、たった1回だけやった。本当に悪いことをね。

それはね、三田のT銀行で、文部省が許可しないというならと教えて

くれた。

　15万円の小切手を発行してくれ、しかも支店長は銀行員を付けてくれ、一緒に文部省に行った。

　僕は運よく、東大実科の独立問題で先頭に立って、文部省に交渉に行った時に大臣、次官、局長、課長らと、自然に懇意になっていた。

　そのため『よく来たな』ってね。

　『有力な人が15万円学校に貸してくれた』、『そりゃ本当に良かった』と、それで認可になったんだ。

　僕はこの悪いことをした情景を忘れられない（学校のためで、やむを得なかったんですよとの発言あり）。

　それから大きな問題は、学校が戦争で焼けた時のことだ。学生は500名いるし、僕がくたばってしまってはいけないし、元気出したよ。

　都立園芸の校長が、実科の農学部出身で、以前から、万一の場合は3教室を貸してくれる承諾を得ていたので、急いで学生の教室をここにあてた。

　その後、近藤正一君（獣医伝染病学者・日本生物科学研究所）と立川の資材廠を考え、半分を近藤君に、半分を僕の方で使うようにね。

　立川の飛行隊から許可を受けたんだが、3月28日、飛行隊から米国が資材廠を使用するから取り消してくれときた。弱ったね。

　ところが、この飛行隊に通訳で僕の友達がいて骨折ってくれ、横浜第8軍の司令官の米軍大佐を訪ねた。そこで長い間話し合った。『ともかく入れ』となった。

　君、嬉しかったね。その時『お前はきれいな英語を使うなあ』と言うんだ。明治学院だからな。通訳使っていたら成功しなかっただろう。

　この時初めて、あんな明治学院と思っていたが、見どころのある神父だなと思ったよ（その後、郁文館に学んだ）。

　そこで立川と決まったが、遠方だし不便でもあって、学校だって喜びやせんよ。

　だが腰を据えることにした。その後、戦争が終わってしばらくたってから、僕の想像通り淵野辺の建物が、米軍から大蔵省に返された。

　米軍から大蔵省に、そして改めて麻布にと払い下げられることになった。本当に予測した通りだった。

　国有財産部に涙を流して嘆願したね。『坪170円でどうか』って言われた。当時は安かったが戦災校だとなり、その半額でいいと決まった。しかも10年払いと言うんだね。やっと生き返った。元気が出たね。

　それがあんな財産になるとは、僕だって夢にも思わなかった。あれだけの財産を持つ獣医大学は少ないんだ。

　ところが喜んでいられない。その金が一文もないんだ。苦労がまた続いたね。

　だが、何といっても藤岡君がいてくれたので助かった。他に人がいないんだ。常務理事や責任者で真剣にやってくれた。

　交渉でも何でも上手くいくんだ。僕は感謝しているよ。将来は藤岡君に任せておけば、安心していいね。

　それから山田君ありがとう。いろいろお礼を言わなきゃな。本当に親切な人だ。怒ってばかりいて済まないと思っている。それに深野先生も…武信延治君（同窓会）もね。

　皆さんのおかげであの土地を持つことができた。持てばこそ金も借りられ運営していけるんだ。この点非常によかったね。麻布は運がいいね。

　とにかく、基礎が固まったから、今後の運営を誤りさえしなければ…、麻布も立派に伸びるよ。大学も同窓会も皆で盛り上げ育ててほしいものだ」

　幾山河を渡り越えて来た人生に、十分満足した人の語り口であった。

参考資料

- 初出：動物臨床医学、27、4（2018）
- 麻布獣医学園編：母校の足あと明治編、中村道三郎先生の残された言葉。麻布獣医学園同窓会会報．9（1977）
- 麻布獣医学園：麻布大学90年史。（1980）
- 麻布獣医学園編：百年の歩み。（1991）
- 芦田浄美：日本獣医学人名事典。日本獣医史学会（2007）
- 久米清治：名医でない名医、臨床家としての恩師追想。板垣四郎先生業績集（1977）
- 篠永紫門：日本獣医学教育史。文永堂（1972）
- 高槻成紀：「ことば」に読み取る麻布大学の歴史。麻布大学いのちの博物館（2015）
- 武信延治：花園神社合と東京同窓会。麻布獣医学園同窓会会報、90周年特集号（1981）
- 中村経紀：父中村道三郎の想い出。麻布獣医学園同窓会会報、19（1982）
- 中村洋吉：獣医学史。養賢堂（1980）
- 平野栄次：母校の歴史と中村道三郎先生。麻布獣医学園同窓会会報、90周年特集号（1981）
- 宮下達夫：師を語る（1）中村道三郎先生。麻布獣医学園同窓会会報、5（1975）
- 山田今朝吉：古川橋の想い出。麻布獣医学園同窓会会報、90周年特集号（1981）

　本項につき、資料の提供と校閲を受けた麻布大学の政岡俊夫名誉学長、および学術情報センターの小田切夕子事務長に感謝します。

２．獣医解剖学の先覚者
大澤竹次郎　OHSAWA Takejiro（1881～1969）

　日本の獣医解剖学の元祖は、ヤンソン教師に師事し、近代獣医学の発展に貢献した、東京帝国大学の初代教授、田中　宏博士である。

大澤竹次郎先生

　田中教授の門下生として仕え、田中の著書を改訂し、自著や共著の出版を通して、獣医解剖学の体系化や高度化に尽力し、「獣医解剖学」という学問分野を確立したのが、大澤竹次郎である。

　大澤は、自身が多くの学術書を世に出したことで知られているが、多くの門下生を一流の学者に育てた教育者としても、知られている。

　後年、鶏の研究で学士院会員となった、発生学の増井　清博士や、大著「家畜比較解剖学図説」を著わした、加藤嘉太郎九州大学名誉教授らが、門下生として大澤の指導を受けた。

　大澤は、獣医解剖学者としてだけでなく、各界の著名人とも親交があり、豊富な人脈の中で、日本獣医師会や獣医学会の発展につくした。

　また、誰もが経験し得ない、「へえー!?」と驚くような希有な大事件に関連した人でもあった。

• 波乱万丈の幼少期

　1881年9月5日に、岩手県稗貫郡大瀬川村（現花巻市）で、大澤医院の長男として生まれた。

　3歳の時に両親に死別するという、悲しい出来事を経験し、伯父に手を引かれて、祖母の生活する雪深い北海道苫前町に渡った。

　6歳の時に分家手続きをするために、一時は大瀬川村に帰った。

　以来、大瀬川尋常小学校と苫前町尋常小学校の編入、修了を繰り返しながら、大瀬川村と北海道を何度も往復した。

　遠距離の旅と、環境の急変や転居の繰り返しは、大澤少年にとって、つらくて過酷な幼少期であった。

　そんな経験の中で、なぜ自分だけが、せっかく親しくなった友との別れを繰り返さなければならないのか、まだ理解できる年齢ではなかった。

　大澤は、この頃の思い出を、「小学校1年生の8歳の頃に、再び津軽海峡を渡った。村に帰ると、昔の士族の出身ということでいろいろ優遇を受けた。

　その頃、村ではどこでもドブロクを作っていたので、ことあるごとにドブロクが出された。

　私は8歳にしてこの洗礼を受けた。食べきれないほどの餅をふるまわれ、少年ながらドブロク中毒で苦しんだ経験がある。この経験が生涯の禁酒につながった」と記している。

　大瀬川小学校を卒業して北海道羽幌町に戻ると、翌年、13歳で母校の苫前町尋常小学校の代用教員となった。

　現代の感覚では、13歳で教員などとても考えられないが、当時は義務教育といっても、就学年齢の全員が入学するとは限らなかった。

　ところが、大澤の卒業した翌年に、生徒数が急増して、教員の不足が生じたため、弱冠13歳の大澤少年が、狩り出されることになった。

　しかし、どうしても札幌に出て、中学校に進学したいという気持ちが募るばかりであった。

　1895年に札幌に出たものの、すでに願書申し込みの時期を逸していた。

　さらに、大澤の大瀬川尋常小学校と、苫前町尋常小学校の修了課程は、すべての学年が単級ごとの修了であったため、小学校を卒業したとは認められず、受験資格が与えられなかった。

　しかたなく、翌年再び札幌へ行き、創成高等小学校（キリスト教系の私学）の３年生として入学し、やっと受験資格を手に入れることになった。

　「とにかく、懸命になって勉強した」と述べているように、気概は相当なものであったことが窺われる。

　その結果、1897年に16歳で札幌第一中学校の入学試験に合格した。

　しかし不幸にも、伯父の事業が破産したため、仕送りが途絶えてしまった。その結果、食べるに困り、途方に暮れた。

　その時初めて質屋の暖簾をくぐった。単衣ものが15銭という相場で、以後、質屋通いを余儀なくされる生活が続いた。

　その頃、矢島錦造という札幌農学校の獣医第１回卒業生が、「就正館」という名の寮を建てて、苦学生の世話をしていたのを知り、大澤も入寮した。

　寮生となった大澤は、このような気骨のある人がいるものだと大いに感心し、就正館で会計兼舎監をして糊口をしのぎ、学友会の役員に推された。

　当時の札幌第一中学校の学内は、硬派と軟派が対立しており、不良分子の集まりである軟派は、寒い冬に窓ガラスを割るなど、悪いことを繰り返していた。

　硬派に属していた大澤は、うるさ型の「学校の犬」という、ありがた

からぬあだ名が物語るように、理屈に合わぬことには反対し、正義感に燃えていた。

　他方、大澤は、授業の不満をストライキで対抗し、教室内を煙で燻して授業をボイコットしたこともあり、一中の３奇人の１人にあげられるほど、目立つ中学生であった。

　札幌第一中学校は、北海道随一のエリート進学校であり、札幌農学校（現北大）や第二高等学校（現東北人学）に進学する者が多かった。

　そんな環境の中にいた大澤が、進学熱に燃えるようになったのは、当然のことであろう。

• 東京帝国大学獣医学科へ

　その後、ツテを頼って上京し、東京帝大理学部の吉田好九郎宅に居候した。

　東大の講義資料を、謄写版刷りするアルバイトで働きながら、学資を貯め、第二高等学校の大学予科に入学できたため、仙台に引っ越した。

　この頃は、二高を終了すると、無試験で東京帝国大学に進学できた。

　1905年、東京帝大農科大学獣医学科専科に入学し、1908年に同期の内田清之助（後の鳥類学者）、木村哲二（後の病理学者）、島村虎猪（後の東大獣医生理学教授）ら14名とともに卒業した。時に27歳であった。

　ちなみに、職業として「獣医」の語句が使われ始めたのは1885年で、それまでは「馬医」と称され、それより以前は「伯楽*」と呼ばれた。

　大澤が獣医学を選んだ理由は、軍馬を主とした研究が、獣医畜産界の発展をもたらすという、当時の時代背景が大きく影響していた。わが国固有の在来馬である犾馬（てきま）は、小型馬で、粗食に耐え、しかも頑強で、寒冷地農業には欠かせない農民の馬匹（ばひつ）であった。

　しかし軍馬としては、欧米の大型馬にかなわなかった。

軍馬の需要を第１に考える軍部は、一貫して大型化に邁進するため、馬体の研究を最重要視した。

優良馬の選定輸入および育種、軍馬に供する馬匹の体格制定などが実施された。

1887年に、北海道長官は「道産子撲滅」を発表した。

このことにより、在来馬や北海道の道産子などが激減した。

東京帝大卒業記念写真

国は日露戦争に先立ち、1901年に「馬匹去勢法」を施行して、本格的に在来馬の駆逐を始めた。

この大規模な「改良」の結果、南部馬、三河馬等、中・大型日本在来馬の多くは近代化の過程で絶滅した。

現在は、わずかに在来馬として８種（北海道和種：道産子、木曽馬、御崎馬、対馬馬、野間馬、トカラ馬、宮古馬、与那国馬）が保護されているのみである。

これによって、全国的に去勢に要する獣医師が不足し、その養成のために、各学校で獣医学科の充実が進んだ。

・解剖学者

大澤は卒業とともに、田中教授の助手として、家畜解剖学の研究を始めた。

この頃は、多くの獣医師を育てなければならないという、時代背景があった。

それまでのわが国の獣医学は、外国人教師による、軍馬を主とした授

業であった。

田中は、日本人教師による教育の始祖の1人となり、日本語の教科書による教育を開始した。

ヤンソン教師と、その門下生により、1887年に日本の近代獣医学の普及のため、木版刷りの16冊からなる「家畜医範」シリーズが刊行された。

その中で、田中は「解剖篇」（巻1～3）の執筆を担当した。

田中の下で、大澤がわが国で初めて、授業に家畜解剖学実習を取り入れたことは、画期的なことであった。

初期の獣医解剖学は、肉眼的解剖学が重視されたため、大澤は一途にその道を進んだ。

骨格、筋肉、神経、脈管、および各臓器の、正確な形態や機能の研究に没頭しながら、解剖学書の執筆に余念がなかった。

多岐にわたる授業内容は、解剖学、組織学、さらに発生学であった。

授業に使っていた家畜医範「解剖篇」は、木版刷りの和綴本だったが、権威のある教科書であった。

文章は漢文調で、かなり難しい表現であった。それらを大澤が口述で口語体に翻訳して、授業にあたった。

そのうち、大正初期に田中が著わし、後年、大澤が改訂した「家畜解剖図・馬の部」が、全国の獣医学科で、教科書として使用されるようになった。

その後も、大澤は田中の著書を、獣医学の発展に合わせて次々と改訂し、わが国獣医学の本流である、ヤンソンから田中への流れを継承した解剖学者として、わが国独自の獣医解剖学分野を開拓した。

特に、肉眼的解剖学を体系化して、教育方法を確立したことは、獣医学史に残る功績であり、名実ともにわが国獣医解剖学の第1人者となり、後年、「獣医解剖学の祖」といわれるようになった。

大澤が、地味な基礎分野の解剖学で、馬体の研究をしていた当時、臨床分野においては、軍馬の生命である肢蹄、装蹄の研究が盛んに行われていた。

大澤は多くの学術論文を発表し、解剖学に基づいた理論を、獣医学の中に系統的に組み立て

豚の解剖実習（前列中央が大澤）

た学術書を多く世に出しているが、なぜか博士号を取得せず、万年講師の地位に甘んじていた。

はたして「博士」について、どのような大澤哲学を持っていたのだろうか。今に残る獣医学界の謎である。

大澤は、研究の上で多くの洋学書を入手し、その翻訳に力を入れた。

大正時代に、万国共通語として急激に普及し始めたエスペラント語を習い始めた。

エスペラント語は、国際補助語として、瞬く間に全世界に広がり、1906年に日本エスペラント協会が設立され、東京帝大内にサークルが作られ、講座が開かれた。

１つには、間もなく全世界で用いられる国際語になるとの思惑から、外国留学を志す人や研究者、特に多くの帝大出身者に普及した。

２つ目は、文法が比較的容易であったことがあげられる。

日本語の50音に比べて半分の28字母だった。

しかし大澤はドイツ留学時に、得意のエスペラント語で話してみたが、さっぱり通じず、何の役にも立たなかったので、大いに失望した。

1918年頃の大澤は、鼻の下にチョビ髭をはやしていた。

文豪、夏目漱石のチョビ髭は誰もが知っている。

当時の政治家や学者などが、カイゼル髭や八の字髭をはやして気位を高くしていたように、文化人は鼻の下に髭を蓄えることが、当時の風潮だったようだ。

1925年に、わが国で初めて大澤が、「遺伝学」を教科書に取り入れた。

さらに、肉眼解剖学に留まらず、組織学、発生学に、意欲的に取り組み始めた。

1927年に、豚胎子の脾臓の正常発育の研究を始めた。

大澤の著書をざっと紹介すると、

田中の「馬体解剖付図」全5冊を改訂・刊行。

1936年に川田信平博士との共著「家畜発生学、上下巻」、翌年に「組織学実習」を発刊して以来、22冊を共著で刊行。

1943年に成松静雄博士との共著「解剖学」、「解剖学図譜」を刊行。

特に「解剖学」は、田中の解剖学書の講述体系に習い、総論と各論に分けて記述されており、当時の最新知見が加えられている。

本書は出版後、版を重ね、約20年間、獣医学教育に活用された。

大澤は、若い頃に東京に出て苦学した貧乏学生は、自分だけでなく、北海道出身者の中に、宿がない者がいることを知った。

先輩のツテがなく、困っていた頃の自分の経験から、北海道出身の学生たちに援助を始めた。

初期は、札幌第一中学校で同期の大久保偵次や、土居通次（後の徳島県知事）たちとともに活動し、ついで北海道出身の有力者を募り、北海道学生会を組織した。

1912年の総会で「寄宿舎設立に関する方針」が発案された。決定までに年月がかかったが、1933年に新宿区戸山ケ原に30室の「北海寮」が建

設されると、多くの学生がその恩恵を受けた。

　寮の玄関にアイヌの模様をあしらうという、風情のあるものだったが、戦火で焼失した。

　その後、1952年に新宿区に再建され、1956年に練馬区に移転した。

　この間に役員は次々と替わったが、大澤だけは亡くなるまで常務理事を務めた。

● 東京高等農林学校教授

　大澤が東京帝大に勤務したのは、1908～1935年の27年間で、助手から14年経った1922年、講師に昇格している。

　しかし、助教授にならずに東京帝大を退くことになった。

　大澤は二高から東京帝大に進学したが、当時は一高か二高の予科を卒業して、選科生として入るか、直接本科生として入るかのどちらかであった。

　同じ帝大生でも、教授になるためには、本科生で卒業しなければならなかった。

　選科出身者が教授の道を選ぶためには、一時、他校に転出しなければならない規則になっていた。

　そうした折りに、1935年、東京帝大農学部実科が分離独立して、文部省直轄の東京高等農林学校（現東京農工大学）が新設されることになった。

　当時の矢内原忠雄経済学部教授（後の東大総長）は、選科出身のためにストレートで教授になることができない大澤の、たぐいまれな才能と実績を不憫に思い、東京高等農林学校の教授に推薦した。

　そのため、大澤は助教授を体験せずして、いきなり教授の道を歩むようになった。

札幌農学校の実科とともに、旧制専門学校レベルの教育機関としての役割を果たすことになった。

1935年頃までの獣医解剖学の講義は、馬が主体であった。

そこで、動物の骨格や解剖および組織学の掛図、および筋肉、

張子製模型標本（はりぼて）

内臓などを、実物そっくりの、精巧で、分解可能な張子製模型標本（はりぼて）を作り、それを解剖学の講義で使用した。

実物大の各器官系統別の標本は、その精巧さが賞賛され、1950年にロンドンで開催された万国博覧会に、改良型標本を出展して、優等賞を獲得している。

大澤は、解剖で臓器を分離する技術だけでなく、臓器を組み立てる技に長けた、手先の器用な人だった。

東京高等農林学校時代は、終戦直後で、特に食糧事情は厳しさを増していたので、数カ月に1度行われる解剖実習を、学生たちは楽しみにし、欠席する者は少なかった。

なぜなら、学生たちは解剖済みの肉を大澤と一緒に食べることができたからである。

こんな場における、大澤の解剖学者らしい逸話が残っている。

学生たちに向かって、「君たち、なぜ"馬鹿"と言うか知っているか？」と尋ねた。

当然、いろいろな答えが返ってきたが、意図する答えがなかったのであろう。

　そこで「馬と鹿は、他の動物と違って胆囊（キモ）がないんだよ」と得意になって話し、「鹿にキモはないが、同じ鹿でもカモシカにはあるんだ」とユーモアたっぷりに話した。

　学生たちは馬鹿の話から、鹿は鹿科に属するが、カモシカは牛科であることを教わったのである。

　このように、大澤は講義の場のみでなく、いろんな所で解剖に関する話題を提供した。

　そのキモについてのことである。運命のいたずらで、馬鹿ではなくキモを持つヒト科の大澤は、後半生に胆囊症を抱えることになった。50歳の時に最初の発病で入院した。

　68歳で再発した時は、悪寒や戦慄、高熱という、瀕死の重態に陥ったが、輸血によって回復した。

　大澤は温和で善意に溢れ、いつもニコニコした笑顔を振りまいていたので、学生たちから「仏の竹次郎先生」と呼ばれていた。

　幼い身で父母と別れ、雪深い北海道で過ごした少年時代、あるいは苦学した学生時代などから掴んだ人生観がみえてくる。

　豊かな家庭に育ち、苦学した経験のない人に比べると、他人との接し方や礼儀、笑顔を誘う語り口などは、苦労を重ねた大澤ならではの、相手への思いやりが身についていたためであろう。

　正義感が強く、正邪がはっきりとしていた反面、涙もろい面もあった。

　人間味にあふれ、東北なまりで話すユーモアたっぷりの講義は、時には本筋から脱線するが、学生を飽きさせず、大いに笑わせ、人気を独り占めした感があった。

　研究や教育だけでなく、学生の生活面の訓育にも精励した。

　大澤宅に招かれた学生の多くは、雑談の中で、それとなく秘められた人生訓に感銘を受けたという。

ここに1つ、門下生と向き合った時の真摯な会話が、今に語り継がれているのを紹介しよう。

　警視庁獣医課に就職した門下生が、自分の目指す道との違いを生じて悩んだ末、大澤の研究室を訪れた。

　大澤は黙って話を聞いた後、窓の外を指して「見てみなさい。あの能力のないスズメでさえも、あのように元気に生きているんですよ。

　それに比べて人間は、やる気になりさえすれば、どんなことでもできるという能力を持っているのです。

　どんな仕事でも、真面目にやっていくという熱意さえあれば、生活ができないなどという心配は、無意味じゃないかな」と諭した。

　門下生は身に沁みると同時に、今まで心に澱んでいたモヤモヤが、瞬時に消し飛んだという。

　続いて大澤は、「当分、この部屋（大澤研究室）に来なさい」と誘い、彼は大澤研究室に顔を出すようになった。

　こうして「人の善意とか、まごころ、まこと、恵み、感謝とかが身に沁みて分かり、だんだん自分の身についてきた」と、その門下生は述懐した。

　大澤は50〜60歳になっても、腕相撲がめっぽう強く、大澤に勝てる若者はいなかったという。

　がっしりとした体格だったので、腕の太さも格別であったのだろう。

　乗馬が得意で、帝大の学生時代に、馬術大会で優勝した時の賞状と盾が、大澤家の応接室に、自筆の「乗馬の心得」とともに掲げられていた。

　乗馬教育については、60歳の1941年に、東京高等農林学校の正科に乗馬授業が義務づけられたので、大澤は毎年、学生を御料牧場に連れていき、乗馬技術を教えた。

　この頃に在来馬の研究を始めた。

大澤のあだ名は「チーチ」。ラテン語の解剖学用語の中に、語尾がチーチで終わるものがある。

獣医学生は解剖学用語を覚えるのが大の苦手だったので、悩んだ者たちが付けたといういわれがある。

大澤の授業は人気が高く、いつも満席で、時間いっぱい講義は続いた。

大澤は万年筆の先を舐める癖があった。

原稿を書く時は、スポイトで黒インクを注入した万年筆を使っていた。インクがなくなって出なくなると、ペンの先を舌先で濡らして、出具合を確かめながら原稿を書いたので、舌が真っ黒になることがしばしばあった。

● 帝人事件を救う

交際範囲の広い大澤は、希有な２つの事件に遭遇した。しかもその事件の当事者たちと懇意な間柄であった。

1934年４月に発覚した帝人事件は、政財界を巻き込んだわが国最大の贈収賄事件として、全国に大反響を与えた（事件の詳細は割愛）。

そのため３カ月後に斎藤内閣は総辞職した。

事件そのものが、検察の拷問による自白や証拠ねつ造など、昭和初期最大の冤罪事件であった。

札幌第一中学校の時に、大澤とともに３奇人といわれた無二の親友で、東京帝大法科を卒業した大蔵省銀行局長の大久保偵次が、高橋是清大蔵大臣の補佐をしていた当時、番町会の永野　護、鳩山一郎文部大臣らとともに逮捕された。

大久保逮捕の報を知った大澤は、大久保の無罪獲得のために強力な弁護団を組織した。

何の証拠もないのに起訴は不当であるとの署名運動を、率先して展開

した。

「そもそも　事件そのものが存在しない」と、検察との激しい弁論が繰り広げられ、開廷は265回に及び、最終的に全員無罪の判決を勝ち取った。

• 杉本良吉を匿った事件

もう1つの事件は、1936年のドイツ留学直前のことであった。

舞台演出家で共産党員の杉本良吉が、共産党弾圧で特高警察に追われ、切羽詰まって大澤宅に逃げ込んだ。

驚いた大澤は、ともかくどこかへ隠さなければと、とっさの判断で居間の中2階に潜り込ませた。

さすがの特高警察も探し出すことができず、あきらめて退散した。おかげで杉本は逮捕を免れた。

杉本といえば、妻がいながら女優の岡田嘉子と激しい恋に落ち、厳冬の吹雪の中、北緯50度線の樺太国境を越えて、2人でソ連に亡命した、"恋の逃避行" として有名な、スパイ事件の当事者である。

しかし、2人は不法入国で、ソ連国家政治保安部に逮捕され、杉本は強制による自白で処刑された。

岡田は1940年に釈放されたといわれたが、実際は10年以上も苛酷な収監時代を過ごした。

戦後はアナウンサーを務め、晩年にテレビに出演したこともあったが、釈放に際しての条件のため、亡命やスパイ容疑には一切触れず、1992年に89歳で亡くなった。

大澤と杉本の接点はどこにあったのだろうか。

杉本は北海道帝国大学を中退後、早稲田大学文学部に入学したが、これも中退して演劇の道に進み、プロレタリア運動に熱中するようになっ

た。

きっかけは不明だが、大澤は若い頃に吉田好九郎（数学者）宅に起居していたことがある。

吉田と杉本が知人、あるいは縁戚との説があるので、吉田との親交の中で、杉本と知り合ったのであろう。

・ドイツ留学

東京高等農林学校に赴任した1年後の1936年に、55歳で文部省の海外研究留学員としてドイツに留学した。

この時の辞令は「獣医解剖学研究のため、1年間ドイツに在留を命ず」と、「イタリアおよび米国を在留国に追加する」であった。

大澤はこの間、英国の国際学会に出席したり、フランスの大学に出張した。

ドイツに出発する前に、有志15人によって新宿の洋食店で歓送会が開かれた。

酒を飲まない大澤は、コップに水を注いで乾杯となった。

酒が少し回りかけた頃に、やおら1人が立ち上がり、「水盃とは何事か。縁起でもない。こんな不景気なことがあるか。世話人はなっとらん」と文句を言い始め、幹事をあわてさせた。

国際農牧学会（前列中央が大澤）

主賓の大澤は「好意を多とするので水盃で結構」と、温和な表情でその場を取り持った。

ドイツに着いた大澤は、解剖学者フリューゲル博士宅に寄遇し、ベル

リン大学解剖学研究室で研究に没頭した。

　留学中に、英国で開催された第4回国際農牧学術会議に、日本代表として出席した。

　各国から137名の研究者が集まったが、日本からの参加は大澤1人であった。

・オバホルモン

　1927年に、ドイツのファンクが男性の尿中に男性ホルモンを発見し、1931年にブテナントが、結晶型の抽出に成功した。

　これがきっかけとなり、ホルモン学者の伊藤正雄は、女性発情ホルモンの臨床実験に乗り出し、世界初の高齢女性の若返りに成功した。

　75歳の女性3人に、帝国社臓器薬研究所提供のオバホルモンを1カ月間筋肉注射した結果、明らかに元気が回復し、約20年前に若返った。すなわち更年期前後の症状を示したのである。

　これが女性の尿から精製したホルモンであったことから、わが国の製薬会社では、性ホルモンの精製が、急速に発展した。

　婦人病の治療薬としてだけでなく、軍隊の栄養や、女性の美容にも使われるようになり、需要に供給が追いつかない状況になった。

　中央獣医会の役員をしていた大澤は、獣医学会や、動物薬を通して、製薬会社と懇意な関係にあった。

　そうした中で、妊娠した馬の尿が、人尿に劣らぬオバホルモンの原料になることが判明すると、全国の獣医師会を通じて、妊馬尿の収集について協力を求めた。

　大澤は妊馬尿の精製工場の建設や、妊馬尿の収集に大きな貢献をした。

　帝国社臓器薬研究所は、1935年に馬産地である岩手県の外山に、妊馬尿収集拠点を作り、妊馬尿を濃縮する工場を建設した。

翌年に、北海道十勝に同様の施設を建て、妊馬尿が牛乳よりも高値で買い取られた時期があった。

やがて耕運機が出現すると、農耕馬はいなくなったので、1955年に工場は閉鎖された。

● 日本獣医畜産専門学校教授

1946年に、東京高等農林専門学校を、65歳で停年退職すると、当時、日本獣医畜産専門学校（現日本獣医生命科学大学）の川田信平教授から招かれて、同校の教授に就任し、4年間勤務した。

川田と大澤は、大正時代から親交があった。

朝鮮総督府の京城帝国大学に勤務していた頃の川田は、大澤が川田の門下生を、京城の各高等専門学校や、帝大へ推薦するにあたって、いろいろ情報を交換する仲であった。

大澤と多くの共著がある川田は、「大澤先生が残された家畜解剖図全5巻は、わが国における唯一の馬体解剖図で、金科玉条にも匹敵する、得難いものである。

私はこのページをめくるたびに、先生の顔が彷彿と浮かんできて、図示と実物との正確さから、まさに先生の性格が窺われ、尊敬の念を抱かされる」と述懐している。

● 麻布獣医科大学教授

1950年に、69歳で日本獣医畜産大学を退職した。

同年4月から、かつて麻布獣医専門学校時代に、講師として勤めたことのある麻布獣医科大学（現麻布大学）教授、および学園理事に就任し、16年間勤めた。

当時の学長は、若い頃からの友人、板垣四郎博士であった。

16年間勤めたが、その間に初代獣医学部長を務め、大学研究報告の編集委員を務めた1954年に、「わが国獣医教育機関と獣医解剖学の沿革」を発表した。

その間、門下生から和栗秀一や、板垣　博をはじめ、多くの学者を輩出し、1964年に同大学を退職して名誉教授となり、その後も非常勤講師を務めた。

貴重な獣医学関係の蔵書111冊を、大学に寄贈した（大澤文庫）。

初代獣医学部長時代

・獣医師会および獣医学会に貢献

獣医師団体は、1885年に初めて獣医資格を定めた獣医免許規則が公布された時に、任意団体として、大日本獣医会が組織されたのに始まる。

その後、1887年に中央獣医会と名称を変え、さらに1926年に獣医師法が制定されたのに合わせて、1927年、各地に地方獣医師会が設立された。

それらの全国組織として、1928年に中央獣医会が解散され、新たに日本獣医師会が創立された。

当時の中央獣医会は、獣医師会と獣医学会双方の役割を果たしていた。

大澤は、1920年に日本獣医師会の前身である中央獣医会監事に就任した。

当時の中央獣医会は大澤と、板垣四郎、村田庚午郎が中心的な役割を担っていた。

ついで1921年の日本獣医学会発足時に監事となり、1966年まで実に45年間監事を担った。

このように、獣医師会、獣医学会双方への貢献は甚大なものがあった。

●**敬虔なキリスト教信奉者**

　大澤の人間性を知るには、キリスト教とのかかわりをなくして語ることはできない。

　なぜなら、大澤の生涯は、キリスト教の信仰が基盤となっていたからである。

　それは「学者という者は、理屈に合わないことは信じないものだが、研究を進めれば進めるほど、人間の知恵では測り得ない、深い神の知恵を信じざるを得ず、その信仰は純粋である」との信条の上に成り立っている。

　しかし当初から信仰の道を歩んだのではなかった。

　大澤は1915年、34歳の時に金沢出身の静川若枝と結婚した。若枝夫人は学生たちの親代わりとなって、親身に世話をした。

　女児2人に加えて、1923年に長男の幸夫が生まれた。

　大澤の子煩悩ぶりは大変なものであったが、その幸せは長く続かなかった。幸夫は4歳の誕生日を迎えた後に夭折した。

　夫婦の悲しみと落胆は大きく、やがて、人生には人の力のみではどうにもならないものがあることに気づいた。

　この時をきっかけに、自らキリスト教に入信し、後に夫婦でクリスチャンとして洗礼を受けた。

　結婚当初の大澤は、キリスト教に関心のない無神論者で、「自分は無宗教主義者だ。仏教にしてもキリスト教にしても偶像礼拝で、あんなもの何の意味もないよ」と話していた。

　幸夫の葬儀に、キリスト教布教団体で、日本人初の救世軍司令官に就任した山室軍平が参列した。

　山室との出会いが、やがて入信に大きく影響し、布教活動に携わるようになった。

入信当初の心境を、「亡くした子供のために自分が働こう。子供を生かすのは自分が生きて働いて、子供の分まで働くことにある」と述懐した。

　その後、自分の名を取って付けた「竹陰同志会」を組織し、毎週金曜日の夜、自宅に学生を招き、信仰を教えるようになり、死ぬまで続ける覚悟をした。

　終戦になると、戦時中から民主主義の理念を語っていたために、大学を追放されていた矢内原忠雄が、経済学部からの度重なる要請によって、8年ぶりに東大教授として復帰した。

　この時から、キリスト教を通じて、矢内原との親交を深めるようになった。

・使命観の自覚

　没する2年前の86歳の時に、麻布獣医科大学の非常勤講師をしている時の最終講義で、「使命観の自覚」と題して学生に訴えた。その内容の概要は、

①現在の青年は、大志が足りない。

②永続性がなく、虚無的・刹那的である。

③日本はこのままでは、どこかの属国になってしまう心配がある。

④学校とはヒマという意味で、暇な時にこそ勉強すべきである。

⑤歴史学者トインビーの「自由を失ったアメリカ」を引用して、自由を失ったアメリカは、滅びるから追随は危ない。

⑥ちょっとした病気なら、1度に3単位の注射をすれば効くのに、儲からないからといって、3回に分けてするから医道に反する。

⑦日本は大学の急増に伴い、教授の不足がめだつ。しかも本当の教授といわれる人は、3分の1に及ばぬのではなかろうか。

多くの教授は、翻訳教授といっても過言ではなく、実際にあたっては、さっぱり分からない。西欧のような小僧上がりがいない、というのが実状である。

⑧学生時代は、社会に出てから還元していくものを身につける時期だが、師の選択も難しいのが現状。

⑨生活の根底に宗教がある。

　そしてしめくくりに

⑩青春時代は努力せよ！ないものをあると信じて精進せよ！そこに発明があり、進歩がある。

　次の時代を背負うという使命観を持って、精進、努力し、悔いなき青春時代を送られることを望む。

などと言及して、若者を励まし勇気づけた。いささか耳の痛い学者もいたのではなかろうか。

1967年に勲三等瑞宝章を受章した。

• **郷土の偉人となる**

福島県には、世界的な医学者として知られた野口英世博士の生家が残され、観光スポットになっている。

熊本県には、野口博士の恩師、北里柴三郎博士の生家が残されている。

著名な医学者や文化人は、偉人伝として現代に伝えられているが、獣医学者の評伝は極少である。

2008年、岩手県大瀬川地区の長老たちが、公民館に集まった際の世間話の中で、「苦学の末に偉い学者になった、大澤竹次郎という人がいたらしい」ということが話題になった。

物事は、何かの些細なことがきっかけとなって始まることが多い。

大瀬川公民館で、館報の編集長を務めていた菅原得之事務局長は、熊

谷善志大瀬川活性化会議会長とともに、「大瀬川地区において、埋もれているいろいろな資源を掘り起こし、地域の活性化を図ろうではないか」という方針を立てた。

その結果、白羽の矢が立ったのが、獣医学者の大澤竹次郎であった。

さっそく、大澤に関する情報や関連資料探しが始まり、3カ月後に、「大澤竹次郎の思い出」という、大澤夫人の書いた冊子を入手することができた。

内容は29点の写真と、学会や門下生、友人・知人など69名からの寄稿を、304頁にまとめた冊子であった。

そのことを活性化会議で報告すると、ますます関心が高まり、ぜひ顕彰会を設立しようではないかとの機運が芽生えた。

なぜ大瀬川の人々は大澤に関心を持ったのであろうか。

それは、たんに偉い学者が大瀬川地区に生まれた、ということだけではなかった。

3歳の幼い子供が両親と死別して、交通の便の悪い時代に、岩手県よりもさらに雪深い北海道まで旅をして、その土地で暮らすようになったこと。

あるいは、幼少期から味わった不安定で過酷な境遇が涙を誘い、苦学の末に、獣医学界で活躍した立志伝中の人物像が、大いに感銘を与えたからであろう。

こうして2008年に17名が集まり、「大澤竹次郎顕彰会」が設立された。

大澤顕彰会は2009年に、大澤の愛弟子であった和栗秀一北里大学名誉教授を大瀬川地区に招いて「大澤竹次郎特別講演会」を

大澤の評伝

開催した。

　さらに資料展示会によっても、大澤の功績をアピールした。

　2012年に「郷土の偉人　大澤竹次郎生誕の地」案内板を建立し、除幕式に、市長をはじめ多くの人々が参集したので、一気に大澤の名声と業績が知れわたるようになった。

　それに勢いを得て、菅原が編集長となって、2015年に偉人伝「大澤竹次郎の生涯」が出版され、地区内全戸に配布された。

　世に獣医学者は多けれど、埋もれていた業績や生き様が、住民パワーによって掘り起こされ、さらに郷土の偉人として顕彰され、評伝まで出版された獣医学者は、大澤竹次郎をおいて他にないであろう。

参考資料

- 麻布獣医学園：麻布大学90年史（1980）
- 大澤竹次郎：使命観の自覚。大澤竹次郎最終講義録（1966）
- 大澤竹次郎顕彰会：大澤竹次郎の生涯（2015）
- 篠永紫門：日本獣医学教育史。文永堂（1972）
- 和栗秀一：日本獣医学人名事典。日本獣医史学会（2007）
- 和栗秀一：大澤竹次郎先生と私。記念講演要旨（2009）

　本項につき、資料を受けた「大澤竹次郎の生涯」の菅原得之編集長、ならびに麻布大学附属学術情報センターの小田切夕子事務長、さらに校閲を受けた鹿児島大学の浜名克己名誉教授に感謝します。

3. 日本獣医史学会生みの親
田中丑雄　TANAKA Ushio（1889～1982）

1905年、東京帝国大学獣医学科に、家畜衛生学・家畜薬理学講座が開設された。

時代の移ろいの中で、1954年に家畜薬理学講座に改称され、さらに1989年に獣医薬理学講座となった。

その後、大学院重点化に伴い、1994年に東京大学大学院農学生命科学研究科獣医学専攻比較動物医科学大講座という長い名称となって、獣医薬理学講座の名称は廃止された。

田中丑雄博士

しかし依然として「獣医薬理学研究室」という名称が非公式に存続している。

初代教授は津野慶太郎博士（1905～25）で、獣医警察学や乳肉衛生学、家畜疾病学、そして家畜保健学を教授した。

その後を2代目教授として、数多くの研究実績をあげるとともに、多数の優秀な後進を育成し、わが国における獣医薬理学の教育と、研究体系の基礎を確立した功労者が、田中丑雄博士である。

田中は、1889年10月21日に、陸軍中将で主計総監の父の末っ子として、千葉県市川市で生まれた。

「丑雄」という名の由来は定かではないが、干支が己丑（つちのとう

し）なので、「雄々しい牛のような猛き男子」を夢見た、両親の願いが込められているのかも知れない。

　幼い頃から才気に長け、神童といわれながら東京の小学校を卒業後、早稲田中学に進み、優等賞を得て卒業した。

　相変わらず秀才といわれながら、金沢の第四高等学校を経て、当時は駒場にあった東京帝国大学農科大学獣医学科で学び、ここも1913年に優等生として卒業した。

　同級生に、高病原性鳥インフルエンザ*（当時は家禽ペスト）の病原ウイルスをはじめて分離した伝染病学者で、農水省家畜衛生試験場（現動物衛生研究所）の初代場長を務めた中村哲哉博士がいる。

　続いて大学院に入り、畜産物に関する研究を行い、1915年に修了した。その間の1914年に獣医学科実科の講師を務めた。

　翌1916年に「浸透圧イオン濃度の変化が神経興奮伝達に及ぼす影響（ドイツ語）」により、農学博士の学位を授与された。

　1923～25年の２年間、家畜衛生学・家畜薬理学の研究のため、英国、フランス、ドイツの大学や研究所に留学した。

　その後、本科の講師、助教授を経て、1931年に教授に昇任した。

　田中の代表的な研究は下記のものであり、当時は衛生薬理学といわれていた。

• 骨軟症および骨へのカルシウム沈着

• 家畜の食餌性中毒

• 生体内の薬物、毒物の定性、定量

　田中は大学人という言葉にふさわしい生粋の教育者であった。

　東大における田中の36年間にわたる活動は、大きく駒場と本郷の２つの時代に分けられる。

明治から大正に改元されたばかりの時代に、駒場の学窓を巣立った田中は、農科大学の沢村・鈴木両教授、医科大学の林・朝比奈両教授の研究室に学んだ後、農科大学の教員として、研究と講義の落ち着いた生活を送り始め、駒場の学舎が本郷に移るまで続いた。

　この間、ドイツ留学では、クレメル教授のもとで神経興奮伝導について研究した。

　その後、当時はまだまだ輪郭が不明瞭であった家畜衛生学について、「家畜衛生学概要」を著わすことによって、具体的な学問体系を確立した。

　それとともに、専攻者の少ない家畜薬理学の研究にも精進し、わが国におけるこの分野の研究に、確固たる基盤を作った。

・田中の苦悩

　終戦前の混乱期に、本郷の赤い壁の建物に入ったが、国内における各社会分野の退廃は目に余るものがあり、国民皆兵、学徒動員を余儀なくされた。

　このような環境下では、本来の大学の使命である教育、研究に対する期待はまったく地に落ち、ついに中断に追い詰められた。

　この頃から、田中の学究生活の中へ、慌ただしい大学行政の仕事が入り始めた。

　予算、資材、人員不足の中で、獣医学科主任、評議員、農学部長、さらに東大立地自然科学研究所長など、管理運営の責任者を次々と歴任することになった。

　これらの職務を達成するには、練達した手腕や、高邁な識見が当然必要である。

　これに自己の責任を完遂しようとする、真摯な態度が加わった。

　石にかじりついても果たさなければならないという不動の信念を貫き

通すことが、田中の真の面目となり、それぞれの職務を決死の覚悟をもって、最大の努力を遂行した。

　上記の官職以外にも、学術研究会議会員、日本学術振興会特別委員、大学基準協会基準委員、文部省視学委員、その他数々の政府委員として関係分野の研究行政に参画し、戦後の大学基準の設立など、退廃したわが国の教育研究行政の再構築に尽力した。

　獣医学分野では、獣医教育刷新委員、獣医事審議会委員、獣医師免許審議会委員、日大農獣医学部顧問、日本獣医学会会長、日本獣医史学会理事長などの要職を担当した。

　獣医学教育年限の延長に関しては、戦争中に陸軍獣医部内で獣医学教育を医学教育と同程度にすることを強く論じた。

　その結果、軍獣医部が中心となって、文部省と学校の関係者を招集して協議会を開催し、一応の結論に達した。

　文部省当局もこれを了解し、当然ながら、日本獣医師会もこれに呼応して文部省、農林省に強力に働きかけた。

　しかし、残念なことに、具体化しないまま終戦となった経緯がある。

　GHQ*から、獣医学教育は医学、歯学と同様に6年制が妥当であるという勧告が出された。

　それを受けた日本側代表で獣医事審議会委員長であった田中は、意を強くして「日本の獣医学教育」という文書を提出した。

　日本の獣医学教育は、より多くの年限を要するものと考えられ、田中はその点を力説した。

　しかし、田中の前には大きな壁が立ちはだかっていた。

　畜産の振興を目的として設立された日本の獣医学は、大学において農学部門の1分科として進んできた経緯がある。

　そのために農学部の他の学科と同一視され、画一制度の思想と時代の

情勢も、それを相応としたので、多勢に無勢の恰好で押し切られ、6年制は実現せず、無念の涙を飲むことになった。

　断固押し通せば、それが当然のことと思われるようになる。

　しかし、4年制を長く続けてきた慣例から抜け出ることは至難であり、一般の大学基準関係者は、過去の先入観にとらわれ、農学部基準の枠の中に獣医学を入れたので、田中の努力は達成できなかった。

　田中は風格が良く、明るいはっきりした性格で、物事に対する理解も正確で、てきぱきと行動する人間性の持ち主であった。

　業務の処理はきわめて几帳面で、約束事は必ず実行し、会合の時間に遅れたことは1度もなかった。

　しかも教育研究に対してはきわめて厳格だったので、実験用器具器械、実験台などに塵、ほこりがついていると、「大喝一声」どなりつけて、実験を止めさせた。

　そのため田中の研究室はいつも清潔で、よく整理されていた。

　一方、自分の教え子に対してはきわめてよく面倒をみた。

　給料日には研究室の全員を連れて、向島にある超一流の料亭に連れて行って、給料の大半を使い果たすほどの散財をすることもあったという。明治時代の人の一部が持っていた明治魂を供えた人であった。

　英語が堪能で、先輩、後輩の英文報告に対して、強力な指導をした。

　このことが戦前、戦後のわが国の獣医学の発展に大いに貢献した。

　日本は戦後、世界の一流国に進出できたが、日本語の国外進出は遅々として進まなかった。

　現在でも研究業績の世界的評価を得るためには、先進国語（英、独、仏、伊、露）の外国語翻訳、あるいは抄録を必要としている。そのために田中は英語力の向上に尽力したのである。

　田中の活動分野は東大内に留まらず、学術研究会議会員等として、わが国の研究促進に努力し、戦後は大学基準協会等の委員として、新教育制度の確立に尽力した。

　東大退職後も時々、薬理学研究室を訪れることがあった。代が替わって数年後のことだった。

　後年、教授となった唐木英明博士の場合、入室して間もなくの頃のある日、ステッキを持った長身で、ダンディーを絵に画いたような白髪のお年寄りが、研究室のドアを開けてひょっこり入ってきた。

　この人が東大農学部長と東京農工大学長を務めた田中名誉教授であることを知る人は、すでに少なくなっていた。

　卒論の実験に熱中していた唐木は、急に入室した見知らぬ老人から、「君はこの研究室の学生かね。どんな実験をしているのかね？」と問われた。

　まさか田中名誉教授とは気づかず、なんだか偉そうな年寄りだなあと訝りながら、一応、実験の内容を説明したが、後でその老人が田中であったことを教えられ、冷や汗をかいたとのことであった。

　田中は研究室を訪れる時、丸善の包み紙に入った文房具を土産に持参するのが常だった。

　この時が唐木と田中との最初の出会いであった。これがきっかけとなって、その後、孫のような存在の唐木も田中の自宅に招かれることが多くなった。

• 東京農工大学初代学長
　終戦後間もない1949年に、田中は新設の東京農工大学（旧東京帝国大学農学部実科と蚕糸専門学校が統合）の初代学長に指名された。

55

そして1955年の停年退職時に、東大、農工大の両大学は名誉教授の称号を贈った。

1955年卒業生の手記に、「初代学長田中丑雄教授の薬理学講義のある日、出席者2名。平然たる大学教授の偉大品格を痛感した」とあった。

その間、1949〜55年に日本獣医学会会長、その後、1955〜62年に日本大学農獣医学部獣医学研究所長を務めた。

テニスコートオープン時の学長挨拶

• 日本獣医史学会の設立

田中の人生を語る時、忘れてならないのは、「日本獣医史学会」の基盤の確立に貢献したことである。

田中は80歳を迎えようとする頃から、常々、獣医学の歴史を後世に伝え残すことを真剣に考えるようになった。

同郷で10歳年下の友人である、文永堂出版の編集主幹で、名著「日本獣医学史」を著わした白井紅白博士と何度も相談して、具体策を練った。

まず最初に、獣医学の発展に寄与することを目的とし、「温故知新」をモットーに掲げることに同意した。

獣医、畜産、人と産業動物や伴侶動物との関わり、動物愛護やヒューマン・アニマルボンド（人と動物のきずな）など、広い分野にわたる史実を明らかにする。

それらを現在の視点から考究し、その成果を普及するとともに、さらに後世に伝えることを目指した研究会の結成を模索し始めたのは、1970

年であった。

　慣れ親しんだ長年の友人には、お互いに遠慮がない。

　いつものように文永堂に顔を出した田中は、獣医研究史学会の設立に向けて白井主幹と持論を交わしていた。

　しかし何の弾みか、途中から、急に机を叩いて、真っ赤な顔になって大声で激論し始めたのだ。受ける側の白井も負けてはいなかった。

　日頃から仲良しだった2人の間で、後にも先にも、こんな恐ろしい場面に出会ったことがない。

　事務所の職員たちは、何が起きたのかさっぱり分からず、ただ2人の激論をオロオロしながら見つめているだけであった。

　些細なことから始まった喧嘩（けんか、論争）に違いない。そして2人がともに「俺は降りる」という言葉が耳に入った。

　しかし1972年に「日本獣医史研究会」が発足した時、初代会長は田中、そして白井は理事に納まっていた。

　80歳と70歳という、お互い明治人の気骨のある大人の喧嘩はまことに絶妙の味わいがあった。

　研究会は創立5周年を迎えた1976年の総会で「日本獣医史学会」と名称を変更した。

　わが国唯一の「獣医史学」研究の団体名と機関誌名の変更は、たんなる名称変更に留まるものではない。

　科学史研究の1分野としての「獣医史学」の正当な位置づけの時期が、ようやく到来したことを意味した。

　これまでに報告された獣医史の研究内

日本獣医史学雑誌第55号

容は、発足時から発行されている日本獣医史学研究会報（現在の日本獣医史学雑誌）に逐次掲載され、2018年に55号を刊行するまでに成長した。

その間の2007年に、「日本獣医学人名事典」が発行された。

この中には187名の先達が掲載されており、その後も毎年、獣医史学雑誌の中で、その数を増している。

田中は教育の分野における業績が評価され、1965年に勲二等旭日重光章が授与された。

参考資料

- 石井　進：田中丑雄獣医史学会理事長の逝去。日本獣医史学雑誌、17（1983）
- 浦川紀元：日本獣医学人名事典。日本獣医史学会（2007）
- 越智勇一、大久保義男：最近の獣医学序。東京大学獣医学教室（1951）
- 斎藤みの里：研究室だより（100）東京大学獣医薬理学教室。JVM、50、10（1997）
- 篠永紫門：日本獣医学教育史。文永堂（1972）
- 山田　実：白井恒三郎先生の逝去を悼んで。JVM、45、12（1992）

本項につき、資料を受けた東京大学の唐木英明名誉教授と、東京農工大学の田谷一善名誉教授に感謝します。

4．獣医・畜産ジャーナリストの大御所
白井恒三郎　SHIRAI Tsunesaburo（1899～1992）

　文永堂出版社の「獣医畜産新報」と
いえば、昔も今も多くの獣医師が愛読
し、あるいは投稿している貴重な獣医
学術雑誌である。

　創刊から令和の現代まで、70年以上
に及ぶ歴史のある「獣医畜産新報（現
JVM)」に、貴重な学術論文の数々を
掲載するために尽力した、編集主幹が
いた。

　その人の名は白井恒三郎博士。また
の名を白井紅白翁。

紅白・白井恒三郎博士

　白井は「獣医畜産新報」の生みの親であり、育ての親であり、そして
獣医畜産業界のスポークスマンとしても知られた、気骨の士である。

　白井は不朽の名著「日本獣医学史」を著わした人としても、現代に名
を残している。

　1899年に、古来、畜産の盛んな土地、千葉県安房郡吉尾村（現鴨川市）
で、白井大吉氏の長男として生まれた。

　郷士であった祖父は、伯楽＊を生業とし、安房郡畜産会を創立すると
ともに、不正な牛馬商に騙されないように、牛馬売買営業者用の市場を
開設した。

　その功績に対して畜産組合から功労者として表彰された。

また、ホルスタイン種乳牛の買い付けに、米国へも渡った人物であった。

　父の大吉もまた大胆かつ能弁な人であった。

　果敢にも、15歳で北海道に渡り、畜産で一旗揚げて房州へ帰ってくると、田舎銀行を設立した。

　しかし経営に失敗して倒産したため、地元におられなくなり、再び一家で北海道へ渡り、札幌に住むようになった。

　恒三郎少年はその地で小学校を卒業すると、鉄道局教習科に入って貨物列車の乗務員になった。

　数年後に、一家は山形県米沢市に移った。

　父は養鶏や酪農業をしながら手広く牛乳を売り、革新派として若い人たちに担がれて、米沢市議会議員になった。

　いわゆる他所者であったが、議員として功績をあげたため、市民によって胸像を建てようという話にまでなった人物である。

　このような祖父や父の生き様を見ながら育った恒三郎少年の心には、当然のごとく畜産に対する関心が芽生えた。

　もっと勉強がしたくなって、父が北海道へ渡った年齢と同じ15歳になると、一念発起して上京し、東京獣医学校本科（日本大学農獣医学部の前身）で学び、獣医師の資格を得た。

　卒業生の多くは家畜の臨床獣医師や軍人になったが、白井はもっぱら米沢市において、父の牧場経営を助けて働いた。

　1923年、24歳になった白井は、思うところあって少年時代を過ごした北海道に戻り、北海道帝国大学畜産学科第2部（獣医学科の前身）で実験動物係りに雇われた。

　この時に仕えた師は、癌研究史で有名な市川厚一博士であった。

　アカデミックな雰囲気に包まれながら、白井は市川の指示に従い、か

つて市川が山極勝三郎教授の命を受け、ウサギの耳の内側にせっせとコールタールを塗って発癌実験を行ったのと同じように、その仕事に身を入れた。

　生来、向学心の旺盛な白井は、時間をみつけては学生と一緒に講義を聴講し、懸命に獣医畜産学の専門知識を身につけた。

　後年、白井は長男を厚（慶応大学教授）と名付けたが、自分が仕えた市川厚一教授の１字を貰ったとのことである。

・ジャーナリストへの道

　北大で実験動物係りの仕事をしていた１年間、空いた時間に獣医畜産学講義の聴講許可を得ると、嬉々として勉強に励んだ。

　すでに獣医師の資格は得ていたものの、さらに上級の難しい知識を習得すべく懸命に努力し、時間を惜しんで勉学に励んだ。

　その結果、短期間にして、帝大レベルの知識をつけたと思われるほどの自信を得た白井は、自分の進む道の基礎固めはできたと確信した。

　１年後に上京して、1924年に“現代の獣医社”という出版社に就職した。

　この職場こそ、白井が心に秘めて目指していたジャーナリストとしての始発駅であった。

　この出版社で、内外の研究論文を読破し、選別しながら編集を担当した。

　雑誌名は、「現代の獣医」、「装蹄と畜産」、「臨床獣医学新報」などであった。

　編集の仕事で、多くの論文を読み進めているうちに、獣医畜産に関する知識がますます養成されていった。

　もちろん、英、独、仏の語学も独学で習得したという、努力家であった。

1926年に獣医師法が成立し、日本獣医師会が創立されると、その調査員となった。

　世はまさに軍国主義の時代であった。この頃の獣医師で威張っていたのは、陸軍の獣医将校と帝国大学の獣医学教授であった。

　馬上豊かな軍人はあこがれの的で、戦力増強のために、強い軍馬は何よりも重要であった。

　戦場で軍馬の傷や病気を治す役目を担った獣医将校は、兵隊を治療する軍医よりも、時には重要視されることがあった。

　獣医将校の最高位である中将の、颯爽とした馬上の雄姿を遠くからまぶしい思いで見つめ、獣医将校を示す紫色の襟章に強いあこがれを抱くのであった。

　しかし、とうてい自分は獣医将校にはなれないと諦めた白井は、せめて大陸へ渡り、満蒙の新天地に大牧場を経営して、大日本帝国に貢献することを本気で夢見ていた。

　しかし、その夢を実現させることも不可能であることを悟った時、それならばと、学者肌の白井の心は学界の方向へと向かうようになった。

　1928年、29歳の時に、東京帝国大学農学部獣医内科学研究室の板垣四郎博士の助手となった。

　学問の府という環境の中にいると、当然のことながら学界に知人も多くなった。

　英、米獣医学雑誌の論文の和文抄録作りに従事しながら、「応用獣医学雑誌」、「中央獣医学雑誌」の編集を担当した。

　続いて1930年に、畜産研究会で「乳牛の研究」を編集した。

　1932年に、白井は頼まれるままに、東京府獣医師会の創立委員となった。

　設立後は理事を長く務めたが、終戦後に占領軍の命令で、獣医師会は

解散された。

　その後、東京都獣医師会再建委員長および日本獣医師会の再建委員として、戦後の獣医師の組織作りに汗を流した。そして東京都獣医師会副会長、会長代理、顧問、日本獣医師会監事などの要職を歴任した。

　このような組織の中で、ジャーナリストとしての白井は貴重な存在なので、文書の作成や編集などを担当することが多かった。

　1935年に、文永堂書店で、同社の「畜産と獣医」誌を編集した。

　1944年、太平洋戦争下の雑誌統合の命令によって、獣医学関係の諸雑誌は廃刊となり、新たに日本獣医師会から「総合獣医学雑誌」が創刊されたため、その編集主任となった。

　終戦で、この雑誌も廃刊の憂き目をみた。

　1947年、占領軍の方針によって、日本獣医師会内に"角笛社"という出版社ができ、「角笛」誌を発行するようになった。

　白井はこの新しい雑誌の編集主任となって、戦後の活動を始めた。

　翌1948年に文永堂書店から「畜産獣医月報」が創刊され、この雑誌はすぐに「獣医畜産新報」と改題された。

　この時から、白井は「紅白」というおめでたいペンネームを使用し始めた。

　白井は普段、厳格な気骨であるものの、そんな中にも、ちょっぴり茶目っ気もある性格が、自分の再出発時点を祈念して、「紅白」にさせたのかもしれない。

　このように、戦争の中で生まれてはすぐに消えていく、多くの泡沫雑誌と関わりながら、著作や編集技術を磨いた白井は、その後、「獣医畜産新報」の編集一筋に情熱を注ぐようになった。

　この仕事は、1981年に82歳で退社するまで、34年間という長きに及んだ。

全国の多くの獣医師が愛読する「獣医畜産新報」は、毎月1日と15日に発行されたが、1976年からは月1回となった。

　白井は表紙の"巻頭言"と"雑記帖"というコラムを担当し、ニュースキャスターとして、抜群の能力を発揮した。

　巻頭言は、獣医病理学の大家である山極三郎博士、埼玉県獣医師会長の栗田武夫、あるいは目崎平司などとの輪番制であった。

　ある時は獣医界に向けての注文や熱い志をぶつけ、ある時は辛口の説教を、そしてまたある時は、八面六臂の活躍ぶりを褒め称えるなどした。

　どの記事も、時宜を得た内容の時事放談であり、読者の胸を打つ、人気のある看板メニューとなった。

　目次に目を通すと、学説第1部として学者、研究者による報告、学説第2部として臨床報告がメインとなっていた。

　その他に講座、説苑、質疑、人物往来（プロフィール）、臨床アイデア室、海外文献抄録、学会、ニュースなどが、幅広く紹介されている獣医界きってのジャーナル誌である。

　もちろん、この学術雑誌の中で、獣医学の発展と、獣医師の社会的地位向上のために論陣を張ることを忘れなかった。

• 大著「日本獣医学史」

　獣医畜産ジャーナリストとして、内外の研究論文や文献を抄録していると、長年の間に、いやが上にも諸知識が豊富となる。

　学者肌の白井は編集だけでなく、いろいろな獣医畜産関係の自著を発刊した。

　処女作は31歳の時に著わした「通俗家畜産婆の手引き、明文堂（1930）」で、以来、獣医師法、家畜病理学、装蹄学、獣医師用の実用書など、実に30冊以上に及ぶ著書がある。

　中でも、ひときわ輝いている著書は、1944年に、長年にわたり精魂を傾けて著わした、大著「日本獣医学史」ではなかろうか。

白井博士の大著「日本獣医学史」

　「中央獣医学雑誌」の編集に携わったのを契機に、世界の獣医学史に目を向け、自分で日本の獣医学史をまとめたいと決意した。

　日曜日ごとに図書館に通って、こつこつと資料を集め、10年以上をかけて書き上げた。

　当時は戦争の最中で、空には連日のように敵機の来襲があり、物資は極度に不足し、紙質は悪く、印刷や製本も十分ではなく、満足に売れるかどうか危惧された。

　ところが、刊行すると順調な売れ行きをみせ、戦争が終わった時には、ほとんど在庫はなかった。

　本書は1935〜42年に応用獣医学雑誌に発表された「日本獣医史ならびに獣医学史」と、「古代より徳川末期に至る獣医書の研究」を集大成した、716頁にのぼる大冊で、当時の頒布価格は9円80銭であった。

　本書は、まず神代期に始まり、明治時代末期までの獣医事を、膨大な資料を渉猟（しょうりょう）して、獣医学教育、獣医行政、家畜防疫などの全般にわたり、余すところなく詳述された名著である。

　内容の1, 2を紹介すると、「我が国の創生期は蒙昧混沌（もうまいこんとん）として明らかでない…」という書き出しで始まる。

　大国主命と因幡の白兎の話の中には、同神が獣医術を初めて施したと記されている。

応神天皇以後に朝鮮半島から多数の馬が渡来し、獣医術がもたらされたのは推古天皇の頃で、聖徳太子（厩戸皇子）も獣医術を学んだと記されている。

平安時代に、やはり朝鮮半島から犬が輸入されている。

狂犬病がこの時代に発生したという文献（丹波康頼が天元5年（982）に表した医心方）が、わが国最初の狂犬病記事であると紹介している。

旧漢字を用い、ドイツ語はカタカナで著わし、よくぞこれだけ詳しく多くの事柄を調査し、まとめたものだと、驚嘆に値する獣医歴史書であり、宝典である。

富士川　游博士の「日本医学史」の隣に、自分の著書「日本獣医学史」が書店の本棚に並んでいるのを見て、白井は「苦労したが、本当に嬉しかった」と、友人にしみじみ語ったことがある。

本書を完成させた頃の白井は母校、東京高等獣医学校の講師を務め、獣医学史を講じていた。

後年の1967年に、本書を麻布大学に提出し、獣医学博士の学位が授与された。

獣医学教育6年制の実現が目前に迫り、獣医史学が大学の必修科目にとりあげられる機運が高まると、本書を読みたいという要望が日増しに多くなったため、1974年に復刻版が刊行された。

• 日本獣医史学会の設立に参画

かねてから、獣医学の歴史を後世に伝えることの重要性を痛感していた田中丑雄東大名誉教授（初代東京農工大学学長）は、「日本獣医学史」を高く評価した。

1970年秋のある日、田中は文永堂に同郷の白井を訪ね、「ひとつ獣医学史の研究会のようなものを作る必要があると思う」と提案した。

　これに対して白井は、「結構なこととは思うが、研究会を作るとなると、会員の募集や会報の発行、会費の徴収など、とても片手間でできることではない。大変なことなので危ないから近づかないでおこう。その方が無難だ」と、生返事をした。

日本獣医史学雑誌の今昔

　しかし田中は、その後も熱心に白井を口説いた。

　その熱意にほだされた白井は、首を縦に振ると、さっそく獣医界の重鎮たちに呼びかけ始めた。

　そして1972年に、日本獣医史学研究会が発足した。

　会長は田中丑雄、副会長は石井　進（元家畜衛生試験場場長）、そして白井は、幹事の１人として参画した。

　主に会報の編集を担当したが、その後、総務や会計も担当するようになり、役員を引退してからも、没するまで名誉会員として列していた。

　まだ発足の企画や推進をしている頃の一場面。田中が文永堂へ来て、白井と研究会のあり方についていろいろと話していた。

　それがいつの間にか、２人とも顔を真っ赤にして、口角泡を飛ばし、机を叩いて、大声での激論となり、お互いに「俺は下りる」と言い合っていた。

　些細なことから始まったことであろうが、お互い明治人の頑固一徹は、周囲をハラハラさせた。

　しかし、いざ蓋を開けてみると、田中が会長に、白井は幹事に納まっていた。

　そしてもう１つ。ある日のこと、文永堂へ白井よりも高齢にみえる紳

士が訪ねて来て、2人は親しそうに話していた。

　やがて老紳士が帰ると、白井は職員の傍へ来て、「あの人は元陸軍中将だった山根定吉さんだよ。世が世ならば、恐れ多くて話をするところか、そばへも寄れない雲上人だったのだよ」と、嬉しそうに笑いながら話した。

　それもその筈、若き日の白井がいくら背伸びをしても届かない、あこがれの的であった陸軍将校最高位の人だったのだ。

　その人と、今では対等に会話ができる時代になった。

　感慨深い表情の笑みを浮かべながら話す白井の心には、「戦争と平和」に対する、彼独自の郷愁があったのだろう。

　この時の山根定吉翁は、獣医史学会理事で、陸軍獣医史部会長を務めていた。

　5年後の1976年に、日本獣医史学会と名称を変えて、さらに発展した。

　この会は随時、例会を開き、研究発表、資料展示、会報の発行などを行いながら、獣医史の普及を図り、獣医学の進路を確立することを目的とした学会である。

　白井と志を同じくする者は少なからずいる。発足当初の会員は、功成り名を遂げた学者たちが中心となった。そしてあらゆる獣医畜産分野に関する研究報告がなされた。

　彼らが軸となって、熱心に会員の勧誘が続けられた結果、年を経るごとに会員数が増え、会報のページ数は分厚くなった。

　歴史学会という性質上、年配者が多いのは当然である。

　学者間においても、現役の教授より名誉教授が多くを占めたが、近年は少数ながら学生も加わるようになった。

　当時、麻布大学の学長で、日本農学会会長および日本学術会議会長の

要職にあった、本会顧問の越智勇一博士は、日本獣医史学雑誌第9号（1976）に、次の談話を寄せている。

　私の学長室には大きな書棚があり、機会あるごとに自分が集めた各学会や研究所などの25年史とか百年史等が納められている。しかし獣医学に関する歴史の記録はほとんどない。

　日本科学技術史大系25巻中に、農学に関するものは2巻あるが、その中に獣医学に関する記述は、あちこちに書かれているものを全部合わせてもわずかに半頁にも満たない。

　獣医学と似たような学問関係にある、医学に関するものが2巻あるのに比べると、あまりにも少ないのに驚く。

　獣医学に関するまとまったものとしては、白井紅白さんの「日本獣医学史」、山脇圭吉先生の「日本帝国家畜伝染病予防史全7巻」、篠永紫門氏の「日本獣医学教育史」など、立派なものがあるが、全体としてまことに少ない。

　わが国の近代獣医学が始まってから、わずか百年で、研究者の数もきわめて少ないことから考えると、当然といえば当然であるが、それにしても、歴史に関する研究者の少なかったことは事実である。

　ところで、最近私が非常に心強く思うことは、獣医学においても、この方面の関心が高まり、獣医史学会が発足し、活発な活動が行われていることである。

　最近も大学教育の中に、「獣医学発展の歴史を入れるべきである」という声を聞くが、これはまことにもっともなことで、ぜひその実現を図るべきである。

　このように越智は、獣医史学会の活躍を褒め称え、期待を滲ませている。

本誌の中で白井は、獣医学古書について種々述べている。

　発足当初から、年1回発行されてきた学会誌は、初期は薄い冊子であったが、会員が増え、研究内容が幅広くなにつれて分厚くなった。

　発足から35年目の2007年に、日本の獣医学の発展に貢献した人たちを顕彰する人物史ともいうべき、「日本獣医学人名事典」が刊行され、187名が紹介された。

　明治生まれの気骨のある人々によって発足した日本獣医史学会が、着実に前進を続けている成長ぶりを、紅白翁は、田中丑雄会長や山根定吉元陸軍中将と、仲良く肩を組んで、満足の笑みを浮かべながら、草葉の陰から見つめているであろう。

・白井紅白文庫

　ジャーナリストとしての経験を積むほどに、白井は貴重な古書や奇書、珍書の類いを耳にしたり、手に取る機会が増えた。

　82歳まで畜産界で、書籍、雑誌の著作、編集、出版に全力を注ぎ、あるいは獣医師の社会的地位の向上のために運動してきた中で、貴重な古書に遭遇すれば、どうしても自分の手元におきたかった。

　ある時は興味あるものを探し尋ねて譲り受けたこともあり、自然に古書の収集が趣味になるとともに、自分の使命でもあると思うようになった。

　長年にわたって収集した古書の数々は、江戸時代に作られた巻物や、こより綴じの古書、秘伝書など、貴重な史料ばかりである。

　「桑島流秘伝馬医巻物」10巻をはじめ、「要馬秘極集」、あるいは「大坪本流武馬必用」など、馬から牛、羊、犬獣医学に至るまでの古書、365冊にのぼる貴重な書籍は、白井の死後、散逸しないように麻布大学図書館に寄贈された。

　それらは2009年に整理が完了し、「獣医資料館寄贈選定図書目録」に、「白井紅白文庫」と命名された。

　白井は獣医畜産新報誌上で牛乳礼賛の論陣を張り、１日に牛乳を５合飲んでいた。ご飯を食べる時も味噌汁代わりに飲んでいたことは有名な話である。

　鎌倉の自宅から文永堂まで、片道１時間半かけて通勤し、電車に乗っても、座席に座ると足が弱ると言って絶対に座らなかった。

　白井の趣味の１つに詩吟があった。東京都獣医師会の有志が詩吟のグループを作ったので、毎週１回の練習日には欠かさず参加していた。

　それに飽き足りず、職場での昼休みには、毎日のように屋上で大声を張り上げて練習していたという。

　それだけ励めば誰でも上達するはずであるが、いささか調子はずれのところがあり、それが宴会の席で飛び出すので、周囲は「白井先生の鎌倉流」と呼び、職員はじっと我慢しながら聴いていたそうである。

参考資料

- 初出：動物臨床医学、26、2（2017）
- 越智勇一：近代獣医学教育開始百周年に想う。日本獣医史学雑誌、9（1976）
- 白井　厚：父のこと。日本獣医史学雑誌、31（1994）
- 白井　厚：日本獣医学人名辞典。日本獣医史学会（2007）
- 白井恒三郎：日本獣医学史。文英堂（1944）
- 中村洋吉：獣医学史。養賢堂（1980）
- 深谷謙二：日本獣医史学会設立の経緯と30年の歩み。日本獣医史学雑誌、41（2004）
- 山田　実：白井恒三郎先生の逝去を悼んで。獣医畜産新報、45、12（1992）

5. ケトーシスを発見したルミノロジーの提唱者
梅津元昌　UMEZU Motoyoshi（1901〜1985）

　第二次世界大戦後、軍馬の需要がな
くなると、軍に徴用されるために飼育
されていた農用馬は、牛に取って代わ
られた。

　それに伴って獣医畜産学界の研究方
向も、馬に代わって牛が中心となり、
特に乳牛の飼養管理技術や疾病の研究
が主体を占めるようになった。

　戦時中は護蹄のベテランとして活躍
していた馬獣医師であるが、牛の診療
が主になると、面食らう場面に遭遇す
ることが多くなった。

梅津元昌博士

　泌乳能力の向上を目指す中で、多くの疾病を経験する酪農家に対し
て、信頼されるアドバイザーとなるために、泌乳生理と臨床繁殖に精通
した牛獣医師に徹しようと、勉学に励む日々が続いた。

　単胃の馬から、複胃の牛に診療対象が変化したが、まだ反芻動物の消
化生理の知識が少ない獣医師や指導者たちには、牛に給与する濃厚飼料
や粗飼料に対する考え方が浸透していなかった.

　そのため、相変わらず馬と同じような考えのもとに、牛の飼養管理が
なされていた。

　しかし馬と異なり、乳牛は分娩後の疾病が多く、酪農家は日々の搾乳
の障害に起因する疾病や、泌乳量向上過程で頻発する栄養障害に悩んで

いた。

　とりわけ、産後疾病の中で群を抜いて多発するのがケトーシス*であった。

　反芻家畜の特殊な消化生理機構の研究が進められる中で、科学的理論に基づいた牛の飼い方を広め、ルミノロジー*という学問体系を作ったのが、「ケトーシスの梅津」、あるいは「ルミノロジーの梅津」として知られた東北大学教授で、後に日本獣医畜産大学（現日本獣医生命科学大学）の学長に就任した梅津元昌博士である。

　1901年に東京で生まれ、多感な年頃の中学時代に結核に罹患した。心配した両親は、少しでも静かな環境での生活を求め、梅津は神奈川県の学校に転校し、治療と養生を続けながら勉学に励んだ。

　中学を卒業すると北海道帝国大学予科に入学し、1924年、東京帝国大学獣医学科に移った。同期に石井　進博士（元農林水産省家畜衛生試験場場長）がいた。

　東大の学生時代は生理学の島村虎猪教授に師事した。

　島村は、わが国の獣医生理学の教育体系を作り上げた人で、馬の繁殖生理の研究に熱心であった。

　島村は、鈴木梅太郎教授が世界で初めて脚気の治療予防因子であるオリザニン（ビタミンB$_1$）の抽出に成功した時の、共同研究者としても知られていた。

　島村研究室において、梅津は糖代謝を中心にした、動物体の代謝について深い興味を覚えるようになり、1927年に「インスリンの血糖値に及ぼす影響」を卒業論文とした。

　その年に卒業した梅津は、1930年、中国東北部の奉天（瀋陽）にある"奉天獣疫研究所"に就職し、生化学部の主任となり、主として細菌化

73

学および免疫化学の研究に従事した。

　満州時代は鼻疽*をはじめ、炭疽*、口蹄疫*、牛肺疫*など、きわめて危険な人獣共通感染症が常在していたため、それらの防遏に当たった。

　中でも軍馬に多発する鼻疽は伝染性が強く、馬の50〜80％が罹患していた。

　鼻腔、気管粘膜、肺、脾臓、肝臓、リンパ節などに結節を形成し、皮膚に病変を形成するものは皮疽と呼ばれ、人にも感染した。

　そのため、鼻疽の撲滅が人と馬にとって、緊急の問題となっていた。

　微生物が動物体内で増殖し、動物体に種々の影響を与える機転に関し、同僚たちと自由な立場で論議を戦わせる機会が多く、この時間を大切にした。

　時々講習を受けた葛西勝弥教授の自由な思想と、小林六造教授の唯物弁証法的研究の方法論を聴くことは、梅津にとって至福の時間となり、研究心が一層盛りたてられた。

　そんな中で、鼻疽菌の基礎化学面からの研究に没頭した梅津は、菌体たんぱく質を抽出・精製し、皮下接種または点眼によるアレルギー反応を利用して鼻疽の診断液である"マレイン"の製造に成功するという、偉業を成し遂げた。

　この"マレイン"は、従来の診断液の30倍の効力を示した。

　1937〜39年、ドイツに留学し、フランクフルトにあるエールリッヒ研究所で、結核菌の菌体成分に関する生化学的研究を行った。

　1945年、「鼻疽菌の成分およびその作用に関する生物学的研究」により、東京帝国大学から農学博士の学位が授与された。

　第二次世界大戦の敗戦により、1947年までソ連に抑留された。

• 東北大学教授

1948年、仙台にある東北大学農学部に畜産学科が創設されると、初代教授として家畜生理学を担当することになった。

しかし広い範囲の生理学のどの分野を研究の中心課題にすればいいのかを決めかね、当分の間、その選択に苦慮した。

その結果、自分のこれまでに歩んできた研究のキャリアから考えると、微生物と動物との生理関係が最も明らかに存在する、反芻動物の生理学を選ぶのが、適当であるとの結論に達した。

1944年に満州で、反芻動物に必須アミノ酸のトリプトファン欠乏食を与えても、盲腸内細菌が当該アミノ酸を含む菌体たんぱく質を生成するために、欠乏症が発現しないという実験を、経験したことがあった。

この実験を機に、いつか消化管内細菌の栄養的意義について研究してみたいと思っていた。

しかし終戦後の混乱期だったので、外国文献の入手は、すこぶる困難であった。

そこで初期はまったく文献にたよらず、独自の方法で第一胃に取り組み、1949年頃から学会や雑誌に研究成果の発表を始めた。

そのうちしだいに外国の文献が入手できるようになると、情報が得やすくなった。

驚いたことに英国では、高名な生理学者のハモンド博士を中心として、第一胃がすでに取り上げられ、研究が進展しつつあった。米国においても同様であった。

研究のスタート時点で、反芻動物の消化生理のような分野は、当分の間、世界中で誰も確立しないであろうと、のんびり構えていた梅津の独りよがりの予測は、見事に裏切られた。

このような欧米の進捗状況を、つぶさに知った梅津の研究心は、にわ

かに燃え始めた。

この分野の研究は、当時の日本の学会では、あまり重視されなかった。

そのため学会での教室員の力作による発表は、深山に向かって話しかけるようなもので、反対もなければ賛成もないといった、反応の鈍い状況が数年続いた。

そうこうしているうちに、梅津や東北大学を主とする研究者たちの努力で、しだいに研究内容および研究者数が増えた。

互いに独自の研究にしのぎを削りながら、活性化し、やがて学会の一分野を形成するようになった。

中には世界の水準を抜く業績も発表され、わが国のルミノロジーは、広く全国に普及していった。

• ケトーシスの発見

米国において、高性能の乳牛が、突然泌乳量の減少を示した場合、約半数がケトーシスによるものであると判明したのは、1948年であった。

さらに乳熱*の40％がケトーシスを伴い、めん山羊の双胎病は、その100％がケトーシスであることが判明した。

低級脂肪酸が体内で代謝される場合、ケトン体*が中間代謝産物として生じることは、理論上判明していて、代謝実験で証明することができた。

梅津は、諸外国で報告されているケトーシスが、なぜわが国で発見されないのか不思議であるとの考えから、意欲的に調査を始めた。

農林省を通じて、全国に調査依頼をしたものの、この頃はまだ臨床現場において、ケトン体の検査が不可能であったので、1例の発生も報告されなかった。

1952年、梅津は偶然の機会に、山形県において、異常発酵サイレー

ジ*を多食しためん羊が、病的症状を示した場面に遭遇した。

本病がケトーシスであることを確認し、日本でも発生している事実を初めて明らかにした。

この症例が日本におけるケトーシス第1号となった。

これをきっかけに、反芻動物の栄養障害について関心が高まった。

梅津は、農林省に対して、乳牛の栄養状態について、全国調査を行うよう提言した。

その後、吉田信行博士らの協力を得て、尿から簡単にケトン体を検出する方法が開発され、普及した。

その結果、多くのケトーシスが全国に発生していることが明らかとなり、農林省の推進のもとに、乳牛の栄養障害の判定基準が設定された。

それに基づいた乳牛の野外調査が、全国規模で実施され、牛の正しい飼育方法についての知識が農民にも、研究者にも広まった。

ケトーシスは、糖質および脂質の代謝障害によるものであるとの、基礎的病因論も確立され、その対策が樹立された。

その結果、乳牛の飼養管理は画期的に改善された。

分娩前後の乳牛に、発生の多いことも判明した。

妊娠・分娩・大量泌乳という労作で、エネルギー要求量の増加に比較して、摂取エネルギー量の不足により、低血糖状態に陥り、これに副腎皮質ホルモンが関与することが示唆された。

元気消失、乳量減少などがみられ、症状によってケトーシスは消化器型、神経型、乳熱型に分類される。

本病が最も重要な乳牛の疾病であることを、獣医師の誰もが知るようになった。

しかし、泌乳とエサ（栄養）との出納バランスに対する理解が不十分なために、低血糖状態を回復させる治療法が確立されても、ケトーシス

の発生は減少するどころか、生産性向上の要求が大きくなるほど、増加する傾向になる、多発疾病となった。

• ルミノロジーの提唱

　梅津の特筆すべき業績は、戦後のわが国において、牛の飼養についての科学的根拠を、乳牛の栄養問題として、"ルミノロジー"の名前でとり上げ、定着させたことであろう。

　ケトーシスは、反芻動物におけるルーメン（第一胃）発酵と生体機能のしくみの特異性、すなわち"ルミノロジー"を理解する上で、獣医臨床上の重要な疾病である。

　近年は肥育や乳生産のために、濃厚飼料多給、粗飼料不足という飼い方になる傾向が、みられるようになった。

　具体的には、でんぷん質の多給（酪酸、乳酸の過剰生産）、たんぱく質の多給（アンモニアの過剰生産）、そして粗剛な粗飼料不足（胃壁摩擦不足）によって、いろいろな栄養障害が発生する。

　NOSAI*の統計にみる消化器病の発生は、いぜんとして多い。

　ルーメンアシドーシス*、肝膿瘍*、あるいは低脂肪乳*などが、ルーメン発酵異常による栄養障害と密接なかかわりを持つ問題であることが、衆目を集めるようになった。

　梅津の提唱したルミノロジーを中心とした反芻動物の栄養研究の水準は、今日では、英米をしのぐまでに向上したといっても過言ではない。

　1961年に、「反芻動物における低級脂肪酸の代謝ならびに代謝異常に関する研究」で、日本農学賞を受賞した。

• 草地農業の提唱

　梅津の業績の1つに「草地農業」の推進がある。

　わが国の農業は従来、穀物農業に偏ってきたために、土地の利用が不十分であった。

　そのために、地力の低下が生産力の低下を招き、農家の経営を圧迫していた。

　これらの農家の経営状況を改善する策として、食料を生産していない多くの山地原野で、家畜を通じて食料を生産することがある。

　これにより、傾斜地の侵蝕を防ぎ、また、有機物の蓄積により、土地を肥沃にすることができる。

　梅津は、有畜化と土地生産力の向上によって、農家の経営を救うという、壮大な理論を声高に叫びながら、草地農業の振興と反芻動物の栄養生理に関する研究に、意欲を燃やし続けた。

　草が草食動物にとって必要なことは、常識として理解されているが、たとえば、「牛がなぜ草を食べなければならないのか」という研究は、なお少なかった。

　その頃は反芻動物の消化生理、とりわけ草成分のセルロースの消化と栄養化、ルーメン内の細菌やプロトゾア*の役割などは、まだ解明されていなかった。

　すなわち、それまでのわが国における畜産は、牛に良質の草を十分に与えることが、健康の保持、生産性の向上につながるということを、あまり考えていなかった時代である。

　しかし、酪農が盛んになると、乳牛の栄養障害が生産性の向上を阻み、疾病を生むことが、大きな問題となって浮かび上がってきた。

　栄養性の貧血や、多発するケトーシスは、繁殖障害や乳房炎と並ぶ乳牛の三大宿命病といわれるようになった。

　これらの問題を解決するために、梅津は、"ルミノロジー"という学問分野を提唱したのである。

各地に招かれての講演会や、関連誌上で語る総説において、乳牛の栄養生理を取り上げる機会が多くなった。

　特に次の３点について、具体的な分かりやすい理論を力説し、時間をかけて啓蒙に余念がなかった。

①乳牛は大量の乳汁を生産する家畜のため、泌乳という現象を通じて大量の物質が生体内に出入りする。

　　この物質が飼料成分として体内に入り、乳汁成分として体外に出るということは、たんに素通りするのではなく、旺盛な代謝を乳牛に要求している。

　　そのため、乳生産に要する代謝に関し、物質の均衡と代謝する機能は、常に適切でなければならない。不適切な場合は、直ちに生体の栄養系に影響する。

②乳牛は毎年子を生む家畜である。これは乳牛飼育の経済的目的から、乳牛に課せられた宿命である。

　　子牛が生まれなければ、それに続く泌乳がない。生体にとって、これもまた大きな負担である。

③乳牛は反芻動物に属し、その消化機構は、反芻動物特有である。

　梅津の掲げた草地農業の理念は、しだいに受け入れられていった。

・名著「乳牛の科学」

　家畜生理学に対する梅津の考え方は、野生動物を長い時間かけて改良を重ね、反自然的に生産性を向上させ、さらに改良を続けていくという、経済動物としての家畜の生理機能を知るための学問であった。

　東北大学という新しい環境で、家畜の生理学を研究する日々が続いた。

　その間、梅津は農学部長や農場長を務め、日本学術会議会員、農林水産技術会議会員、文部省視学官など、数々の要職に就き、多忙な年月を送った。

　1965年、梅津は17年間勤めた東北大学を停年で去るにあたり、獣医畜産関係者にとってバイブル的な「乳牛の科学：ルミノロジー、消化と栄養の生理」を出版した。

　これは牛の栄養生理について、第一胃の重要な役割がまだ一般的な知識になっていない獣医畜産界に、詳しく教示する著書であった。

　本書は、梅津の企画に賛同した、その分野の第一人者たちが、自らの実験研究を基にして執筆し、内外の研究成果が集大成された名著となった。

　内容として、第一胃の生理（形態、運動、唾液、吸収と代謝）、第一胃の消化（細菌、プロトゾア、ビタミン、飼料）、栄養生理（要求量、発酵産物の利用、微量元素、泌乳、飼養技術）、乳牛の栄養障害（ケトーシス、鼓脹症*、ビタミン欠乏症、発酵異常、繁殖障害）などの章を設けている。各章に多くの節があり、専門的な分野から詳述されている。

梅津の著書

•日本獣医畜産大学学長

　梅津は1965年３月、東北大学の停年退職と同時に、日本獣医畜産大学（現日本獣医生命科学大学）から、今井治郎学長の後任に請われた。

　そして1981年まで第３代目学長として務めた。

　学長在職は17年間の長きにわたったので、名誉学長の称号が授与され

た。

　行政や管理面にも優れた手腕の持ち主で、学長就任後すぐに、従来の獣医学科の他に、畜産食品工学科や畜産経営学科を増設し、日本衛生技術専門学校を新設した。

　このように教育研究体制を充実するなど、同大学の発展に渾身の努力をした。

　1982年春に、勲二等瑞宝章の叙勲を受けた。

　小柄なズングリ型でスポーツを愛し、囲碁は師範級。酒はたしなむ程度でヘビースモーカー。話し好きで、語りまた聴き、包容力が高く、芯が強い。

　識見の広さとスケールの大きい中に、緻密さを兼ね備えた人として知られていた。

参考資料

• 安保佳一：ルミノロジーをめぐる2、3の問題。家畜診療、145（1975）
• 梅津元昌：反芻獣の消化に関する問題。最近の獣医学、東京大学獣医学教室編（1951）
• 梅津元昌：反芻家畜の栄養生理における草の役割。家畜診療、4（1956）
• 梅津元昌：乳牛の栄養障害の病態生理。家畜診療、12（1958）
• 梅津元昌：乳牛の科学。農山漁村文化協会（1966）
• 津田恒之：日本獣医学人名事典。日本獣医史学会（2007）
• 中村良一：プロフィール（ルミノロジーで貢献）。家畜診療、84（1970）

　本項につき、資料を受けた日本獣医生命科学大学の阿久澤良造学長、ならびに鈴木勝士名誉教授に感謝します。

6．史上最大の伝染病 "牛疫" 根絶の立役者
中村稕治　NAKAMURA Jyunji（1902〜1975）

　太平洋戦争の頃、中国大陸や朝鮮半島では、世界中で蔓延している史上最大の伝染病といわれた牛疫*が、大流行していた。

　日本では、江戸時代の寛永年間（1624〜45）に、各地で発生した牛の大量死が、牛疫であったと古文書に記され、農業に大きな被害を与えた。

　長年にわたる、微生物学の発展と、国際協力がようやく実を結び、国際連合食糧農業機関（FAO）および国際獣疫事務局（OIE）による牛疫撲滅キャンペーンが進められた。

中村稕治博士
（"史上最大の伝染病牛疫" から転載）

　その結果、2011年に世界的な根絶が宣言され、天然痘に次いで、地球上から根絶された2番目の感染症となった。

　牛疫根絶までの長い経過の中に、ワクチンの開発をはじめ、日本人の獣医科学者が果たした役割には、偉大なものがある。

　巨匠、時重初熊博士の弟子で、獣医伝染病学の第一人者、蠣崎（かきざき）千里博士は、世界初の牛疫予防液（不活化ワクチン）を開発して、多大な功績を残した。

　その後、蠣崎に師事し、さらに免疫持続期間が長く、安価な牛疫ワクチン（生ワクチン）を開発して、世界各地の牛疫を撲滅し、世界中から

の尊敬を一身に集めたのが、中村稕治博士である。

• 当時の東京帝国大学獣医学科

　1902年4月23日に大阪で生まれた中村稕治は、1923年に第一高等学校を卒業すると、東京帝国大学に入学した。

　中村の学業成績は優秀だったが、人との交渉の多い職業が、今一つ苦手であった。

　かといって、理論がかった科学をやる能力があるとも思わなかった。

　それでも、実験を主体とする生物学者に憧れを持っていた。

　友人の大半は医学部へ進んだ。その流れの中にいた中村は、基礎医学ならやってみたいとの思いを持った。

　しかし、物質的に恵まれていなかったので、断念せざるを得なかった。

　あれこれと考えているうちに、高校時代にアルバイトをした、北海道の真駒内にある、大きな牧場での経験を思い出し、獣医学の仕事は悪くないなあと思うようになった。

　基礎学問をやるのなら、動物を対象にした方が便利だろうという人の意見を聞いて、獣医学科を選考した。

　当時の東大は、当然、競争の激しい学部もあったが、そうでない学部もあった。

　本郷ではなく、駒場にあった獣医学科では、日本の大学の頂点に位置するものの、現代では考えられないことであるが、無試験で入学できた。

　中村が入学した時の上級生は3人しかおらず、すぐ上のクラスはゼロという状況で、廃科がうわさされていたのだ。

　その頃の獣医学科は、学生の数よりも教員の数の方が多く、ちょうど明治時代の教員と、新しい世代の教員との交代期であった。

　獣医学も医学と同じ流れを汲んで、ドイツの学問を勉強する教員が多

い時代であった。

中村の学生時代、獣医学科の教員の中に、まだボス的な人はいなかった。

お雇い外国人ヤンソン教師の薫陶を受けた病理学の時重初熊教授は、オリジナリティー（独創性）のある研究が多く、中心的な存在であったが、決してボスではなかった。

釜山獣疫血清製造所
（"史上最大の伝染病牛疫" より転載）

寄生虫、細菌学の仁田　直教授は、ドイツで気腫疽＊の培養法を研究した人として知られていたが、帰国後は結核菌の研究が主体になった。

その後は、島村虎猪、木村哲二、江本　修、松葉重雄、板垣四郎などの教授が活躍した時代となった。

中村が3年生の時、田中丑雄博士がドイツ留学を終えて、すぐに有力教授になったが、まだボスと呼ばれてはいなかった。

そして次の時代が、中村と、越智勇一教授や、山本脩太郎教授の活躍した時代となった。

当時の卒業生の大半は、陸軍、西ヶ原の研究所（農林省獣疫調査所、後の家畜衛生試験場）、そして釜山の朝鮮総督府獣疫血清製造所などに就職していた。

中村は、同級生の越智とともに、釜山の獣疫血清製造所に採用された。

• 釜山の研究所

釜山の研究所は、東大獣医生理学の島村虎猪教授と、慈恵医大病理学の木村哲二教授、北大教授から北里研究所に移籍した葛西勝弥博士の3

人が、毎年夏になると指導に来るので、学問水準の高い研究所として定評があった。

採用希望がかなって大喜びしながら、中村は親友の越智とともに、卒業するとすぐに釜山に旅立った。

当時の獣疫血清製造所は、世界中で大変恐れられていた伝染病"牛疫"の免疫血清を製造していた。

この研究所には、濾過性病毒部（牛疫部）、細菌部、化学部、寄生虫部、病理部という５部門があった。

研究所は、釜山郊外の１里ほど先にある、岩南半島全体を占める景勝地で、20万坪（66万平米）ほどあった。

所長は自ら"岩南王"と称する、農商務省の行政官、望月瀧三で、性格的にいえば、この人こそボスと呼ぶにふさわしい人であった。

自宅から研究所まで通勤の道すがら、静かな自然に囲まれた景勝地は、反面、トラが出没するという物騒なうわさのある場所だったので、中村は懐に護身用の短刀を忍ばせて通勤した時期もあった。

濾過性病毒部に配属され、ファイト満々の中村は、意に反して最初の２年間、牛舎の糞掃除やクモの巣除去ばかりやらされた。

自分が思い描いていた理想の研究からは、ほど遠い生活だったので、いやになってしまい、この仕事を辞めようかと真剣に悩む日々が続いた。

その後、指導を受けるようになった上司の蠣崎は、若い頃に時重の助手として仕え、実際の材料採りから検査まで、すべてを熟知している人であった。

1918年に、牛疫感染牛の脾臓乳剤にグリセリン（後にトリオール）を加えてウイルスを不活化した蠣崎は、世界初の実用的な牛疫予防ワクチン（不活化ワクチン）を開発した、伝染病学の第一人者であった。

　当時、牛疫の予防法としては、免疫血清法、胆汁法、免疫血清と病牛血清の同時注射法の3つが、実際に用いられていた。

　免疫血清は、効果があり安全であったが、免疫の持続時間が1カ月と短く、胆汁法の効果は、不明な場合が多かった。

　同時注射法の効果は長いが、感染の危険性を伴うので、いずれの方法も"帯に短かし、たすきに長し"であった。

　その点、蠣崎ワクチンは感染性がなく、保存可能であり、免疫血清よりも免疫効果の持続時間が長いという特徴を備えていた。

　この成果に対して、蠣崎は1926年、帝国発明協会から恩賜記念賞と大賞が授与された。

　1930年に第1回昭和十大発明家の1人として、鈴木梅太郎（ビタミンの発見）、御木本幸吉（真珠養殖法の発明）、本多光太郎（世界最強の磁石鋼の発明）とともに、宮中晩餐会に招待された。

　しかし、蠣崎は晴れがましいことが苦手だったので、風

Cows dead from rinderpest in South Africa, 1896 (reprinted from Wikipedia

20世紀はじめに南アフリカで猛威を振るった牛疫の惨状を示した有名な写真（ウイキペディアより転載）

邪気味のため、天皇陛下に感染してはいけないということを口実に、欠席した。

　蠣崎は続いて、家禽コレラ*、豚丹毒*、および腺疫*の予防液、鼻疽*の診断液などを開発し、家畜伝染病の防疫に多大な貢献をし、後年、釜山研究所の所長になった。

　中村は必然的に、牛疫の仕事をするようになった。

　厳格な蠣崎は、研究室に他のウイルスや細菌を持ち込むことを禁じて

いたので、中村は牛疫以外の研究はできなかった。

　昼休みには、細菌部に配属されていた親友、越智の研究室に行って、いろんな話をした。

　越智も中村と同じく、入所当初は綿栓詰めの仕事ばかりで、ほとほといやになっていたが、お互いに励ましあっているうちに、進路を見つけた。

　当時、ウイルス研究者の多くは、細菌部から出発しており、ウイルス病はいわば細菌病の延長として始まった。

　中村の場合はまったく細菌を知らずに、いきなりウイルスから始めた。

　細菌を研究しようと思えば、培養ができるし、顕微鏡も使える。

　一方、ウイルスの場合は、ただ動物に接種するだけであった。

　そんなわけで、濾過性病毒部にいきなり入れられた中村は、細菌部への羨望があった。

　そこで、細菌を知るために、越智の研究室に行って猛勉強した。

　若い頃の中村は、四六時中ワクチン開発の思いに没頭するのが、研究者としての常であった。

　しかし自宅に帰った時は、研究時の緊張を振るい落とすかのように、マンドリンを奏しながらアメリカン・フォークソングを口ずさむ、自由な時間を持つこともある、一青年としての顔が垣間みられることがあった。

・ 牛疫ワクチンの研究

　人類がこれまでに根絶に成功した感染症は、天然痘だけであった。

　天然痘に劣らぬほど、大きな影響を世界史に与えてきた伝染病として、牛疫が存在していたのだが、現在はほとんど忘れ去られている。

　その理由は病名が示すように、牛と偶蹄類の疫病であり、人には感染しないためである。

　ウイルス学者としての中村が、牛疫根絶に向けて貢献した、偉人な功績を紹介するために、世界中を震撼させた牛疫という伝染病が、いかに恐ろしく、伝染力が強いかということを知る必要があるので、簡単に説明しておこう。

　牛疫は、4千年前のエジプトのパピルスや、旧約聖書に示されている、最も古い伝染病である。

　人のペストと同様に、ひとたび牛疫が発生すると、急速に広がって、ほとんどの牛が死亡するという、致死率の高い伝染病で、「牛のペスト（rinderpest）」とも呼ばれた。

　古代から、牛は農業や輸送などに欠かせない労働力であり、食料としても重要な家畜であった。

　農業の重要な担い手である、牛の大量死は、土地の耕作を不可能にするため、必然的に飢饉をもたらした。

　牛疫の蔓延は、東西ヨーロッパ帝国を崩壊させる引き金となり、アフリカ植民地化の促進を招いた。

　4世紀頃ヨーロッパに入った牛疫は、広く蔓延し、18～19世紀は、毎年ほぼ100万頭の牛が死亡していた。

　その理由のひとつとして、ロシア皇帝が国の財政を補うために、牛を西ヨーロッパ諸国に売っていたことがあげられている。

　さらに、牛疫の蔓延がフランス革命の原因のひとつになったといわれている。

　以上のように、さまざまな形で牛疫は、世界史を揺るがせてきた。

　18世紀に全ヨーロッパを巻き込んだ牛疫の大流行は、2億頭の牛を死亡させ、ヨーロッパの牛は半減したといわれる。

この時代には、まだ獣医師という職業がなかったため、牛の病気に対してまったく経験のない医師が、対応にあたらねばならなかった。

免疫血清や、ワクチンのなかった時代の牛疫制圧法は、摘発牛の淘汰（殺処分）が最も重要な手段であった。

日本でも最近、宮崎県で発生した口蹄疫*、あるいは高病原性鳥インフルエンザ*発生時に、その当時の制圧法と同様な対策が行われた。

このような大惨事を繰り返したくないとの願いが大きくなり、フランスの弁護士、クロード・ブルジェラは、リヨンの2人の医師の協力を得て、獣医学校設立の計画を立てた。

彼は国王ルイ15世の財務長官ベルタンに、熱心に相談した結果、1761年、リヨンに世界初の獣医学校が設立された。

これに続いて、ヨーロッパの各地に獣医学校が設立され、獣医師という職業を生むことになった。

東洋でも、中国本土にもともと牛疫は存在しており、その後は、朝鮮半島全体が牛疫の巣窟と化した。

日本は、1872年に朝鮮からの輸入によって初めて牛疫が持ち込まれ、大被害を受けて以来、20回ほどの侵入があった。

そのため、明治政府は牛疫の侵入防止対策に、大変苦労した。

1910年に、日韓併合がなされると同時に、政府としては、朝鮮半島の牛疫を撲滅しなければ、日本の牛が危険にさらされるという考えから、東京の農商務省にあった研究所を、朝鮮に移すことになった。

その結果、1911年に釜山に設置されたのが、後年、中村が活躍した獣疫血清製造所である。

ここで大量の免疫血清を製造し、朝鮮半島の牛の免疫を始めた。

免疫法は、牛疫ウイルスが含まれている感染牛の血液と、免疫血清を同時に注射するものであった。

　この方法は、獣疫調査所長の時重が、ドイツ留学時に習得したものである。

　朝鮮総督府は、まず牛疫の侵入ルートになっている中国との国境東部に位置する咸鏡道の、国境に沿った幅20km、長さ1,200kmにわたる地域に放牧されている、5万頭の牛をすべて免疫するという計画を立てた。

　国境免疫地帯を構築するという、世界に例をみない壮大な計画で、牛疫に対する「万里の長城作戦」といわれたものである。

　そのため、軍隊まで動員して交通を遮断するという、物々しいものであった。

　当時の記録に「未経験の学界の大事業を敢行し、その死亡率をわずか6〜7％に収め得たのは、諸外国に実例をみざるところなり」と記されている。

　国境地帯のほとんどが、人里離れた山間地なので、獣医師たちは、血清とウイルスを入れたカバンを持って、徒歩で集落を回った。

　真冬の気温は、氷点下数10度に下がるので、血清は瓶の中で凍結してしまった。

　それでは注射ができないので、温湯を入れた洗面器の中で溶かしたのだが、血清を吸引した注射器の中でも、瞬時にして凍結してしまうという極寒の地であった。

　牛疫の侵入は、ほとんどが冬期間であり、しかも、多くが密輸によるものであった。

　この時代にまだワクチンは開発されていなかった。

　日本で流行した牛疫は、1922年に撲滅されたため、現在、牛疫の恐ろしさは、ほとんど忘れられてしまっているのが現実である。

　日本における家畜伝染病対策は、牛疫を中心に発展してきたといっても過言ではなく、牛疫の流行が、家畜伝染病予防法や、港湾検疫所設置

などの出発点となった。

1897年、牛疫と同様に、畜産に大きな被害を与えていた牛の口蹄疫の病原体が、細菌が通過できない濾過器を通過することが発見されたことで、動物ウイルスの存在が明らかにされた。

牛疫ウイルスは1902年、6番目のウイルスとして発見された。

かつて、ロベルト・コッホがアフリカに行って、牛疫の研究をした時代、まだ牛疫は細菌による伝染病であると考えられていた。

キンバレーがコッホに研究成績を報告した手紙の中で、実験動物として、兎は牛疫に感染しないという報告をしたことがあった。

有名な学者が軽々しく言った言葉の影響は、非常に大きく、その後、兎を使って実験する人は誰もいなくなった。

もちろん、蠣崎も牛を使って研究したため、膨大な経費が必要だった。

不活化ワクチンは、安全であり、高い免疫効果があったが、免疫持続時間はそんなに長くなく、しかも製造コストが高いという問題があった。

牛1頭から作られるワクチンは50頭分位だったので、1929年までに25万頭の牛に接種が行われたが、それには5,000頭もの牛が用いられたことになる。

当時の牛の価格は、中村の給料よりも高価だった。

中村は、高価な牛を使わなければ牛疫の研究はできないという常識を打ち破った。

安価で小さな兎でも、研究はできるはずだという、強い信念のもとに、誰も手をつけなかった兎を使って、1936年頃から実験を始めた。

中村は、時重が兎の体内で、牛疫ウイルスを3代まで継代したことや、兎が発熱することを記憶していた。

まず「家兎における牛疫毒感染」という研究で、遇蹄動物でない兎に起こっている感染反応と、牛に起きている感染の形に、どのような違い

があるのか、あるいはどこが同じなのかということを調べ始めた。

兎に牛疫ウイルスを接種し始めた当初、病変はまったく見られなかったので、やはり自分の考えは泡沫（うたかた）の夢として消えてしまうのだろうかと思った。

しかし数代継代しているうちに、発熱病変が見られるようになり、同時に、牛に対する毒性が、徐々に弱くなってきたことに気づいた。

そこで何代目かのウイルスを牛に注射して反応をみたが、いぜんとして牛は死ぬ。

さらに辛抱強く、週1回の割合で兎に継代を続けた結果、100代継代したところで、感染させても死なない牛がみられ始めた。

これはものになるかもしれない、という思いが大きく膨らみ、嬉しさがこみ上げてきた。それまでに2年を要した。

そこで、さらに継代すればもっと牛に対する毒性は弱まると考え、根気よく300代まで継代し、死亡する牛がなくなったことを確認すると、弱毒生ワクチン（中村ワクチン）として発表した。

中村は、コッホへの手紙の内容に反して、牛疫ウイルスが兎で継代できることを突き止めるという快挙を成し遂げた。

牛疫の家兎訓化ウイルスが、生ワクチンに利用できるということを証明したこの研究は、高く評価された。

蒙古（現モンゴル地域）は牛疫の常在地で、1941年から2年間で16,312頭の発生があり、7,076頭が死亡した。

そこで野外の17,000頭に中村ワクチンを接種したところ、死亡牛がゼロという驚異的な結果が出て、見事に中村ワクチンの効果が立証された。

1945年に牛疫の生ワクチン（中村ワクチン）の開発研究で、日本農学賞を受賞した。

それ以前の中村は、蠣崎の下で、牛を使って牛疫研究の助手をするかたわら、補体結合反応の研究を始めていた。

　ある程度までまとめた時に、蠣崎に見せた。

　てらうところのない蠣崎は、「私はこういう研究の内容を審査する力がないから、慶応大学の小林六造先生の所へ行って、アドバイスをもらうように」と、小林教授を紹介してくれた。

　1941年に「牛疫における補体結合反応」で、東京大学から農学博士の学位が授与された。

　中村ワクチンの研究は、戦争の最中に朝鮮で行われていたため、西欧諸国がその存在を知ったのは、終戦後の1948年、ケニアのナイロビで国連食糧農業機関（FAO）が開催した、牛疫に関する専門家会議の席上であった。

　敗戦国の日本は、この会議に参加することは許されなかった。

　会議の席上、中国のチェン（陳）によって中村ワクチンの詳細な報告が行われ、他のワクチンと比較して、最も優れた成績を示していたことが判明した。

　報告書の中に唯一掲載された写真が、中村ワクチンを接種された兎の病変であったことも非常に注目され、多くの国から賞賛された。

　当時は凍結乾燥という技術が、まだなかった。

　生ワクチンは保存が効かないので、トラックに生きた兎をたくさん積み込み、行く先々で種ウイルスを兎に注射してワクチンを作り、集まった牛の群れに接種するという大変な労力を要した。

　やがて中国全土で使われ始め、その後、世界中に広められた。

　中村の生ワクチンは、蠣崎の不活化ワクチンに比較して免疫持続期間が長く、しかもコストが安いという利点があった。

タイも水牛に中村ワクチンの接種を始めた。

しかしタイで豚に発生した牛疫には、中村ワクチンの効果がなかったため、中村は鶏胚*順化ワクチンを製造して、免疫に成功した。

その後、兎から鶏胚順化ワクチンに切り替えられた。

中村はベトナムやカンボジア、エジプトにも招かれ、これらの国の牛疫撲滅に貢献した。

このように、牛疫根絶の事業は、20世紀のはじめに朝鮮半島で始まり、蠣崎ワクチン、ついで中村ワクチンのおかげで、アジア地域のほとんどの国で、牛疫が撲滅された。

その後、プローライト・ワクチン*が開発され、最終的に世界的な根絶に繋がった。

● 日本生物科学研究所の設立

1945年、日本は敗戦で終戦を迎えた。

当時、釜山の研究所の病毒部長だった中村は、戦前から牛疫の生ワクチンの開発と、その実地応用の画期的な成果で、世界的なウイルス学者として名を馳せていた。

釜山にいた当時から、日本に帰ったら私立の研究所を作りたいと考えていた。その動機は4つあった。

まず第1は、釜山での研究を続けたかった。

第2は、日本に帰っても研究機関は少なく、農林省の家畜衛生試験場（当時は獣疫調査所）は満席なので、迎え入れてくれないだろう。

第3は、ワクチンを造ったら売れるだろうという希望的観測。

第4は、釜山にいた研究所の同志が助けてくれるだろう。

というものであった。

こんなことから、大冒険を試みたのだ。

敗戦のどさくさに紛れて、2人の部下を引き揚げ荷物輸送のヤミ船に乗せ、自分の意図を北里研究所の葛西勝弥部長と、獣疫調査所の中村哲哉所長に伝え、意見を聞くために内地に派遣した。

　2人は難行苦行の旅程をこなし、その結果、葛西の温かい激励をもらった。

　意を強くした中村は、かねてからの計画の実行を決意した。

　しかし実際には、終戦後1年間は越智とともに、米軍に徴用されたので、帰ることはできなかった。

　翌年に東京に帰ると、家畜防疫体制の一極化によって、学問の真の発展が阻害されることを恐れ、国立の獣疫調査所と切磋琢磨し得る有力な民間研究所を設立する決意をし、有志を集めて自らその中心人物となった。

　空き家になっていた立川の旧陸軍獣医資材廠男子工員寮を借り受け、日本獣医師会の片隅で、葛西が名付け親の「比較病理学研究所」を立ち上げた。

　壁は破れ、窓ガラスはなく、部屋に畳もなかった。

　実験器具も資金もないので、極端な食糧難の中を、釜山時代の部下数名とともに、汗水を流しながら居住室や食堂の整備を始めた。

　ついで実験室、孵卵設備、製造室、鶏舎、動物舎などを作り上げた。

　陸軍の使い古した恒温槽などを集め、研究としてまず取り上げたのは、牛疫ウイルスの鶏胎子継代や鶏卵痘苗*であった。

　おりしも狂犬病の大流行があり、行政やGHQ*からの要望があったので、狂犬病ワクチンの改良に着手し、まさに「無から有へ」の奇跡的な第一歩を踏み出した。

　研究費は、養鶏を営んで卵や鶏肉を売り、あるいはアミノ酸醤油を作って売ったりして捻出した。

　1947年に、日本獣医師会研究所と比較病理学研究所が合体し、日本生物科学研究所が創立された。

　黎明期の所員たちを支えた「自立自営」の基本理念は、その後の日本生物科学研究所に、脈々と受け継がれていった。

　その後、中村は死去までの28年間、強い指導力を発揮して、同所で各種の人獣共通感染症の病原、病理、診断、予防を中心とした、多数の優れた研究実績をあげ、日本生物科学研究所の、国内外における名声の確立に尽力した。

　中村は生涯に日本語、英語、仏語による41編の第一著者論文を書いたほか、総説を22編残している。

・次々とワクチンを開発
ニューカッスル病*

　1926年の秋、東南アジアから朝鮮にかけて非常に伝染性が激しく、死亡率の高い鶏の伝染病が流行した。

　今まで地球上になかったような、新しい伝染病の突発的な発生であった。

　この新しいウイルス病が英国のタイン河に沿ったニューカッスル地方でも発生したので、ドイルがニューカッスル病と命名した。

　初期は家禽ペスト（鳥インフルエンザ）と同一視されていたが、家禽ペストとの類症鑑別で、ニューカッスル病は経過が長く、呼吸器症状があり、血流内へのウイルスの出現が証明されないか、あるいは弱い。

　解剖所見では、消化管粘膜病変の強いことが判明した。

　そこで研究に着手し、まずニューカッスル病ウイルスの病原性を増強することに成功した。

　ついで、各地からニューカッスル病や家禽ペストのウイルスを集め、

免疫学的に比較検討した結果、ニューカッスル病ウイルスと、家禽ペストウイルスは、別のものであることを証明した。

さらに、ニューカッスル病の不活化ワクチンを製造しようということになった。

さっそく実験に取り掛かったところ、筋肉への接種鶏はほとんど全羽が死んでしまうので、途方に暮れた時期があった。

そこで静脈注射を試みたところ、今度は死ななかった。

当時の朝鮮の養鶏は、まだ40〜50羽規模の小さな経営だったので、1羽ずつ翼下静脈にこのワクチンを注射して、流行を抑止する効果を上げた

1951年に埼玉県での発生以来、日本でも穏和なアメリカ型ニューカッスル病の発生がみられるようになった。

この頃になると、米国の文献が入手できるようになっていたので、アジュバント＊として、水酸化アルミゲルを加えたものの筋肉注射で、著効が確認された。

狂犬病ワクチン

戦後の狂犬病ワクチンは、人ではパスツール・ワクチンが使われたが、動物に対しては、日生研の2代目所長、近藤正一博士が作った近藤ワクチンと、北里研究所の梅野信吉博士の石炭酸加ワクチンが、広く使われていた。

ところが、米進駐軍から生ワクチンはよくないとのアドバイスがあった。

ウイルスが生きているからといって、これまでに犬が発病したことはなかった。しかし、勧告に応じて、ホルマリン不活化ワクチンを作った。

日本脳炎ワクチン

1947年に、人と馬に、日本脳炎の大流行があった。

そこで、進駐米軍兵士に応用されていた、ワーレンやコブロウスキーによって開発された、感染鶏胎子を材料とした不活化ワクチンを手本として、ワクチンの製造に着手した。

しかし、どうしても強いウイルス増殖が起こらなかったので、この研究は10年間に及んだ。

GHQとも議論を重ねたが、その間に馬は次々と日本脳炎で斃（たお）れた。

そのうち、豚死産の予防に、日本脳炎不活化ワクチンの効くことが、野外で証明された。

その後も試行錯誤を繰り返しながら、アルコールによってウイルスを沈殿させるアルコール・プロタミン精製人用日本脳炎ワクチンの発明となり、日本およびアジアの人日本脳炎抑圧に、大きく貢献した。

その他に、豚コレラ、ジステンパー、インフルエンザなど、家畜・家禽ならびに人獣共通の各種ウイルス感染症の診断、予防に関して多数の研究業績をあげた。

ウイルス学者の中村を、ワクチン学者と呼ぶ人が多い。

なるほど牛疫ワクチンをはじめ、多数のワクチンを開発したのだから、そう呼ばれる資格は十分にある。

しかし、当の中村にとっては多少不満ではなかっただろうか。

中村の思考からいえば、研究がたまたまワクチンとして結実したにすぎず、ワクチン学者と呼ばれる場合、時として混入してくる理論と実際との粗雑なふるい分けを、中村は嫌悪していた。

旧態依然の考え方や、常套的な実験法は、中村にとって敵であった。

牛疫に始まり、ニューカッスル病に展開した中村のウイルス学研究は、ウイルス学の基礎を学んだ英国留学を経た上で、さらに着実、周到となったようである。

　戦後の中村は、研究所の運営、研究指導、海外への技術指導で、ゆっくりとくつろげる休日はなかった。

　中国の科学者による牛疫生ワクチンの、まことにドラマチックな国際的な紹介は、中村の声価を国際的に高めることになった。

　それとともに、アジア・アフリカ諸国民に対する牛疫防疫の指導は、戦後の中村の仕事の中の大きな1つとなった。

　牛疫の発症病理、疫学、ワクチンの開発をした中村以上の指導者を、アジア・アフリカ諸国民はおそらく見いだせなかったであろう。

　中村によれば、技術援助とは、「その国で生かされ、それを基本

**中村博士の貢献に対して贈られ家族に届けられた
FAOの表彰状と記念メダル
（日本生物科学研究所提供）**

としてさらに拡張される価値のあるものであること。そのためには、日本ならびに日本側研究者の独善的なものでなく、世界の知恵を十分に汲み上げ、しかも相手に十分理解されねばならない性格のもの」、でなければならなかった。

　1965年に牛疫予防ワクチンの開発で紫綬褒章、1970年に日本脳炎ワクチン精製法の開発で科学技術庁長官表彰、1972年に勲三等瑞宝章を受章した。

2011年5月に、OIE総会および同年6月FAO総会において、牛疫の撲滅が宣言され、牛疫の根絶に大きく貢献した日本人の1人としてFAOから表彰された。

参考資料

- 初出：動物臨床医学、26、4（2017）
- 越智勇一：中村君を偲んで、獣医界一先輩の足跡。越智勇一先生追想集刊行委員会（1995）
- 岸　浩：近世日本の牛疫流行史に関する研究（上、下）。獣医畜産新報、625、626（1974）
- 久葉　昇：前大戦間に行なった牛疫研究について。日本獣医史学雑誌、38（2001）
- 中村稕治：一獣疫研究者の歩み。岩波書店（1975）
- 野村吉利：日本獣医学人名事典。日本獣医史学会（2007）
- 野村吉利：財団法人日本生物科学研究所の歴史。日本獣医史学雑誌、54（2017）
- 山内一也：史上最大の伝染病、牛疫。岩波書店（2009）
- 山内一也：牛疫根絶への歩みと日本の寄与。日本獣医師会雑誌、63（2010）
- 山内一也：牛疫根絶への歩み。モダンメデイア、53、3（2011）

本項につき、校閲を受けた東京大学の佐々木伸雄名誉教授、ならびに日本生物科学研究所の布谷鉄夫研究顧問、草薙公一理事に感謝します。

7. 獣医内科診断学の権威
中村良一　NAKAMURA Ryoichi（1909〜1995）

中村良一博士

　1958年のことだった。南極観測隊が、昭和基地に樺太犬を残したまま帰還したことが報じられ、人々に悲しみと悔しさの涙を誘った。

　翌年にタローとジローが生きていたという、奇跡に近い朗報が、日本中を歓喜させた。

　その報を、わがことのように喜んだ1人の臨床獣医学者がいた。

　その人は、南極へ出発するまで樺太犬の健康管理を担当し、一心に観察を続けた、獣医内科診断学の泰斗、中村良一博士であった

・生い立ち

　1909年8月16日、埼玉県の専業農家の3男に生まれた良一少年は、小学校3年の時に叔父、中村三次郎（父の実弟、府立第四中学校の教員）の養子となった。

　昨日まで裸であぜ道を走り回っていた、いたずら坊主のいなかっぺが、今日からは袴を着用して登校するという、東京生活が始まった。

　中学生になると、隅田川土手を片道1時間半かけて登下校するようになり、教育勅語の精神にのっとって、忠孝、忠君、愛国等の精神教育を叩きこまれた。

　将来の理想は、陸軍士官学校、海軍兵学校、一高進学が、もてはやされていた時代であった。

　義父の教え子で、北海道帝国大学工学部に進んだ人から、北大の魅力的な話や、寮歌「都ぞ弥生」などを詳細に聞かされ、さかんに北大進学を勧められた良一少年は、すっかりその気になった。

　そこで、一応は親の意見に従って、一高に入学願書を提出した。

　しかし、話に聞いている北大へのあこがれは、大きくなるばかりで、考え、悩んだ末、意を決して、試験の最終日に一高を捨て、北大予科を受験した。

• **北海道大学に進学**

　北大から合格通知が届いた日、ことの顛末を両親に話したところ、両親は、期待に反した良一少年の行動に驚き、がっかりしてしまった。

　「一高合格」を夢見ていた両親と、多少のトラブルの末、中学の先生の口添えもあって、なんとか北大への入学許可をもらうことができた。

　実家の両親へ、白線帽を見せたくて電車に乗り、すっかり大人になったつもりで、生意気にも初めて買ったタバコを、車中で喫ってみた。

　その瞬間にめまいがして、悪心と、冷や汗たらたらになり、たまりかねて途中下車して嘔吐した。

　これが生涯タバコに取りつかれた中村の、初めての一服となったのである。

　当時、東京の住人にとって、札幌へ行くということは、まるで遠い外国へでも行くような感を持たれていた。

　1927年の春、家族や親族は、良一青年の札幌行きを一大事件のように心配し、すごく寒い土地だぞ、ヒグマが出るぞ、布団は準備したか、行李だ、トランクだ…と、それは、それは大変な騒ぎようであった。

当時の札幌のイメージは、札幌農学校（北大）、ポプラ並木、時計台、クラーク博士、都ぞ弥生…など、たぶんにロマンチックで、若者の一つの憧憬とされていた。

札幌を中心とした、北海道の大自然の息吹を体いっぱいに吸い込み、青雲の志を抱いた中村青年は、汚れた予科帽に高下駄姿で闊歩しながら放歌高吟し、自由な青春の日々を精一杯に堪能した。

1930年に、北海道帝国大学農学部畜産学科第2部（現獣医学部の前身）に入学した。

学部進学となると、面白いもので、予科時代のバンカラ風から一転して、紳士的な気取り屋となり、服装もきちんとした詰襟服と、新しい角帽というスタイルになった。

初めて研究室という環境の空気を吸ったためか、多分にアカデミックな気分に浸ったのである。

同期生7名の中には、三浦四郎（後に北大教授）、田嶋嘉雄（後に東大教授）がいた。

当時の北大の獣医学科は、細菌学（葛西勝弥教授）と病理学（市川厚一教授）の2大勢力が肩を並べていた。

両教授とも学会の重鎮で、それぞれの専門でいずれ劣らぬリーダーシップを発揮していた。

したがって、研究室にはそれぞれ多くの研究生がいて、毎日夜中まで電灯がともされ、研究が続けられていた。

このような環境の下では、学生も自然に研究という空気の中に吸い込まれ、遊びたいけれど、何かやらなくてはという雰囲気になってくるものである。

中村は、細菌学の葛西勝弥教授に師事した。当時の葛西は、南満州鉄

道（満鉄）の研究所長を兼務していたので、研究室で直接指導にあたったのは、助手の小倉喜佐次郎であった。

小倉は徹底した「研究の鬼」で、恐ろしさを感じた。

研究に対しては、徹底的にしごくという、教授・助手ともども弟子の養成に相当の厳格さを持っていた。

葛西の講義の終末は口頭試問で、〇〇について述べてみよと言われた。

中村は、破傷風菌を馬伝染性流産菌と勘違いして、20分間油汗を流しながら説明したところ、「君、それは何かね」とのこと。

「君にはテタヌス（破傷風）について質問したんだがね」そして「また来たまえ」との判定が出た。

細菌学は、2度目の口頭試問でやっとパスできた。

葛西は、自分の直弟子であろうが容赦なく、是々非々で臨む人で、後世、教え子の教訓となった、りっぱな恩師であった。

「満州では伝染病が多いが、伝染病の臨床家がいない。君、伝染病の臨床をやらないか。

動物病院へ行って、小華和君と黒澤君の指導を受けて、少し臨床を習いたまえ」と、葛西から指示された。

中村にとって、葛西の一言が、奉天獣医養成所を振り出しとして、臨床界に入ったきっかけとなった。

動物病院で、小華和忠士教授、黒澤亮助教授、舘沢円之助助手の先生たちに一般臨床の指導を受け、さらに、その後も厳しく鍛えられたので、臨床の基礎固めができた。

昭和の初期は不況で、大学を出ても就職口は容易になく、「大学は出たけれど」という歌が流行り、「学士様にはお嫁にやるな」という流言まで出た時代である。

まして「獣医」という職域は狭く、しかも東大や北大卒となると、気位ばかりが高くなる傾向がみられた。

・兵役で満州へ

獣医学生の進む道としては、陸軍獣医官になるのが最高で、次が農林省と、相場が決まっていた。

こんな中、徴兵検査で甲種合格となり、否応なく入営となった。

1935年に、奉天獣医養成所の教員として赴任した。そして1937年に奉天農業大学へ転任し、何の因果か、中村は大学の先生になってしまった。

満州国時代の本職は大学の教員で、勤務は興農部および馬政局の防疫面を担当し、研究面と実際面の両方を体験することができた。

何も知らないまったくの駆け出しにとって、ここでの仕事はその後の臨床活動に大いに役立った。

当時の中国大陸は、伝染病の巣窟といわれ、ありとあらゆる伝染病が蔓延していたので、この時代でないと経験できない、多くの伝染病の防疫に参加することができた。

それらの疾病は、牛疫*をはじめ、牛肺疫*、インフルエンザ、口蹄疫*、結核、狂犬病、炭疽*、鼻疽*、馬伝染性貧血*、馬流産菌症、腺疫*、出血性敗血症*、ピロプラズマ病*、ブルセラ病*、家禽コレラ*などで、多彩な疾病を手がけることができた。

一面、人獣共通感染症に感染して、他界した防疫員も出る、危険な仕事であった。

葛西に勧められて始めた、これらの「伝染病の臨床」の貴重な体験のすべてが、後の大学における中村にとって、臨床活動の根源となった。

• **戦後の教員生活**

　終戦後は日本獣医畜産専門学校（現日本獣医生命科学大学）、北海道大学および日本獣医畜産大学（現日本獣医生命科学大学）で、いずれも内科学を担当し、専門的な立場で、講義と実習、一般診療、および研究を行った。

日本獣医畜産専門学校

　自分は教育業務に適していないと思っていたので、終戦後の奉天生活中の中村は、帰国後は埼玉の実家で、養鶏業を営んでみようという計画を立てていた。

　東京へ引き揚げて、まず恩師の葛西（当時北里研究所部長）に帰国の挨拶に参上した。

　葛西は、中村の帰国を心から喜び、「君の就職はすでに決めているよ。さっそく井口君（日本獣医畜産専門学校校長）のところへ行ってくれたまえ」と言われた。

　再び教職にはつかないと決めていた中村であったが、井口校長から「葛西君から聞いただろうが、君は僕の学校へ来てもらうように予定しているからよろしくたのむ」と、矢継ぎ早に今井次郎理事（後の学長）に紹介されてしまった。

　意表を突かれた中村は、本心を打ち明けたところ、今井は「君には養鶏業なんて無理だよ。止めたまえ。僕の学校へ来てくれ」と、明治男の気骨ぶりの前に屈せざるを得なかった。

　その場ではイエスともノーとも言わず、埼玉の実家に帰り静養していたところ、突然電報が舞い込み「スグコラレタシ」とのこと。1946年9月のことであった。

　急いで武蔵野の学校へ駆けつけたところ、事務方から「この本（勝島

内科学）で講義をしてください。学生たちが待っています」

あまりにも無茶な話で、押し問答になったものの、押し負けてしかたなく案内されるままに教壇に立ち、久しぶりに講義をした。

ひとまず講義を終えてから、井口校長に辞退の挨拶に行ったところ、「君、8月1日付で教授就任の辞令を出しておいたよ」と、一片の辞令を手渡された。

このように、井口に押し切られ、再び教員生活が始まった。

とはいうものの、当時の臨床スタッフはわずか3名で、内科、外科、産科、蹄病、装蹄にいたるまで、講義と実習をやった。

しかも設備などほとんどなく、終戦後の経済不安定の中、衣食住のままならぬ時代で、学生も教員も空腹を抱えて生活していたので、研究は二の次の問題であった。

2年を過ぎた頃だった。臨床部門の強化を図るため、東大の研究生であった黒川和雄を外科の助教授として迎え、産科学は北大の黒澤教授に集中講義を依頼した。

幸いなことに、葛西から北里研究所の免疫血清製造業務の手伝いを依頼され、業務嘱託として通い始めた。

この免疫馬が研究材料となり、「免疫馬放血時の臨床ならびに血液学的研究」という論文が完成した。そして1951年に北大から獣医学博士の学位が授与された。

その後、専門学校は学制改革で新制の日本獣医畜産大学に昇格した。

北海道大学

大学教授になっても、中学教員の方がはるかに安定した生活ができる時代だったので、旧制中学の動物学の教員免許を持つ中村は、一時、中学教員になった時代があった。

　そんな時、北大の平戸勝七教授が上京し、ぜひ会いたいとのことだったので、お会いした。

　平戸からは「君は黙って中学校の先生になったそうだが、それはどういうことなんだ。小華和先生の後継者として君を予定しているんだよ」というお叱りを受けた。

　そこで中学の校長にことの次第を話したところ、「あなたは中学校にいる方ではありません。ぜひ、北大に行ってください」と言われた。

　北大では、農学部の獣医学科が1952年3月31日付で獣医学部に昇格した。

　中村は4月1日付の辞令をうけ、北大教授の人生が始まった。

　学部開設当初は7講座であったが、次々と新講座が増設され、13講座の大世帯になった。

　その後も、各方面の応援と協力によって、建物、諸施設、動物病院が、広い農場のゆったりとした場所に設置され、日本一の獣医教育機関となった。

　北大への赴任以前から、胃の疾患に悩まされていた中村は、北大在勤中はほとんど病身で過ごし、むしろ精神力で持っていたといっても過言ではなかった。

　教育・研究上の悩みは「家畜内科学とは何か」ということであった。

　伝染病学と寄生虫学は、すでに講座として独立しているので、残された内科学では、何をやるべきかということであった。

　悩みぬいた末に、臓器病を解明する以外にないとの結論を得、その方向付けに日夜腐心した。

　従来の内科学は、フチラ・マレックの原書の翻訳を受け売りしていたに過ぎず、各臓器に対する系統だった真の取り組みはなされていなかった。

乳牛のような反芻動物の生理と、臨床のポイントが、明確になっていないことに気づいた中村は、「基礎と臨床の結び付き」を大切にした。

　臨床病理学的検査法の系統付けのために、心電図学、臨床生化学の応用と検討に移り、名著「家畜内科診断学」をまとめた。

　さらに困ったことは、大学院の講義であった。治療学の項目があるカリキュラムに、いかに対応するかが問題であった。

　結局、治療は病態を修復して正常にもどすことなので、学部時代に講義されない治療の方法論を、物理療法も含め、「家畜内科治療学」にまとめ、大学院生に講義した。

　当時の研究室員たちの献身的な協力により、心電図の臨床応用、生化学的検査に立脚した牛の栄養障害、馬伝染性貧血、馬のアレルギー性皮膚炎の研究等、多くの成果を発表することができた。

　その他、北海道獣医師会理事、獣医師国家試験委員、動物病院長などを兼務しながら、多忙な日々を送った中村は、病魔の侵蝕に抗しきれず、1959年の夏、開腹手術によって胃が摘出され、翌年3月に北大を去った。

日本獣医畜産大学

　北大在職中、中村の家庭は東京と札幌の2つに分かれていたので、不便を感じていた。

　時あたかも、日本獣医畜産大学は、大学院の開設を予定している時期だったので、中村の健康状態を心配していた今井学長が、1960年、日獣大へ来るように便宜を図ってくれた。

　内科の研究室は、1962年に大学院が設置された時から始まった。

　それまでは獣医臨床学研究室として、内科・外科とも動物病院の元薬室に同居していたが、大学の研究室というにはあまりにもお粗末すぎ、あたかも休憩室のようなものであった。

　内科研究室は５坪、10坪、1.25坪の３室をもらい、血球計算器１セット、古びた遠心分離器１基、注射器数本、戸棚１個を譲り受けたのが、全財産であった。

　大学の少ない予算ではどうにもならないので、毎日放課後は、研究室員と学生を総動員して、研究室内の整備、犬舎、山羊小屋などの新設のために、ほとんどの時間を大工仕事で過ごした。

　お金はなくても、不思議に古い建設材料を見つけて来る学生がいたり、大工、電気工、塗装工など、皆何でもやった。

　窮すれば通じるで、中村は何とかなるものだなと、感慨深げに当時を振り返った。

　1965年に東北大学農学部長の梅津元昌教授が、停年と同時に本学の学長に就任した。

　さすがの新学長も、あわれな大学の姿に驚いたのであろう。

　直ちに大改善に着手し、予算の増加、諸施設の整備、校舎および研究室の増改築などに力を入れ、今日の姿になった。

　しかし、この間の苦労は、普通の大学では味わえないものであった。

　狭い実験室では、研究に支障をきたすようになったため、学生たちの力で空き地に実験室を増築した。

　文部省から視学官の視察があった際に、"身の危険を感じるような実験室で、苦闘されている皆さんに敬意を表する"との皮肉まがいの話を聞くことになり、中村はひそかに苦笑せざるを得なかった。

　内科研究室は、ポリグラフ*をはじめ、多くの研究機器の購入が認められ、開設７年目にして、やっと研究室らしい体制が整い、その後の研究がはかどるようになった。

　臨床の教育者にとって最も悩みの種は、臨床材料の乏しいことである。さまざまな疾病について、いくら声高らかに話したところで、実物に接

しなければ、学生は理解できない。

　しかし、都会の大学で大動物の臨床例に遭遇することは、絶無というほど少ない。

　そこで中村は、北大時代から撮りためた多くの臨床例の写真を、スライドにして講義の材料とし、せめてスライドによる視覚教育で、理解してもらおうと思った。

　それらとともに、各種の異常心音や腸蠕動音、第四胃変位の特異な打診音などは「音」として録音し、教育材料にした。

• 研究業績

　満州国時代、北海道大学時代、日本獣医畜産大学時代を通じて、長年の教員生活の中で、中村は付属動物病院や農家診療で、従来、実態の解明されていない数多くの症例に遭遇した。

　これらは研究室のテーマとして追究し、学会の報告材料となり、また学位論文のテーマになった。

　中村が取り組んだものは、すべて実際の診療面から得られたもので、研究の手段としては、臨床生理学的に動物の体を基礎として、病理学的、医化学的、あるいは電気生理学的な手技を取り入れ、総合的観察によって結論を得るように努めた。

　これらは時間がかかる割には、あまり栄えない地味な研究であったが、「基礎と臨床の結びつき」を座右の銘とし、実りの少ない道を歩き続けた。

　中村の研究業績は、著書として、「臨床家畜内科診断学」など18冊。論文として、一般臨床９編、血尿症６編、バイオプシー７編、南極観測隊の樺太犬の記録４編、寄生虫臨床14編、中毒症33編、感染症13編、馬

伝染性貧血12編、血液学20編、
馬・牛のアレルギー性皮膚炎20
編、代謝・栄養障害37編、心電
図・心音図36編、および総説33
編。

　学位論文の指導・審査は博士
17名、修士17名。

　上記のように、膨大な数にの
ぼる。

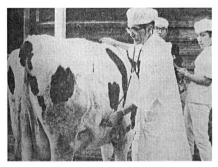

乳牛の診療風景

• 印象深く残っている失敗談２つ３つ

　「教えることは習うこと」を信条に、長年の臨床生活の中において、
多くの失敗もあった。

　夢でうなされるような事例もあったが、真の臨床の難しさと面白さ
を、十分に体験した中村は、これらを常に講義の材料として、若い学徒
へのざんげ話と戒めの言葉とした。

　中村が自らの失敗を飾り気なく告白した、貴重な体験談を紹介してみ
よう。

骨折の治療

　奉天農業大学時代のことだった。妙齢の美人が肢を骨折した犬を連れ
てきたので、さっそく暗室に入り、X線透視で骨折の状態を観察した。

　ついで、妙齢の美人を暗室に招き入れ、骨折像を見てもらったところ、
「獣医さんもレントゲンを使われるのですね」と大変な驚きよう。

　当時、民間でレントゲンを使う獣医師はいなかった。

　少々得意げになった中村は、患犬の肢を副木と石膏包帯で固め、治療

が終わった。

患犬を妙齢の美人に渡したところ、美人いわく、「先生、肢が違うんじゃないですか…」

この時の美人の声、顔、目は今でも忘れられない。ハッと気づいた時はすでに遅し。

冷や汗、油汗タラタラで、真の骨折肢の治療をやり直し、平身低頭して、ようやく帰ってもらったという、間の抜けたような本当の話。

腹水症の犬が安産

犬糸状虫症の研究を行っていた時代のことだった。

学長から愛犬テリヤの往診を乞われ、まず助手が診察し、「フィラリア症ですが、相当腹部が膨大しているにも関わらず、穿刺をしても腹水が抜けませんでした」とのことだった。

つぎに中村が診察したところ、患犬は室内で飼育され、交配したことはないとのことであった。

腹部は膨大しているものの、心機能や呼吸障害、浮腫はない。

助手の最初の診断を信じ、すっかり犬糸状虫症と信じ込んでいたので、再度腹水除去を試みたが、やはり取れなかった。

そこで、「今日は無理なので、明日再び参ります」と辞去したが、心穏やかではなかった。

眠れぬ一夜を明かして出勤したところ、学長から電話があり、「もしもし、中村君、おかげさまで夜中に子犬が3匹生まれたよ」、「ハア左様（さよう）でしたか」

中村は受話器の前に立ったまま、耳や頭がジーンとした。

昼食時に学部長から「学長の犬はどうだったかね」と尋ねられ、「イヤどうも、アッハッハッハ…ホッホッホ…」で終わってしまった。

交配しない犬でも子を生むのだなあと、あわて者でおっちょこちょいの自分自身が情けなく思えたが、後の祭りであった。

馬に蹴られて気絶

アクシデントは、馬の肝臓穿刺の実習時に発生した。

所狭しと見学に集まった学生諸君を前にして、肝臓穿刺の要領を得意になって講述したまでは良かった。

ついでイヤッと穿刺針を横腹に刺し、抜くと同時にバーンと馬の右後肢蹄が、中村の心臓部を蹴った。

一瞬、なんだか気が遠くなったような気がしたが、そのまま気絶してしまった。

気がついた時は、実習室の隣の実験室に寝かされ、関係者が心配げに見つめていた。そして2カ月ほど休んだという情けない経験をした。

中村は、応召時代に多数の馬の肝臓穿刺を行い、失敗したことはなかったので、内心油断のあったことが、失敗の原因であったとの教訓となった。

すべての症例を紹介できかねるが、大学の教授といえども未経験の症例は多々あり、そのつど、手探りの対応がとられた。

時には野生動物や動物園動物、小鳥やヘビにいたるまで、すべての動物の異常を解決するには、あまりにも知識のないことに呆然とした。

ある時は入院犬の逃亡事件の責任者として、頭を悩ませたこともあった。

ペニシリンショック例を初めて経験した時の驚き、針灸療法の効果に感動したこと等々、1つ1つの失敗こそが貴重な珠玉となり、そのたびに反省し、「なぜ？」の追究が、獣医臨床の進展につながることを、身

をもって経験した。

多くの失敗談をユーモアたっぷりに告白する。これも中村の人間性故であろうか。

まだまだ冷や汗ものや、穴があったら入りたくなる心境になったことなどあるが、紙面に限りがあるので、このあたりで……。

• 伝貧馬の裁判事件

中村は北大在職中に、競走馬の伝染性貧血（伝貧）の診断に端を発し、裁判沙汰になった経験をしている。

これは病歴の聞き取り時に、飼い主の虚偽の申し立てに対する獣医師の対応、伝染病予防法に定められた疾病の診断と処置等について、多くの問題点が指摘された事件であった。

馬の伝貧は、馬特有のウイルス性伝染病で、伝染力が強いため、多くの獣医師が長年悩まされてきたが、いまだに治療法は開発されていない。

感染馬は特徴的な回帰熱＊を繰り返し、貧血を示す。その後、慢性経過をとって削痩して死亡する。そのため、家畜伝染病予防法により、感染馬は殺処分される。

しかし、伝貧は慢性化すると発熱がなくなり、栄養低下や貧血のみられなくなる症例があるため、検査に従事する獣医師は診断に難渋し、しばしば頭を抱え込むことがある。

農林省家畜衛生試験場（現動物衛生研究所）では、石井　進博士を中心として、「寒天ゲル内沈降反応」という完璧な血清診断液を開発し、ようやく安心して検査ができるようになった。

中村が経験した事件の主役は、軽種馬本登録済の競走馬、クモワカ号（1948年5月2日生まれの雌）で、中央競馬で優秀な成績をあげた有名馬である。

　そのクモワカ号が、京都の競馬場で伝貧と診断され、家畜伝染病予防法第17条によって、1952年12月6日付で、京都府知事から殺処分命令が出され、隔離された。

　そこで馬主は、殺処分の猶予と、治療試験用馬としての供用を申請したところ、許可された。

　1955年8月、隔離厩舎が狭いため、クモワカ号は北海道の牧場に移された。

　その後に3頭の子馬が生まれたが、母馬は殺処分命令を受け、本登録も取り消されているので、子馬は予備登録ができないことになった。

　このことが事件を複雑にした。そこでクモワカ号の管理者が、中村に健康検査を依頼した。

　北海道庁、苫小牧家畜保健衛生所、農林省家畜衛生試験場登別支所と一緒に、中村は合同の立会診断を行ったところ、クモワカ号は伝貧陰性という結果になった。

　馬主と管理者は、中村らの診断結果を金科玉条として、クモワカ号の殺処分取り消しを迫り、1959年に京都府知事は、殺処分取り消し命令を出した。

　そして、クモワカ号の再登録と子馬の登録を求めて、東京地方裁判所に提訴し、複雑な裁判経過となった。しかしこれには裏があった。

　実は、中村が初めてクモワカ号および管理者と対面した時、管理者は、この馬が7年前に伝貧と診断されたことを隠して、「知人から預かった大切な馬なので、検診していただきたい。以前に伝貧の検査をしてもらったが、陰性であった」と中村に嘘の報告をして、診断を乞うたのである。

　北海道庁からことの真相を知らされた中村は、あきれ返ってしまった。

その後、馬主関係者と農林省との間に、複雑なやりとりがあり、前回同様の合同で、第2回の立会診断が行われた。

その結果、「判定基準に従えば陰性である。ただし病理組織学的に軽度の変状が認められる点、および過去において京都府庁が行った検査において、明らかに陽性の所見が認められた事実に照らし合わせ、慢性伝染性貧血の経過をたどっているものと考えられる。

将来において再発するおそれも考えられるので、要注意馬として、注意を怠らないように」ということになった。

伝貧陰性の判定を得た馬主側は、7年前の殺処分の撤回を当局に迫り、京都府知事は殺処分命令を取り消したのである。

馬主側はクモワカ号の再登録と、子馬の登録を申請したが、伝貧の不治と再発のおそれありとの理由で、再登録が拒否されたため、訴訟に踏み切ったのである。

そこで東京地方裁判所から中村に対して、証人として出廷要請があった。

上京すると、驚いたことに裁判所で、東京大学教授で獣医微生物学の第一人者、越智勇一博士とバッタリ出会った。

すなわち、中村は原告側、そして越智は被告側の証人として出廷するという、皮肉な顔合わせとなった。

越智は、ウイルス学的な面から、伝貧の解釈および、その扱い方などについて、純学問的な立場で詳細に証言した。

判決主文は「原告人の本件仮処分申請は、いずれもこれを却下する」であった。

伝貧は胎内感染の成立することから、クモワカ号を繁殖に供用しない。かつ子馬の登録もできない、とする登録協会の主張を認めた

その後、馬主側と登録協会側で再三交渉がもたれ、クモワカ号も子馬

も登録され、以後の伝貧発症はなく、1974年に老衰死を遂げた。

クモワカ号の第1子の子馬が、有名なテンポイント号であったことは、今でも語り草になっている。

•南極観測隊樺太犬の悲話

1956〜57年にわたって、先進国は競って南極観測の夢を実現し、世間は南極熱に湧いた。

こんな中で、これまでほとんど話題になったことのない樺太犬の活躍が、一躍話題の中心となった。

北大在職中の中村は、初回の予備観測に同行した樺太犬の、出発前における健康診断医を依頼され、未踏の極地に送り出した責任者の一人であった。

世間では、華やかに扱われた南極観測であるが、その陰には、まったく日の目を見ない、犬の衛生担当一途に働いた獣医師、すなわち北大獣医学部諸氏による、献身的な世話の数々があったこと忘れてはならない。

この種の記録は、わが国獣医界始まって以来のことで、しかも中村自身が携わって苦労した、思い出深い人生の1ページであった。

南極探検の計画が進められる経過の中で、行動に犬ソリを使うということから、道内の樺太犬40頭が買い集められ、北大極地研究グループによって、稚内で訓練が続けられた。

中村の研究室に属していた学生に、南極探検を夢見るあまり、学業を中止して訓練にあたっていた者がいた。

彼から訓練犬の診療を依頼されたのが、中村と樺太犬との縁結びとなった。

その後、樺太犬関係の総元締めであった、農学部の犬飼哲夫教授から、

正式に健康診断医の役目を依頼され、内科学と寄生虫学の2研究室のスタッフが、衛生管理の相談役や指南役を務めるようになった。

初めて樺太犬たちに会った時、中村は犬たちの住環境があまりにも粗悪であることに驚いた。

樺太犬の飼育場所は、稚内公園の丘の上にあり、犬舎は一応、1頭ずつ独立しているものの、風当たりが強く、わずかに雨露をしのげる程度の設備しか施されていなかった。

これはまさに動物虐待ではないか、と思われる劣悪な環境であった。

その情景を見るや、正義感の強い中村は、管理職員に向かって、すぐに飼育環境を改善するように申し入れた。

しかし管理職員いわく、不良な環境や悪条件に適応させるのが、訓練の目的であるということだったので、中村はしぶしぶ了解せざるを得なかった。

食事はタラなどの雑魚に麦飯を混ぜた粗食を、1日1回与えられていた。訓練の主眼は、粗食に耐えることと、ソリ曳き能力の向上であった。

雪や氷の上を10頭1組となって、約350kgの重量を曳かせるので、いきおい猛烈な訓練となる。

ちなみに、樺太犬は寒冷の冬期にはきわめて元気であるが、夏期は元気をなくし、体を持て余していた。

最初の検診時、痩せている犬が多かったので、適切な治療を試み、同時に飼養管理の改善を図ってもらった。

ジステンパーを疑うものが数頭いたが、治療の結果、全頭が回復した。

意外にも不整脈や結滞脈など、心臓機能障害のあるものが多かった。それらの犬は訓練で疲労しやすく、粘膜の充血やチアノーゼがみられ、栄養も低下していたので、22頭の候補犬から除外した。

樺太犬たちに接すれば接するほど、中村はこの犬たちと一緒に南極へ

行き、思いっきり彼らを活躍させたいという気持ちが募ってきた。

しかし、極寒の地での過酷な生活に耐える訓練をしていない中村の心と体では、とうてい無理なことは分かっていた。

この犬たちが、日本初の南極探検を成功に導くカギとなるのだ。南極の白い氷の大地で活躍できる犬に仕上げるのが、自分の役目であるとの自覚のもとに、責任感の重大さに武者震いをした。

隊員の中から獣医看護長を養成することになった。

にわか作りの看護長は、北大動物病院で、中村らから短期間の臨床教育を受け、衛生資材を積んで観測船「宗谷」に乗り込んだ。

1956年11月、第1次南極観測隊（西堀栄三郎越冬隊長）とともに、20頭の樺太犬は南極へ出発した。

1958年に、第2次観測隊は、氷の状態が悪く、悪天候に阻まれて昭和基地へ到達できずに帰還したため、樺太犬たちは昭和基地に1年間取り残された。

このことが報じられた時、苦心して育て上げた子供たち（樺太犬）は、置き去りにされた南極という氷の大地で、どのような苦難と戦い、はたしてどのような昇天の仕方をしたのだろうか。

このようなことを思うとき、事情はさまざまであり、人命が第一だったのだろうが、中村はただただ涙と合掌のほかはなかった。

翌年、第3次越冬隊がヘリコプターから、2頭の犬が奇跡的に生存していることを発見した、というニュースが全国を駆け巡り、興奮と感動の涙を誘った。

ありし日のタロー

"風連のクマ"を父に持つタローとジローの兄弟犬2頭のうち、ジローは残念ながら昭和基地で病死した。

　タローは元気で帰還し、余生を北大植物園で送り、獣医学部の臨床スタッフによる定期的な健康検査と、手厚い看護加療により、15歳の生涯をまっとうした。

　タローの剥製は北大植物園に、ジローの剥製は国立科学博物館に展示されている。

　中村の人生は一見、趣味とは無縁な感じがするが、大の釣り好きで、近隣の釣り仲間とヘラブナ釣りに興じることがあった。

　晩年は小石を拾い集め、絵筆でお雛様の絵を描く石絵を趣味とした。そしてもう1つの趣味が、決して強くない麻雀であった。

　学外においては、家畜共済事業への思い入れが強く、診療指針作成、病傷給付基準作成、家畜診療編集委員を務め、産業動物獣医療への並々ならぬ義務感と情熱を持っていた。

　日本獣医学会臨床分科会会長、日本臨床獣医学会長、北海道獣医師会石狩支部長、家畜心電図研究会初代会長等に推され、それぞれの発展に尽くした。

　1976年に、わが国畜産の振興に貢献した功績により、農林水産大臣から感謝状を、そして1982年に勲三等瑞宝章を受けた。

　中村は、本来の志からはずれて、波乱曲折の道を歩んだ人生に対し、すべては運命であり、ある時は孤独に、ある時は猛然と奮い立ち、またある時は病魔と闘いながら、みずからの軌道を開き、培（つちか）ってきた。

　その間、教育の難しさ、学問の厳しさ、際限のない研究を十分に味わったと、踏み越えて来た人生を感慨深く振り返るのであった。

参考資料

- 初出：動物臨床医学、28、2（2019）
- 葛西勝弥：馬の伝染性貧血。養賢堂（1949）
- 黒川和雄：日本獣医学人名事典。日本獣医史学会（2007）
- 戸尾祺明彦ら：南極越冬カラフト犬タローの最後。獣医畜産新報、532（1979）
- 中村良一：私の記録と回想（1977）
- 西堀栄三郎：南極越冬記。岩波新書（1958）
- 本好茂一：共済獣医師を育てた人々（5）。家畜診療、407（1997）

　本項につき、資料を受けた鳥取大学の鈴木　實名誉教授に感謝します。

8. 装蹄学の大家
北　　昂　KITA Takashi（1910〜1986）

北　昂博士

　明治の末期、日本の少年たちにとっ
てあこがれの的は、軍馬に跨った陸軍
将校の雄姿であった。

　陸軍における軍馬は、輸送や戦力な
ど、重要な役目を担っていた。

　そして騎兵隊の活躍が国民から大い
に期待されていた。

　人々は日清・日露の大戦において、
卓越した騎兵戦術で功をあげた秋山好
古大将を英雄と敬い、「日本騎兵の父」
と称賛した。

　雑誌、少年倶楽部に連載された小説「敵中横断三百里」は、多くの少
年に愛読された。

　そのような時代背景の下で、軍馬の健康管理や治療に携わる陸軍獣医
部は、ひたすら軍陣獣医学の発展を目指し、国家的な支援を受けて目覚
ましい進歩をなしてきた。

　俗に「蹄なくして馬なし」といわれるように、蹄は軍馬の働きを左右
する重要な器官である。

　蹄の摩滅を防ぎ、使役能力を高めるために、伸びて変形した蹄角質を
削り、蹄鉄を装着する技術、すなわち装蹄が特に重要視されていた。

　第二次世界大戦以前から終戦にかけて、陸軍獣医少佐として、一貫し
て装蹄学の研究を続け、終戦後も現在に連なる装蹄ならびに牛削蹄学と

いうジャンルを樹立したのが、麻布大学名誉教授となった北　昂博士である。

その功績を以て、北は日本装削蹄協会の会長として、長期にわたり牛馬の装削蹄業界の指導に努めた。

同時に、獣医外科学の泰斗としても、広く世間からその業績を評価され、獣医麻酔研究会2代目会長を務めた。

北の両親は長崎県出身で、1910年に昂は職業軍人の子として生まれた。

小学生時代を金沢で過ごした北少年は、中学、高校生活を東京で送った。

若い頃から自然科学が好きだった。特に生物学に興味を持っていたので、1931年に、仙台の東北帝国大学に進学して、古生物学を学んだ。

その後、東京帝国大学に転学して獣医学を学び、獣医外科学の先駆者である松葉重雄教授に師事した。

1937年に同大学を卒業し、1942年に獣医大尉となった。

この年に陸軍派遣学生として、「蹄に関する研究」というテーマを命じられて、再び東京帝大大学院に入学し、松葉教授の指導の下で馬蹄の研究に没頭した。

ちょうどその頃は、松葉に対して陸軍航空兵器総局から、鋼鉄資材節約に関する研究の命令が下り、分割蹄鉄研究の最中だった。

北は競走馬、輓馬、駄馬、農耕馬などを利用して、次々と試験を重ね、乗馬の試験部分について詳しい報告書（除鉄試験に関する報告書）を書き上げた。

2年間の大学院を修了し、北支軍へ転勤して、獣医士官として終戦まで活躍した。

終戦を迎えて軍が解消されると、世相は一変した。獣医界もその対象

動物は馬から牛へと大きく変化した。

それに加えて豚、鶏のような中小家畜が産業動物としてクローズアップされ始め、それらの家畜の国内飼育頭羽数は急激に増加した。

一方、国民の経済生活も少しずつ向上を続け、それに伴って趣味や娯楽の範囲が拡大すると、愛玩動物としての犬や猫の飼育者が急増した。

これらの動物はすべて臨床獣医学の対象となるものであり、当然のように、外科治療の必要な疾病や事故発生の機会、およびその頭数が増加した。

本来、メスを持って疾病や怪我に応じた適切な治療を行うことを建て前とする外科学は、手術を主体とすることが多く、内科学とならんで、臨床上欠くことのできない重要な地位を占めている。

その反面、手術は大なり小なり動物に損傷を与えるものであり、自然状態への完全復帰に関して、無理な場合も当然生じる、

そのため、手術の実施にあたっては、常に慎重な配慮と、手術を必要とする疾病の本態に関する深い認識と理解が必要である。

人医界においては、外科手術をいっそう効果的に実施するために、患者の体力の維持や快復力の増強のため、手術実施にあたっては術前、術後の栄養補給などの管理が必ず慣行的に行われている。

しかし、獣医界ではそれらの対策についての知識水準は低く、ほとんど未知の時代であった。

北は陸軍獣医部の士官として、外科学、特に馬の蹄の健全性を確保するための護蹄学を専攻したことから、終戦後もその研究と教育に従事する決心をした。

終戦後は公職追放の身となったために、東大への復帰が困難となった。

駒場の陸軍獣医学校跡に日本装蹄師会が置かれると、当時その会長で

あった恩師の松葉から要請を受け、1946年から日本装蹄師会の常務理事として、その事業展開と装蹄研究に情熱を傾けるようになった。

1970年に装蹄師法が廃止されると、装蹄師の国家試験制度が消滅した。

北はそれに代わって日本装蹄師会による装蹄師の認定制度を立ち上げた。

これに先んじて、1968年に新規発足した牛削蹄師の認定制度と合わせて、牛馬の装削蹄技術者の養成と、技術力の向上に貢献した。

その間、1952年に、松葉が初代校長を務めた日本装蹄学校（現駒場学園）の講師となり、ライフワークとして装蹄師の養成教育に携わり、1975年に同学園の理事長兼校長に就任した。

1983年からは、日本装蹄師会の会長に就任し、引き続き装蹄業界の発展に尽くした。

• 麻布大学教授

日本装蹄師会の役員とともに、駒場学園の講師を兼任していた北は、それに加えて1955年に麻布獣医科大学（現麻布大学）の臨床学研究室の専任講師に迎えられた。

当時の大学動物病院は、内科、外科、臨床繁殖が一緒になって臨床学研究室と称し、院長は板垣四郎学長であった。

大学の動物病院といっても、施設や機器はきわめてお粗末で、毎日が開店休業と思われるほど、この時期は診療が少なかった。

たまに犬や猫が来院すると、中村道三郎教授の指示によって治療がなされた。

1959年に外科学研究室が独立し、初代教授に北が選任された。

講座は独立したものの、当初は研究室も教授室もなければ、研究費もなく、学生を教育する資材もほとんどなかった。

そのため学会活動も思うに任せないなど、大学としてはあまりにも貧弱な状況であった。

そこで、乏しい器具器材を補充するために、当時、北教授の研究室に配属された高橋　貢講師が、以前勤めていた東北大学川渡農場に陸軍獣医学校の教育資材が保管してあったので、これを払い下げてもらい、貨車2台分を大学に運び込んだ。

ついで教授室や研究室を造ることになった。

どこにどのような部屋を造るべきかと考えた末、動物病院の隣りにある空き部屋を、何とか利用することができないだろうか、という考えに到達した。

そこで学生も一緒になって、ベニヤ板で部屋を仕切るなど、来る日も来る日も苦心惨憺して、やっとそれらしい研究室や教授室を造ることができた。

北は大いなる満足感と感謝の念を抱いて教授室の椅子に座った。

にわか作りの研究室は、天井裏を走るネズミの騒音やダニの繁殖、あるいは窓から吹き込む黄塵に悩まされ続けた。

こんな中で、1961年に北は「馬の指関節に関する機構学的研究」により、東京大学から農学博士の学位を授与された。

後年、1970年になって、ようやくコンクリート造りの動物病院新館が完成して、北や学生たちにとって別天地のような研究環境が整った。

北はライフワークとして、恩師、松葉の教えを踏襲し、当初は馬の外科学、特に跛行診断や装蹄療法の研究および教育に力を注いだ。

北は体格も声も大きく、豪放磊落な性格であり、研究指導にあたっては、厳格である反面、後進の面倒をみる際には、あふれるような温情を示す指導者であった。

指導方針は、人間形成が主目的である。学生は協調性を保ちながら積極的に行動し、柔軟な考えで動物の疾病を理解し、それに的確に対処できる技術が養えるように、北は努力を続けた。

こんな中で、数多くの優れた研究と逸材をつぎつぎと世に送り出し、「麻布の外科」は、全国の獣医系大学でも屈指の研究室としてあげられるようになった

• 装蹄学の普及向上に尽力

関ケ原の戦いをはじめ、それ以前の戦国時代に、勇ましく走り回っていた戦馬には、まだ蹄鉄が装着されていなかった。ということは装蹄師という職業もなかったのである。

わが国において、馬に初めて蹄鉄を装着したのは、長崎貿易時代（1640年代以降）であった。

オランダ人から蹄鉄術を学び、当時から九州地方の一部において行われていたと伝えられている。

その後、幕府は横浜において、諸藩に英国派遣隊による蹄鉄技術指導を受けさせた。

ペリーの来航（1853年）以来、欧米人の横浜寄留はしだいに増加した。

貿易を営む者は運送馬を使役していたため、これに同伴した蹄鉄工は米国式の装蹄を行っていた。

このように西欧諸国では、馬の護蹄思想の普及とともに、装蹄術が開発されると、多くの工夫や改良が加えられて、近代装蹄の基礎が形成された。

それらの技術は、明治初期の西欧の文化や産業の新技術が怒涛のようにわが国に流れ込んでくる中で、いわゆる西洋装蹄術として到来した。

この装蹄技術は陸軍に評価されて広く普及した。

ドイツ式装蹄術が正式に採用されるに及んで、わが国装蹄術の進む方向は、陸軍主導型の軍馬蹄鉄を主体に発達した。

　1893年に陸軍獣医学校蹄鉄科が設立されると、軍、産、学一体となった積極的な教育や研究が進歩向上の基礎となった。

　その後、いくつかの戦争を経験しながら、大正の末から昭和の初期にかけて、装蹄理論の進展とともに、技術も次々と改良され、さらに資材や用具も改善され、応用が進められると、そんな中からわが国独特の装蹄法が確立された。

　しかし終戦を境として事情が一変した。

　復興へと変遷を続ける中で、装蹄業界の実態もすっかり変わってしまい、明治以来の研鑽努力によって培われた、わが国の装蹄技術は、水泡と帰する危機に至った。

　軍馬の消滅は、従来からのわが国装蹄業の健全な振興の支えを失うこととなり、さらに農耕馬までが急減すると、民間装蹄師は職域を縮小しなければならなくなった。

　幸いにも、戦後復興とともに、国民の娯楽の一つとして競馬がいちはやく復活された。

　おかげで、競走馬や一般乗馬を対象とする近代的装蹄技術が独自に発展を遂げて、競馬の振興に大きく貢献するようになった。

　一方、畜産の振興に伴って、乳牛および肉牛の生産性に及ぼす護蹄衛生の重要性が指摘されるようになり、牛削蹄技術に対する重要性が高まると、職場を失った装蹄師が、はからずもその需要に応えることとなった。

　そのような変遷の中において、北はひたすら装蹄学の教育と研究に邁進した。

　1947年に日本装蹄学校が開校し、日本獣医師会会長であった松葉を校

長に迎えると、北は松葉を助けて東奔西走を繰り返す日々となった。

　その間、日本装蹄畜産高等学校の設立と運営にあたり、その後、駒場学園の設立にあたって、常任理事として活躍した。

　後に駒場学園高等学校の理事長兼校長として、高等教育に専念した。都内の高校では珍しく普通科と農業科を設け、農業科では装蹄技術者を養成した。

　このように、陸軍士官時代から「装削蹄学」の研究一筋であった北は、充実した自分の人生を振り返り、満足と感謝の念に浸った。

- **「日本装蹄発達史」の編集**

　わが国における装蹄技術は、どのようにして今日のものになったのであろうか。

　その発達の起源はどこにあるのだろうか。このような問いかけに対して、十分に応えられる調査研究は、皆無であった。

　"蹄なくして馬なし"の原理は、学術研究や技術の向上に支えられて定着したにもかかわらず、その意味を根本的に問い直してみようとする試みはなされなかった。

　時間的な経過と、進歩・変革の連続の中で、歴史的思考を培うに足る資料さえも、忘却の彼方へ散逸してしまっていることに気づいた北は、深い憂慮を寄せた。

　そこで1975年に「日本装蹄発達史」の編集を企画した。

　北を責任者として、数名の編集委員により、それぞれ断片的ではあるが、貴重な資料が収集され、それらを整理する作業が続いた。

　この発達史編集の夢を最後まで追い続けた北は、晩年に至って、作業がなかなかスムーズに運ばないことを深く悩み、事態の収捨に奔走した。

最終的に、既存の資料や文献を用いて、どこまで所期の目的を達成することができるかが、3名の編集委員によって検討され、

　　1．装蹄師制度の確立（担当　中井忠之）

　　2．戦後の装蹄業界と日本装蹄師会の動き（担当　　中村悟朗）

　　3．装蹄技術の発達と装蹄教育の変遷（担当　黒川和雄）

を主な内容とし、最終章に「西洋における装蹄の発達（担当　青木修）」を掲載することになった。

　1989年に日本装蹄師会から発刊された本書は、474頁の大著となった。

　明治以降の装蹄技術発達の主な内容が、経時的に詳細に収録され、わが国において初めて正式に執筆・編集された図書である。

　このように、北は本書の発刊に全精力を傾けたが、完成を待つことなく逝去したことは、まことに残念である。

　晩年には、馬の動作分析や力学的センサー、あるいは筋電図を取り入れた生体力学的な手法で、馬の動作を運動学的、あるいは運動力学的に解明することに精力を注いだ。

　逝去の直後に、北のグループは世界で初めて駈歩（駈け足）や襲歩（全速力）での馬の骨格筋の筋電図の測定成果を、AJVR（アメリカ獣医学研究雑誌）に発表し、この分野の先駆け的業績として、現在も高く評価されている。

• 獣医麻酔研究会の創設

　1969年、現在の獣医麻酔外科学会の前身である獣医麻酔研究会が結成された。

　初代会長に日本大学教授の木全春生博士が就任し、幹事には全国の獣医系大学の外科学教授が、その任にあたった。

　結成の趣旨は、麻酔剤に起因した動物体への障害や、生命に対する危険性を除去するために、その安全性の保持に、いっそうの研究と臨床例の集積を必要としたことであった。

　米国の麻酔学のレベルに追いつくために長年努力してきたが、今後は日本独自の獣医麻酔学の研究、あるいは獣医臨床家による臨床麻酔例の貴重なデータを重要視することになった。

　研究会で多くの臨床例を発表することによって、会員相互の知的レベルの向上が図られた。

　さらに世界の獣医麻酔界の動向を伝え、新しい麻酔学に対処するため、1970年に研究会誌「獣医麻酔」が発刊され、年１回刊行されるようになった。

　北は副会長および編集委員長として、手腕を振るった。

　1975年に役員改選があり、北が２代目会長に推挙され、木全は顧問となった。この頃になると会員数や役員数が大幅に増えた。

　1978年に創立10周年を迎えた獣医麻酔研究会は、年２回、中央と地方で開催されるようになり、会員数は900名を超えた。

　この年の研究会誌は10周年記念号として発刊された。その中で北会長は２項目を提案した。

　１．各種動物を対象とした獣医界独自の麻酔法の確立。

　現在最も安全かつ有効とされている吸入麻酔は、原則的には医学分野の研究を、動物に応用したものである。

　そのこと自体は十分意義があるが、動物の種類の多様性、疾病の特異性、動物の取り扱い管理上の問題点などを考える時、獣医麻酔法の改善が重要である。

　そのために適切な薬剤の開発や、従来用いられてきた注射全身麻酔、局所麻酔法を再検討するとともに、低体温麻酔、電気麻酔、針灸麻酔な

ど、非薬物的麻酔法の研究も速やかに進めるべきである。

2．実地臨床に従う獣医師のすべてにとって、安全で有効な、しかもできるだけ簡易な麻酔法の確立を要望する。

大学や各研究機関のスタッフと、実地臨床家が常々緊密な連繋のもとに協力一致すれば、この願いは必ずかなえられると熱っぽく語りかけ、会員各位にアピールした。

・小動物臨床への寄与

これまで詳細に述べてきたように、北のライフワークは装蹄学であるが、外科学研究室に高橋　貢助教授、若尾義人助手という優秀なスタッフが加わった時から、小動物臨床にも研究範囲を広め始めた。

当時、大学キャンパス内に多くの野犬がいた。

その野犬を利用して、費用のかからない研究ができないものかと考えて、当時はまったく行われていなかった「犬の輸血に関する研究」を始めたのが、最初の研究テーマであった。

そのために犬の血液型検査や輸血量、輸血速度、血圧測定など、輸血による生体反応の検査などの研究を始めた。

この研究は6年間継続され、その間に血液型の適応性判定法と、輸血療法時の輸血方法の確立を、学会で報告した。

また輸血用血液の入手困難を予想して、代用としての「犬乾燥プラズマ」の開発を行い、世界にも例をみない製品を、日本生物科学研究所や武田薬品工業の協力を得て完成し、一応の成果をあげた。

一方、大学の夏や春の休暇を利用して、山形県家畜診療所に出かけ、馬や牛の骨軟症の診断と、ビタミンD_3による治療試験を行いながら、牛の削蹄と泌乳量の関係など、臨床的な試験を行った。

この頃にポータブルのX線撮影装置で、苦労しながら馬や牛の骨軟症

のX線診断を行った。

これが契機となって、後に中古品ながら外科研究室にX線撮影装置を設置することができた。

そして小動物のX線撮影法を確立し、小動物の臨床X線診断学を出版するに至った。

ついで心機能の検査法を取りあげ、この課題解決にあたって電気生理学的検査法を導入した。

当時、獣医学界で電気生理学的な手法を研究していたのは、東大の野村晋一教授の研究室だった。

その指導を受けながら、数千頭に及ぶ実験犬で、「犬の心機能に関する基礎的な研究」を実施した。

心電図誘導法に関して、A－B誘導法、胸部単極誘導法を開発し、日本獣医学会賞を受賞した。

その後、この研究の成果が、小動物臨床における心電図検査法として、広く実際の臨床に活用されるようになった。

1965年以降は、もっぱら心機能を中心とした「循環器障害の研究」に従事し、X線連続撮影装置、人工心臓装置、多チャンネルポリグラフ、フォレガー麻酔器、パードレスピレーターなどを導入し、心機能に関する実験設備を整え、大学院生の研究活動にも大いに役立てた。

その間、輸血に関する研究、麻酔に関する研究、心臓移植に関する研究などで、文部省科学研究費の助成を受け、さらに「動物の体外循環法」、「動物の低体温麻酔法」、「牛・馬の運動器疾患」、「動物の心臓疾患」、「家畜の心臓外科」、「家畜の心電図・心音図」などに関する研究が行われた。

これらの研究の結果、犬フィラリア症の開胸手術の実施にあたって、その成果が反映された。

このように、麻布大学では心臓外科学領域の研究活動を積極的に推進し、わが国の獣医外科学の発展に大いに貢献した。

・獣医学教育6年制の実現に尽力。

　北は、ある時は自らの責任において、またある時は、有力理解者への連絡や斡旋に汗を流し、関係大学、官庁、団体等の関係者との協議を重ね、審議会委員長の越智勇一学長を補佐して、大いに尽力した。

全国大学家畜病院運営協議会（1977）
左から幡谷、北、臼井

　終戦後の教育体制の改革で、田中丑雄博士が主張した6年制案は実らず、獣医学教育は4年制の新制大学で行われることになった。

　このうちの1年半以上が、教養科目に費やされるため、獣医学専門教育に要する期間は、わずか2年半に過ぎない。

　これではとうてい獣医師としての必要な教科課程は履修できないことが判明した。

　そこで、越智学長を委員長とする獣医事審議会が中心となって、関係者一同の協力のもとに、獣医学教育年限を6年に延長し、諸外国に遜色のない専門学科目、履修単位数、教員組織、獣医学および獣医師の対社会性、関連学術分野との関係、特に畜産学との関係等の所要事項の検討や、提言の作成にあたった。

　1977年3月、越智委員長より文部大臣に対し、下記の基本事項が答申された。

1．暫定的に獣医学教育は学部（4年）と、大学院修士課程との積み上げによる6年の教育を行うものとする。

2．学部における教育は、獣医学に関する基礎知識と、幅広く関連学科の知識を付与し、大学院では高度の専門知識、技術と研究能力の付与とともに、学問別および職域別分野の教育を行う。

3．授業科目：学部教育には基礎獣医学、畜産学、関連科目、大学院修士課程では臨床獣医学、応用獣医学の教育を行う。

　これらの事項を受けて、現況を踏まえた所要事項を検討するめ、1978年以降も、調査は続行されることになった。

　本問題の取り扱いは、もっぱら調査会を中心としてなされ、文部省において実施された。

　その結果、獣医師法の一部改正がなされ、獣医師国家試験資格の変更が決まり、国会の付帯決議により、獣医学教育6年制が承認されるに至った。

　北は、日本獣医師会副会長、日本馬事協会監事、日本学術会議農学研究連絡会委員、学術審議会委員、日本装蹄師会会長、獣医師免許審議会委員、装蹄師免許審議会委員などを務めた。

　麻布学園においては、評議員や理事を歴任し、大学院の新設、環境畜産学科の増設、環境保健学部の新設などに、八面六臂の活躍をした。

　獣医学会においては、臨床部会幹事、同評議員、麻酔研究会会長、心電図研究会会長を歴任した。

　学術研究は大小動物の多方面にわたり、著書として、装蹄学、牛削蹄学、小動物臨床X線診断学、犬疾病学外科編などを出版した。

　1975年に、装蹄および獣医学教育に関する功績によって、藍綬褒章が授与された。そして1981年に名誉教授となった。

もう１つ付け加えるならば、日本獣医学会は、創設100周年を記念して、立派な装丁の「日本獣医学の進展」を1985年に出版した。

　臨床分科会の項で、代表の北が、明治開国時に幕開けした近代獣医学の変遷を詳細に解説しながら、年代ごとになされた膨大な業績について丁寧に紹介している。

　序段では、軍馬造成や陸軍獣医学校出身者の活躍によって、馬の衛生管理や診療水準が向上し、伯楽*の時代は終焉を告げ、外国との交流による牛疫*、馬の伝染性貧血*、狂犬病をはじめとする各種伝染病の侵入防止などについて解説した。

　ついで明治・大正・昭和初期の概況に移り、第２次世界大戦中〜戦後の章では、1945年代から1975年代までを、10年ごとに区切って概況を述べている。

　各章はその時代の主な研究方向と、その成果が簡明にピックアップされており、すべて的を射た理解しやすい文面となっているので、100年間に及ぶ臨床獣医学の進展状況が、つぶさに把握できる名文である。

　北はきわめて活動的な性格で、積極的に日本全国を東奔西走した。

　明朗闊達で親しみやすく、また面倒見がよく、そのため北の仲人で50組を超えるカップルが誕生した。

　酒を酌み交わしては情緒豊かに歌い、学生や女性に人気があったのは、北の全身からみなぎる若さのせいであった。

参考資料

・青木　修：日本獣医学人名事典。日本獣医史学会（2007）
・北　昂：家畜外科研究室。創立80周年記念誌、麻布獣医学園（1970）

- 北　　昂：6 年制獣医教育について。麻布獣医学園同窓会会報、11（1978）
- 北　　昂：獣医麻酔研究会10周年記念号発刊に際して。獣医麻酔、10（1979）
- 北　　昂：臨床分科会の歩み。日本獣医学の進展、日本獣医学会（1985）。
- 黒川和雄：「日本装蹄発達史」の発刊。日本獣医史学雑誌、28（1992）
- 黒川和雄：装蹄の発達および近年の教育と国際交流。JVM、51、4（1998）
- 瀬川良一：日本装蹄発達史。日本装蹄師会（1989）
- 高橋　貢：プロフィール（装蹄師会の指導者）。家畜診療、95（1971）
- 高橋　貢：学内紹介（7）麻布獣医科大学家畜外科学教室。麻布獣医学園同窓会会報、10（1977）
- 高橋　貢：麻布大学外科学講座並びに外科集談会の沿革。麻布獣医学園「百年の歩み」（1989）
- 高橋　貢：外科講座と共に歩んだ40年の記録。高橋　貢教授停年退職記念事業委員会（1999）

　本項につき、資料と校閲を受けた麻布大学学術情報センターの小田切夕子事務長、日本装削蹄協会の青木　修理事、ならびに鹿児島大学の浜名克己名誉教授に感謝します。

9．家畜人工授精研究の世界的権威
西川義正　NISHIKAWA Yoshimasa（1913〜1994）

　終戦後の混乱が、まだ続いている1952年6月のことであった。

　1人の農業技術畜産研究者が、羽田空港からコペンハーゲンへ向かって飛び立った。

　39歳のその人は、後年、帯広畜産大学学長や、日本畜産学会会長のみならず、世界畜産学会会長の要職を務め、わが国における家畜人工授精技術の発展に、大きな功績を残した学士院会員、西川義正博士の若き姿であった。

西川義正博士

　1913年3月に富山県で生まれた西川は、1933年に富山高等学校理科を卒業し、1936年に東京帝国大学農学部獣医学科を卒業した。

　その年の農林省畜産試験場技官を振り出しに、ついで馬事研究所へ配置換えになった。

　畜産試験場はその後、農事試験場と合併して、農業技術研究所となったが、そこに1952年から57年まで勤務した。

　農林省の各研究機関で勤務した21年間に、家畜の人工授精や繁殖に関する研究を行った。

　特に、牛、馬、山羊を主として、精液の採取法、検査法、保存法、注入法などの各技術について、多くの開発研究を行い、揺籃期にあった家

畜人工授精技術の体系化に努力した。

その間の1945年に、「雌馬に対する卵胞ホルモンOestronおよび合成発情物質Diethylstilboestrol注射の影響」により、東京大学から農学博士号が授与され、その後に農業技術研究所へ移った。

1957年に、京都大学農学部に新設された、家畜繁殖学研究室の初代教授に就任し、家畜改良増殖審議会委員や、学術審議会専門委員を歴任しながら、日本学術会議会員（第8、9期）に選出された。

西川が京都大学在職中に審査した学位論文で、農学博士の称号を授与された者は34名に上り、各々は、わが国を代表する技術者や研究者に成長して、活躍を続けている。

1945年8月、日本は連合国が要求したポツダム宣言を受諾して、第二次世界大戦は敗戦で終結した。

無条件降伏のため、その後の数年間は、あらゆる面で国際社会から除け者にされ、研究交流も制限された。

もちろん、海外出張も認められず、研究者たちは、苦汁をなめ続けた。

1952年にやっと、海外出張が認められる時代となった。

それでも2学会に限定され、選定は学術会議にゆだねられた。

冒頭に述べたように、西川のコペンハーゲン出張は、第2回国際家畜繁殖学会への出席であり、日本中の畜産関係者の期待を一身に担っての、海外出張であった。

その結果、西川は期待をはるかに上回る、大きな土産を持ち帰った。

それは、世界で初めて牛精子の凍結保存に成功した、ケンブリッジにある農業研究協議会（ARC）繁殖生理学・生化学研究所のボルジ博士による、「ウシ凍結精液（－79℃）による受胎の成功」という報告であった。

誰もが考えが及ばなかった、まさに夢のような報告を知らされた、日本の畜産界の驚きは大きく、1949年に湯川秀樹博士が、日本人初のノーベル賞を受賞した時と同じように、沸きに沸いた。

　西川が聴いた、精子を凍結することにより、長期間の保存が可能となり、しかも受胎を可能にしたという講演は、彼の研究者魂を異常なほどに燃え立たせた。

　そこで、その技術の詳細を知りたくて、開催国のデンマークを後にすると、ケンブリッジの研究所にポルジ博士を直接訪ね、熱心に教えを受けた。

　これまでの研究で、氷点下の精子は、生存に適さないとされていた。

　ところが、凍結前に精液の希釈液にグリセリンを添加することによって、超低温下でも生存し得ることが、発見されたのである。

　この研究報告は、世界の畜産を一変させる世紀の大発見として、全世界の注目を浴びた。

　精液および初期胚の凍結保存技術に、革命的な変化をもたらし、実用化によって不滅の業績を残した。また、低温生物学の基礎および応用に大きく貢献することになった。

　牛精液の凍結保存技術を伝授された西川は、2年後に自分が開発した理論や技術についての研究報告をし、さらに数多くの講演会や講習会において、積極的に普及に努めた。

　ドライアイスは−79℃であるが、後に−196℃の液体窒素の方がもっと安定し、優れていることが分かったので、現在の凍結精液は液体窒素が用いられている。

　西川が今日、「日本の家畜人工授精の生みの親であり、育ての親」といわれるわけは、当時、国内の家畜の人工授精や繁殖の技術者で、西川から直接、間接に影響を受けない者は皆無といわれたからである。

　その後、西ドイツのミュンヘンで開催された、第7回国際家畜繁殖学会（1972）で、当時すでに京都大学教授に就任していた西川は、約1,000名の聴衆を前にして、「各種家畜における精子の長期保存とその応用の現況」という特別講演をした。

　その後、イタリア・ミラノ市における、第7回国際畜産学シンポジウムでも講演した。

　それは、西川がポルジ博士に凍結精液の理論を教授されてから、20年目のことであった。

　講演の中で論じた「馬凍結精子の生存性と受胎能力」では、まず馬における精子の耐凍能はきわめて高く、融解後の精子の運動性や持続力は、牛よりもはるかに活発で、強力であった。

　ついで、精液を体外で保存する場合、精漿の存在が、精子の生存性を短縮するので、遠心分離して除去することの大切さを述べた。

　希釈液内で凍結精液を生存させるためには、グリセリンの添加が絶対必要であり、グリセリンの耐凍効果が現れるためには、凍結過程における精子細胞の周囲に、至適濃度のグリセリンの必要性を力説した。

　凍結物質としてのグリセリンの主な役目は、精子細胞を取り巻く周囲の条件にあることが示唆され、しかも、至適濃度は5％であるという説明で結論とした。

　なお、秋冬の非繁殖季節中に採取された精液の凍結能も、きわめて良好で、十分繁殖に用い得ることが実証された。

•わが国における家畜人工授精の歴史

　わが国における人工授精技術は、当時、京都帝国大学医学部の助教授であった石川日出鶴丸博士が、1908年から4年間、文部省留学生として、ヨーロッパに留学したことから始まった。

たまたまロシアのベテルスブルグ（現サンクトペテルブルク）のイワ
ノフ博士の研究室を訪れた時、馬の人工授精技術を見学し、非常に心を
打たれた。

　そこで、その知識と技術を日本に持ち帰り、1912年から、精子の生理
学に関する基礎的研究を行うとともに、人工授精に関する応用研究を始
めたのが、日本の創始となった。

　石川は見学の際、日本の軍馬や農耕馬の改良に、人工授精の担う役割
の大きさを痛感した。

　そこで、当時の京都大学の菊池大麓学長宛に、専門学者をロシアに留
学させて研究させるようにとの書簡をしたため、2回にわたって送った。

　帰国後は、直ちに畜産関係の若い研究者を指導して、精液の採取法や
取り扱い方について、積極的に研究を開始するとともに、佐藤繁雄（後
の家畜臨床繁殖学の創始者で西川の恩師）、山根甚信（後の台北帝国大
学畜産学教授）、島村虎猪（後の東京大学獣医生理学教授）などの獣医
学や、畜産学の若い研究者を指導して、馬の人工授精研究の基礎を固め
た。

　これらの研究は、世界的にみると、当時、ロシアのイワノフ研究室以
外では、それほど積極的に研究している国はなかったので、まさに世界
の先端をいくものであった。

　精液採取は、もっぱらイワノフの海綿法という、交配前に消毒した海
綿球を膣内に挿入しておき、交配後にこれを圧搾して、精液を採取する
方法が一般的であった。

　しかし精液の回収量が少なく、子宮や膣分泌物を多量に混じているの
で、精子の損傷をきたしやすいという欠点があった。

　そこで、新しく考案されたコンドーム法や人工膣法に改めて、採取さ
れた精液を卵黄緩衝液（後にセミナン液）で10～20倍に希釈して使用し

た。

当時は人工授精に関する一般の理解はまったくなく、授精試験を遂行するのに多くの困難を伴った。

人工授精による繁殖を、神の摂理に反しているという宗教的な理由、あるいは不妊や流産が多いのではないかとか、子馬が生まれても、自然交配のものに比べて虚弱ではなかろうかとの心配が先行し、忌避する者が大勢を占めていた。

このような理由から、初期の頃は、人工授精で繁殖する馬主からは、交配料金をもらわないだけでなく、試験供用という意味で、交配料金に相当するだけの試験料金が、馬主に支払われるということもあった。

しかし、研究者の英断や積極的な説得の繰り返しという、忍耐強い努力によって、少しずつ農民の理解が得られるようになり、この成功が、今日のわが国の人工授精に影響力を持つ、最初の試みとなった。

1913年、青森県七戸町にあった奥羽種畜牧場において、22頭の馬に人工授精を行い、15頭が受胎するという成績を得た。

この時の人工授精作業に、佐藤繁雄があたった。

大勢の見物者を前にして、慎重に授精作業が進行し、佐藤が精液注入後に、膣から手を抜こうとすると、石川は「ちょっと待て、その手（腕）を膣内に挿入したままで、馬の自然交尾の時のようにピストン運動をやれ」と命じた。

当時、佐藤は結婚早々だったので、大いに躊躇していたところ、石川は憤然として上着を脱ぎ、自分自身でその動作をやろうとしたというエピソードが、その後、佐藤の口から何度も述懐された。

石川は、この時の授精で受胎したことを大変喜び、最初に生まれた子馬にイワノフ号、2番目に石川号と名付けたことが、現代まで語り伝えられている。

さらに、糖液で希釈した馬精液を約4時間輸送して受胎させ得た。

　また1929年に、新冠御料牧場と札幌間の120kmを、伝書バトを使って精液の遠距離輸送をする試験が行われた。

　このような試験は、当時の世界の人工授精の実情からみると、賞賛に値するものであった。

　その後も多くの変遷を経たが、少なくとも今日の人工授精の発展ぶりは、日本の畜産史に特筆されるべき、偉業の一つといえる。

　馬で始まった研究は、その後1928年に牛、1936年に鶏、1938年に豚、めん山羊と、相次いで実用化されるようになった。

　1941年、農林省は栃木県西那須野町に、馬に関する研究をするための「馬事研究所」を設立した。

　ここに配属された西川は、設立時から、馬の繁殖や人工授精に関する研究に携わることになった。

　ここでの業績は、馬の人工腟や、卵黄を主剤とする精液希釈液、精液性状の検査用具などを考案したことで、基礎研究に加えて、技術の開発が非常に進んだ。

　その他、この研究所を会場として、馬生産増殖施設における技術者の養成や、技術研修のための講習会などが行われ、終戦後に「馬事研究所」の看板を下ろすまでの数年間、毎年続けられた。

　西川らの考案した人工腟の特徴は、コンドーム法の取り扱いが不便で、数回の使用で破れて使用不能になる欠点を改良したものである。

　西川が着任するまでの馬精液は、5.25％のブドウ糖か10％の蔗糖液で数倍に希釈する方法が行われていた。

　西川は、牛の希釈液に卵黄が有効なことを体験していたので、この考え方を馬精液希釈液にも取り入れたところ、精子の生存性の向上に著しい効果を示した。これまでの糖液よりも高い性能の精液希釈液の製造に

成功した。

　政府は馬の改良と増産を目的とする馬生産施設を作り、この目的の達成に、繁殖生理の知識や繁殖技術の講習を行うとともに、人工授精を積極的に採用するようにした。

　ついで、全国の主要な馬産地に人工授精所が設置され、組織的に年々数多くの獣医師に対して、馬の繁殖や人工授精に関する専門の講習を行なった。

　これが成功を収めて、数年後には140カ所の人工授精所で、年間に授精される雌馬数は、1万頭を超えるようになった。

　しかし終戦後に軍馬の需要がなくなると、馬の生産意欲は急速に低下していった。

　これに対して、積極的な施策がなんら打たれることはなく、農耕や運搬に機械力が、導入されるようになった。

　その結果、役用としての馬の必要性は極度に低下し、乗馬や競馬用の軽種と、少数のばんえい競馬用の重種を除いては、劇的な減少をきたした。そのため、軽種馬の繁殖に、人工授精を用いることは禁止されるようになった。

• 主役は馬から牛に移行

　初期の人工授精の手技は、たんに自然交配が人工的な授精法に置き変わった程度のものだったので、現在の方法から比べれば、ずいぶん原始的で非能率であった。

　1955年頃までは、精子は採取後なるべく短時間内に使用せざるをえなかったために、組織的な配布網を作ることができなかった。

　そして今一つの欠点は、精液の注入部位は外子宮口であったため、1回の注入量がきわめて多く、しかも受胎率は、あまり高い成績が期待で

きなかった。

　そこで西川は、日本の人工授精の近代化への転換を強く主張し、そのための技術改良について、積極的に研究を行った結果、技術や組織の近代化が全国的に図られるようになった。それらについて説明する。

　種雄牛の集中管理と人工授精所の統合をした。卵黄緩衝液に改良を加えて炭酸ガス、トランキライザー、抗生物質などを加えることによって、精子の生存延長に成功した。

　このことによって、精液は人工授精センターから定期的に、しかも組織的にかなり遠隔地の授精所（サブセンター）まで輸送できるようになった。

　これまでは外子宮口に精液を注入していたのを、子宮頚管の深部とか、子宮体内にまで注入器の先端を挿入する、深部注入を指導した。

　この利点は、1回の注入精子数を2,500〜3,000万まで減らすことができ、しかも受胎率が向上したことであった。

　もっとも、牛に対して人工授精の本格的な実用化が始まったのは、戦後になってからである。

　戦争によって、激減した牛の数を急速に増加させる必要に迫られ、1950年に家畜改良増殖法*が制定されるに及んで、人工授精の進むべき道が明確になり、急速に普及した。

　牛の人工授精は、昭和の初め頃から、牛結核予防の目的で始められたが、当時流行をきわめていた伝染性生殖器病であるトリコモナス病*の予防に、大きく貢献する結果となった。

　トリコモナス病は、交配によって雄から雌へ、雌から雄へ伝播し、不妊や流産の原因となり、生産性を阻害するほか、その治療のために、農家がこうむる経費や時間の浪費もまた、過少に評価することはできず、手の施す術もないほど苦しめられていた。

　人工授精の場合は、雌雄の生殖器が接触する機会がなく、健全な精液のみを用いるので、トリコモナス病をはじめ、カンピロバクター病＊、ブルセラ病＊、膣炎などが、人工授精の全面的な利用により、牛の世界から撲滅された。

　牛に人工授精を導入した頃は、馬の人工授精の概念がかなり常識になっていたので、厳しい反対の声は少なかった。

　しかしどちらかといえば、初期の一般農民の認識は低く、特に種雄牛の育成家から反対を受けたので、人工授精は、自然交配で受胎しない牛に限られていた。

　そのうち、自然交配に匹敵する良好な受胎成績が認識され始めると、人工授精の希望頭数は、年々右肩上がりに増加の一途をたどった。

　1回の採取精液で、多数の雌牛に授精することが可能となったため、少数の優良種雄牛で、こと足りるようになった。

　このことは、育種改良の促進に役立ち、乳牛・和牛いずれの場合も、体格の改良過程が著しく短縮され、斉一となって揃ってきたことは見逃せない。

　雌牛を自然交配で飼育する場合は、1種雄牛当たりの年間交配頭数は、50頭前後が基準で、多くても100頭を超えないのが常識であった。

　したがって、自然交配時代は、繁殖の目的のために、きわめて多くの種雄牛を必要としていた。

　和牛を例にとってみても、県によっては、200～300頭もの種雄牛を管理し、供用していたのである。

　人工授精になると、ごく少数の種雄牛さえあれば、十分繁殖の目的を達し得るようになった。

　このために、種雄牛を導入する経費や、飼育管理の経費が、極端に軽減されることとなった。

そして、きわめて優良な種雄牛の精液を、安価な料金で授精してもらえることの、経済的効果は大きかった。

• 凍結保存法との出会い

西川は、精子の生理や人工授精の研究に、40年間携わった。

人工授精を生涯の研究命題の一つにした最初のきっかけは、ゼラチン化精液に関する研究の着手であった。

しかし結果的には、期待するような良好な受胎成績が得られず、広範な実用化をみないまま、研究の域を脱し得なかった。

西川がボルジ博士の凍結保存法にめぐり会ったのは、ちょうどこの時期であった。

生精液と違って、ドライアイス（−79℃）による凍結精液を用いれば、時間・空間を超越して、優良精子を効率的に利用できる。

帰国後、西川は研究室の仲間を誘い、わが国の実情に合った凍結精液の技術開発に没頭した。

まず器械、器具作りから始めた。

当時、和牛の種雄牛の多くは、中国山地の村々で、個別に飼育されていた。

試作機器を使い、精液を凍結する技術の開発が、千葉県畜産試験場の協力で進められた。

その後、西川は京都大学教授に迎えられると、新しい職場でも継続して、益々精力的に研究を推進した。

1958年に兵庫県但馬地方で、和牛の種雄牛を用いた現地試験が行われた。この時が、日本における凍結精液時代の幕開けとなった。

研究室の中だけの研究ではなく、1960年に凍結精液研究会を創設し、新技術の指導・普及にあたった。

　ちなみに、この年の全国の、乳牛と和牛の人工授精の普及率は、91%（116万頭）になった。また、3年目となる凍結精液の普及も、順調に伸び始めた。

　戦後の畜産が、長い歴史を持つ役牛から、短期間に乳・肉牛に変わり、高生産、多頭飼育方式に転換できたのは、凍結精液のおかげである。

　精液の凍結は、ドライアイスから、もっと低温で安定した液体窒素（－196℃）に、徐々に取って代わられ、半永久保存が可能になった。

　1973年に、西川は日本畜産学会の会長に選出され、5年間務め、さらに1978年から、6年間にわたって世界畜産学会の会長を務めた。

　その間の1976年に、京都大学を退職し、名誉教授になると、そのまま1984年まで3期8年間、帯広畜産大学学長を務め、ついで同年に、生誕地で富山女子短期大学学長を務めた。

　日本家畜人工授精師協会に、西川から多額の寄付があったので、西川の偉業を永く後世に受け継ぐため、基金が創設された。

　1991年より、人工授精師の技術研究発表全国大会で発表した者の中から、家畜人工授精技術の発展向上に、顕著な功績があると認められる者、改良増殖に顕著な業績をあげたと認められる者に対して、「西川賞」が授与されるようになった。

　日本で出版された家畜人工授精に関する専門書のほとんどに、西川の名が掲載されている。

　最初に出版されたのは、1944年発行の、西川による「家畜人工授精法」であり、世界的にみても嚆矢（こうし：物事のはじまり）期の部類に属する。

　西川は、家畜人工授精の産業上の経済効果を認識するあまり、人工授

精技術の体系化を、本書によってなるべく早く成し遂げたいと、異常なまでの努力を払った。

本書の原稿作成に、少なくとも5年以上の歳月を要した。

ことに、戦争に突入してからは、海外の文献が入手できなくなり、著述の構想を進めるのに、はかり知れない苦労を味わった。

幸いなことに、西川の父が英国の貿易商社と昵懇の間柄にあり、戦時中も引き続き、英国で発行のAnimal Breeding Abstracts（家畜繁殖抄録集）を、欠号なしに入手することができた。

本書は家畜や動物の繁殖関係の研究者なら、誰一人知らない者のないほど有名な抄録雑誌である。

戦前、戦中、戦後を通じ、これを入手していた日本人は西川一人であったかもしれない。

以上のような、特別に恵まれた条件も手伝って、自己の研究業績や経験を中心に、世界中の研究業績を引用し、体系づけて本書を完成した。

● 受賞・役職・名誉職

西川の研究業績の大半は、馬と牛の繁殖に関するもので、特に牛の人工授精の実用化は、西川のライフワークとなり、名実ともに家畜人工授精研究の第一人者となった。

精子保存や凍結精液、あるいはホルモン処理による家畜繁殖生理に関する膨大な研究業績による功績は、計り知れないほど大きい。

西川の精力的な研究内容は、膨大な数の論文や著書となって報告された。

集大成的な著述として、日本の人工授精の歴史や技術の現況を、海外に紹介し、また記録として後世に残した。

それらは、1963年の日本獣医師会雑誌に掲載された総説 "満50歳を迎

えた日本の家畜人工授精"に、そしてその後も10年毎に、"満60歳"、"満70歳"に詳細に物語られている。

パーテイーでの西川義正博士

西川は、誰かがこの役目を担い、後世に伝えていかねばならないという義務感に駆られ、執筆作業を自身の宿命として書き続けた。そして10年後には"満80歳"を、後継者の誰かが執筆してくれることを望んだ。

それらの内容を熟読することにより、日本の人工授精進展の歴史がつぶさに理解できる。

当然、西川のグローバルな研究や偉業を称賛するための名誉職は、わが国だけではなく、外国の多くの国から請願された。

1964年に「ホルモン処理による家畜繁殖の生理学的研究」に対して、第54回日本学士院賞が授与され、1981年に日本学士院会員に選出された。

その他、主な受賞や役職・名誉職を紹介して西川の功績を顕彰する。

受賞

1952年　毎日学術奨励文化賞

1956年　日本農学賞（安藤賞）

1964年　日本学士院賞

1966年　紺綬褒章

1968年　日本農業研究所賞

1975年　ドイツ連邦共和国政府大功労十字勲章

1983年　畜産振興学術功労賞

1985年　勲二等旭日重光章

その他、イタリアのスパランツアニー賞、ソ連のイワノフ教授生誕100年記念メダルをはじめ、米国、ポーランド、エジプト、スリランカ、フィリピンなどから、多数の栄誉が授与された。

役職、名誉職

1968〜74年　日本学術会議会員

1971年　ブラジル産婦人科学会名誉会員

1973〜77年　日本畜産学会会長

1975年　韓国建国大学名誉理学博士

1976年　国際家畜繁殖学会名誉会員

　　　　　ドイツ連邦共和国ミュンヘン大学名誉獣医学博士

1978年　日本不妊学会名誉会員

1979年　日本畜産学会名誉会員

　　　　　国際生殖免疫学会名誉会員

1981年　日本学士院会員

　　　　　日本家畜人工授精研究会名誉会員

　　　　　日本家畜繁殖研究会名誉会員

1982年　世界家畜応用遺伝学会名誉会員

1984年　スペイン獣医科学学士院名誉会員

1989年　日本基礎生殖免疫学会名誉会員

その他、多数の外国の学会名誉会員に選ばれた。

多忙をきわめる中での西川の趣味（特技）は尺八の演奏で、琴古流師範の腕前を持ち、「清童」の号を持っていた。

唯一の“忙中閑あり”で、尺八を手にすることにより、心身の疲れを癒し、心を落ち着け、楽しんだ。

1994年の春、散歩中に交通事故に会い、急逝した。

新聞に「西川さんは家畜の人工授精の世界的権威で、現在行われている牛、馬などの人工授精の大半は、西川さんの研究成果を基礎にしている」と記された。

● 奥田　潔学長の回顧談

西川の愛弟子であった帯広畜産大学の奥田　潔学長の述懐を紹介する。

「西川先生が学長として来られた時、私は大学院修士課程１年生でした。

西川先生は学長就任と同時に、ミュンヘン大学と帯畜大の交換留学生制度を創設し、臨床繁殖学研究室から最初の留学生を送りたいと言われました。

主任であった三宅　勝教授から私が呼ばれ、ミュンヘン大学への留学を目指すよう指示されました。

当時の私は、カレーライスの作り方を答案用紙に書いて試験を通った類いの学生でしたので、『どうしてこの指示から逃れようか』と一晩考えあぐねました。

結局、翌日潔く（？）『オッス！（承諾しました）』と答えたのが、運命の分かれ道になりました。

ドイツ語力がゼロであった私ですが、その後は獣医師国家試験の時以上に、ドイツ語と英語を猛勉強して留学したのが、私が学究の道に入ったきっかけでした。

ドイツ留学がなければ、すでに就職が決まっていた日高地区共済の馬獣医師として、一生を送っていたに違いありません。

私がドイツ滞在中に、西川先生がミュンヘン大学に視察に来られ、親

戚がお住いのシュツットガルト方面へ、一緒に旅をしました。

西川先生の後押しもあり、ミュンヘン大学獣医学博士を取得でき、ドイツ獣医師の資格も取得できました。

これらは、ミュンヘン大学で臨床繁殖学の主任教授であったライドル教授が、西川学長を師と仰いでいたからです。

5年間のドイツ滞在から帰国後も、西川先生にとても可愛がっていただき、多くのことを教えていただきました。

帰国時はまだ就職が決まっておらず、私の将来を大変心配していただきました。

一応、十勝地区広尾共済に獣医師として就職し、約1年後に帯畜大の助手として採用された時、お祝いに西川先生の著書を贈ってくださるなど、大変喜んでいただきました。

西川先生が交通事故で亡くなられたのは、私が帯畜大から岡山大学に移動して5年が経った時のことで、大変驚きました。

私を岡山大学に呼んでくれたのは、京都大学で西川先生の助手をしていた丹羽皓二先生です。

西川先生は丹羽先生のことを大変高く評価されており、岡山大学の家畜繁殖学研究室をいろいろな形で応援してくださいました」と、恩師の面影を偲びながら、感慨深げに語った。

参考資料

- 初出：動物臨床医学、27、3（2018）
- 西尾俊彦：農業共済新聞10月9日記事（1996）
- 西川義正：総説・満50歳を迎えた日本の家畜人工授精。日本獣医師会雑誌、16、5〜6（1963）
- 西川義正：馬凍結精子の生存性と受胎能力。家畜人工授精、34（1973）

- 西川義正：満60歳を迎えた日本の家畜人工授精（1）。家畜人工授精、35（1973）
- 西川義正：満70歳を迎えた日本の家畜人工授精（1〜5）。家畜人工授精、105、106、107、109、110（1984〜85）
- 西川義正先生追悼文。日本繁殖生物学会誌、40、5（1994）
- 三宅　勝：日本獣医学人名事典。日本獣医史学会（2007）

　本項につき、資料を受けた酪農学園大学の澤向　豊元教授と、校閲を受けた帯広畜産大学の奥田　潔学長に感謝します。

10. 北里大学に獣医学部を創った人
椿　精一　TSUBAKI Seiichi（1913～1992）

第二次世界大戦の後に、GHQ*から
ワクチン製造を要請された北里研究所
は、青森県の三本木町（現十和田市）
に支所を作って、製造を始めた。

地元の人々は、この土地に「三本木
畜産大学」が、設立される夢を描いて
いた。

長い年月にわたる経緯の中で、その
夢は実現し、北里大学に、獣医学科と
畜産学科を備えた、畜産学部が設立さ
れた。

椿　精一博士

その実現のために、寝食を忘れ、関係団体の反対を説得して、生命科
学系の総合大学を実現させた功労者こそ、北里大学にその人ありといわ
れた椿　精一博士である。

1913年7月18日に、新潟県栃尾市（現長岡市）の山村農家、椿家の3
男として生まれた。

多感な少年時代から描いていたいろいろな夢は、家庭の事情や、どう
しようもない社会情勢の中で、次々と波にのまれて壊れていった。

それらは、大きな流れの中の浮草のように、椿少年がいくらあがいて
も、如何ともし難いものであった。

いつしか、そんな流れに逆らうことを考えるようになった。それは自

らの力を信じることであった。

　すなわち、全知全能を傾けて、真面目に努力することを学んだのだ。

　農民はなぜ貧しいのだろうか、という疑問を常々持っていた椿少年は、悶々とした生活の中で、福島県猪苗代町の野口英世記念館に、学校の遠足で訪れた。

　初めて知った、野口博士の世界的な偉業に対して、大いに興奮し、感化され、自分も将来は細菌学の勉強をしたいと、強く憧れるようになったのが、椿を獣医学の道に進ませるきっかけとなった。

　1935年に、麻布獣医畜産専門学校本科を卒業し、翌年に北里研究所（北研）に入所した。

　さらに、1941年に立正大学高等師範部地理歴史学科を卒業し、地理歴史の教員免許を取得した後、軍務についた。

　成人してからの椿の人生は、大きく分けると、北研時代、北里大学時代、そして日本獣医師会時代になる。

　それぞれの場所で重鎮となり、多くの業績を残している。

　それらを時系列で説明すると、兼務が多くて複雑に交錯しているので、それぞれの時代を独立して紹介する。

・北里研究所（北研）

　麻布獣医畜産専門学校を卒業した椿は、三菱財閥が経営する横浜子安農園で、酪農製品の製造部門を担当した。

　それらの製造工程の中で、乳酸菌の純培養に困難をきわめたため、北研にいる先輩を訪ねて、教えを乞うた。

　この時の訪問で、北研の研究陣や施設の充実ぶりにいたく感動した椿は、どうしてもこのような環境の中で、思う存分仕事がしたくなった。

　そこで、無理を承知で一生懸命頼み込んだところ、その信念が通じて

入所が実現した。そして翌年の1936年２月に正式に採用された。

　北研では、腸内細菌の研究を皮切りに、ウイルスとリケッチア関連の日本脳炎、麻疹、ツツガムシ病＊などの、病原の組織培養の仕事を受け持った。

　４年後からの兵役（陸軍獣医部中尉）を経て、戦後の1946年に北研に復職した。

　その間、新潟医専から慶応大学教授となった北研の病理部長、川村麟也先生の指導を受けながら、1944年に「澎湖島系ツツガムシ病毒の組織培養病毒を以っての実験成績」という研究をまとめ、慶応大学から医学博士の学位が授与された。

　新潟の魚野川の辺りでは、ツツガムシを「赤虫」と呼んでおり、恐れられていた。

　その当時は、裏日本の特定地域で発症する地方病だと、一般に考えられていたので、発症地周辺の地理と地質と歴史を勉強するために、立正大学で学んだ。

　組織培養を応用した研究は、当時の学会では、まだ受け入れられない時代だったので、ずいぶんと議論を戦わせた。

　その後、組織培養技術の先駆的な開発研究として、高く評価されるようになった。

　北研において、まず牛の流行性感冒の原因究明と、ワクチンの製造に成功した。

　続いて、牛肝蛭（かんてつ）＊虫体抗原の研究、CSF（豚コレラ）病毒の培養、犬ジステンパーの実験的研究、鶏ニューカッスル病＊など、数多くの生物学的製剤に関する研究と、ワクチン製造および販売に従事して成果をあげた。

　その間に、北研の部長、監事、理事、名誉部長、常任顧問を歴任した。

　そのかたわら、1946年から、母校の麻布獣医畜産専門学校（現麻布大学）の教授として、獣医畜産学（内容は獣医公衆衛生学）に携わり、その後に麻布獣医科大学教授、麻布獣医学園の理事、評議員会議長、学園理事長などを歴任した。

　当時の北研は、学会に出席した時は、真剣勝負のような論争を経験する一方、所員の慰安旅行の時は、恩師と弟子の、上下の隔てがない和気あいあいのムードが醸し出される、なごやかな職場であった。

　1946年のこと。戦時中の慢性的な栄養不良に加え、戦後さらに加重された食糧事情の悪化が、追い打ちをかけ、多くの人々が原始的な伝染病によって死亡した。

　医師は、治療したくても適当な薬品がなく、ただ手をこまねいて天祐を待つほかなかった。

　そこで、日本政府とGHQは、実績のある北研にこれらの薬品の製造を要請した。

　伝染病の予防および治療手段としては、治療血清や各種ワクチン類が大量に必要とされる。

　しかし北研は、これまで東京目黒に支所を置き、ここでのみ、軍馬の払い下げを受けて血清の製造を行っていた。

　その施設が、戦災で使用に耐えられなくなっている旨を、GHQに申し出た。

　GHQからは、ただちに「全国に適地を求めるよう」指令があり、北海道や西那須野とともに、三本木町（十和田市の前身）が候補にあがった。

　それを受けた北研は、旧軍馬補充部跡地の「馬の三本木」に、支所を設立し、最初の責任者の一人として、椿ら４人が10月に赴任した。

その頃の椿は、高単位のジフテリア抗毒素製造の研究を受け持っていたが、馬の栄養が低下していたので、強力な毒素の注射に耐えるだけの、免疫馬を作ることができなくなっていた。

　免疫馬の健康飼料としては、大豆等のたんぱく質が必要であった。

　結果的に、三本木の広大な土地は、その条件にほぼ適していた。

　この時の「みちのく」までの赴任の旅は、椿にとって驚くに値するほど遠かった。

　椿はそれまでに、福島以北の旅を経験したことがなかった。

　東北本線の古間木駅（現三沢）で下車し、さらに「マッチ箱」と称された、子供の国の汽車のような小さな列車に乗り換えた。

　原野を約１時間、列車はあえぎあえぎ（この列車は、坂道では時速せいぜい５、６キロ）、やっとのことで三本木駅に到着した。

　目を西に向けると、10月の八甲田連峰は、すでに雪を頂いていた。

　その山麓から、太平洋岸まで広がる三本木台地の軍馬用地は、かつて「無益な野原」といわれたように、荒漠たる西部劇の舞台のような様相を示していた。

　やがて、その地に水路ができ、農民は、馬の育成に情熱を注いだため、軍馬として高く買いあげられるようになり、馬産熱が高まり、「馬のまち三本木」といわれるほど活性をきわめた。

　着任した椿は、さっそく広い土地に、大豆や牧草の自家栽培を始め、免疫馬作りに専念した。

　譲り受けた馬小屋を改造して、研究室を作り、血清の製造作業を始めたが、並大抵のものではなく、所員の苦労は涙ぐましいものであった。

　しかし、町の人たちの食糧事情は、東京よりはるかに良かった。

　東京では、食べることが困難な白米を食べている姿に、椿は一驚した。

　開所後しばらくして、この荒れ果てた土地に、「三本木畜産大学」を設立したいとの夢が、青森県知事や、三本木町長をはじめ、多くの人々の熱望するところとなり、しだいに大学設置案が具体化し始めた。

　このような職場で、ワクチン販売のために、1955年に北里薬品産業株式会社が設立された。椿は常務取締役に就任し、1964年に同社長、1976年に会長を歴任した。

　北研柏支所長を務めていた頃の椿は、「私は馬医者だから職場の長にはふさわしくない。就くべき人は他にたくさんいる。しかし私でなければといわれれば、逃げるわけにもいかないし、複雑だよ」と話した。

　1956年に、三本木支所は歴史的な役割を終えた。

　1961年に北研50周年記念事業として、北里大学を設立することになった。

　1962年に北里学園が設立されると、椿は常任理事として設立に尽力した結果、衛生学部1学部の北里大学（東京港区）が発足した。そして椿は教授になった。

• 北里大学

　北研を母体とした北里大学は、学祖、北里柴三郎の体現した学風と遺訓が、脈々と受け継がれた「開拓、報恩、叡智と実践、不撓不屈」の4本柱の理念を、建学の精神として誕生した。

　初期の教育目標は、病気の原因を究明し、治療・予防法を発見することを目的にした、研究所の後継者育成にあった。

　その後、1964年に薬学部（東京港区）が開設され、椿の堅忍不抜の努力と執念で、1966年、十和田市に畜産学部（現獣医学部）、1970年に医学部（相模原市）、さらに1972年に水産学部（岩手県三陸町）、1986年に看護学部（相模原市）が増設され、名実ともに生命科学系総合大学とし

ての地位を確立した。

畜産学部の開設は困難をきわめた。

十和田市の近隣に、農林省奥羽種畜牧場（七戸町）や、青森県畜産試験場（野辺地町）、および同養鶏試験場（五戸町）などがある。

このような畜産の中心地として、十和田市は、適地であった。

しかし、中央から遠く隔たった北奥羽の一角に、はたして教職員や学生が集まるだろうかという不安があった。

つぎからつぎへと湧き出てくる不安や問題に対して、畜産学部設立担当理事としての椿は、困難な企画推進の業務に、献身的な尽力を続ける日々を過ごした。

世間一般には、今後、馬や牛などの家畜が減少するので、獣医畜産学は将来性がないように考えられた。

しかし昨今、獣医師の職業分野は拡大され、特に、製薬関係会社、食品関係会社、飼料関係会社、公衆衛生、環境衛生、教育関係など、進出先ははなはだ広範囲に及んでいる。

日本経済の成長に伴い、食生活の欧米化が普及し、畜産物の消費は、著しく増大した。

北東北地方は、農業生産に適した地域であり、日本の食料生産の基地たることを、要請されていた。

そこで、農業や畜産業を支える技術者、指導者、および研究者を養成することが、国民の食料を確保する上で、重要な課題となった。

このようなことから、十和田市の地域開発と近代化へ、全市をあげて十数年にわたる熱心な畜産学部設立運動は、「三本木畜産大学」が基本構想であり、理事の椿は東奔西走し、折衝を繰り返した。

具体的には、北里大学側は、十和田市に獣医学科と農芸化学科の２学科を置く農学部を設立し、漸次他の学科を増設したい旨を申し出た。

　何度も会議が繰り返される中で、農学部という当初案は撤回され、農芸化学科案も省かれて、獣医学科と畜産学科を置く、畜産学部という基本線が前面に打ち出された。

　会議を重ねるごとに、微妙に変遷する雲行きの中で、椿は熟慮に熟慮を重ねた上で、情勢を判断し、「畜産学部の設置は可能である」との見通しを立て、1964年にゴーサインを出した。

　ところが、獣医学科新設情報に対し、日本獣医師会はわが国の獣医師の現状および将来の見通しに鑑みて、猛烈な設置反対運動を展開した。

　大学本部をはじめ、文部省、農林省等関係各方面に反対陳情団が押しかける日が、連日のように続いた。

• 建設反対の陳情書

　1例を紹介すると、1965年に中部地区獣医師会が、責任理事の椿に宛てた「獣医学の学科および大学の新・増設反対についての陳情」は、次のよう内容であった。

　「昨年3月、酪農学園大学が酪農学部に獣医学科を増設するに際し、私たちはわが国獣医師の現状と将来の見通しに鑑み、これが処置に対し、日本獣医師会を中心に強く反対したのでありますが、法制上これを阻止する術なく、ついに設置をみたのであります。

　このことは、わが国将来の獣医界に深い暗雲を投げかけたものと憂慮に耐えないところであります。

　……一方わが国畜産の現状と獣医師の需給をみますに、獣医師の数は、家畜頭数に比べましてもなお、著しく過剰であります。

　……このまま推移致しますならば、獣医師の後継者の質的低下を招き、わが国畜産振興と公衆衛生の向上に、一大支障を来すことは必須であります。

しかるに、拝聞するところによれば、青森県において、明年度より開校を期して、十和田市に北里大学畜産学部を設置する運びとなり、目下校舎等の建設が行われているとのことであり、同大学に獣医学科を設けることも内定しているとのことであります。

　もしかかることが事実であるとすれば、昨年8月の大学学術局長通達が、一片の反古となることはもちろん、わが国獣医界の混乱が数年を待たずして起きることは、火を見るよりも明らかであります。

　……しかるに今回、我々の拝聞する前述の事情が、もし真実と致しますならば、これを契機として、我々は不本意ながら貴所と疎遠にならざるを得ないことは、我々のまったく忍びざる所であり……何とぞこの辺の事情御諒承の上、今回計画中の獣医学科の

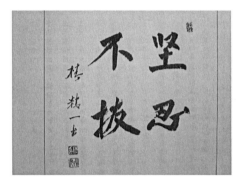

椿の書

新設を中止下さいますよう、第15回中部地区獣医師大会に基づき、陳情申し上げます」という長い文章であった。

　一方、青森県獣医師会は、当初から全面的に設置賛成の態度を明らかにした。

　このような反対運動を鎮静化するために、学園理事会は設置方針を変更し、獣医学科設置を一応保留し、とりあえず農芸化学科と畜産学科での発足と、方針の変更を伝えた。

　しかし、椿はあいかわらず東奔西走を止めることなく、文部省、農林省など政府機関と折衝を繰り返し、再び設置可能の見通しを立てた。

　椿は、腹をくくって獣医学科設置に踏み切った。

椿はこの時の心境を「堅忍不抜」の書にして残している。

辛いことも耐え忍んで、どんな困難にも心を動かさないとの意である。

終始一貫、十和田市への大学設置構想を練り、畜産学部設置計画を担当した、椿の不撓不屈の努力は、大きく花開いたのである。

このように、畜産学部開学に尽力した、椿の功績に対して、1970年に十和田市教育文化功労賞、1974年に藍綬褒章、および産業教育九十年記念功績者表彰、1984年に産業教育百年記念表彰、そして1985年に勲二等瑞宝章、および青森県褒賞（県知事賞）が授与された。

椿は新設された畜産学部において、獣医公衆衛生学の初代教授として、学生の教育、指導にあたった。

この分野は、対象となる話題が多く、ざっと大別すると、微生物が関与する部門と、理化学的物質が関与する部門に分けられる。

前者は人獣共通感染症や食品媒介感染症（食中毒）などを含む分野であり、後者は自然毒やマイコトキシン（カビ毒）*による中毒、あるいは重金属などの環境汚染物質に起因する急性中毒や、慢性中毒などを含む分野である。

椿の研究対象は後者であり、各種の化学物質が、生体に及ぼす有害作用に関する研究をしてきた。

その1つである水銀化合物は、医薬品として使用されたばかりでなく、農薬として広く使用された物質である。

水銀化合物の、消化管からの吸収が、無機水銀や有機水銀のような化学形態の違いによって差のあることが、明らかになっていた。

このような差は、水銀化合物における、各種の酵素活性の抑制能の違いに関連があることを検討し、昇汞、フェニル水銀、メチル水銀の順に、

167

コハク酸脱水素酵素阻害能が弱くなることを知った。

　このことは、消化管からの水銀化合物の吸収量と、負の相関を示しており、消化管からの水銀化合物の吸収が、酵素活性と深い関連を持つことを示唆する結果を得た。

　この他に、水銀化合物が腸壁内セロトニン量を増加する成績も得た。

　抗生物質の体内残留量を検討する研究は、科学研究費の助成を得て、1970～72年度の3年間にわたって、実験的に投与量と体内残留量について、詳細に検討した。

　その結果、大量を投与するよりは、少量ずつ投与した時の方が、体内残留率が高いことを明らかにした。

　化学物質の毒性評価では、培養細胞を利用して各種化学物質の毒性評価のスクリーニングを試みており、細胞レベルでの毒性発現機構の解明に関する研究を続けた。

　椿は、学生と話すのが好きだ。職務に忙殺されている中でも、研究室のコンパや新潟県人会の際は、積極的に参加し、若者たちと心いくまで歓談した。

　椿の人格は、すこぶる円満で、協調の精神に富み、温厚で明朗である。そして忍耐強く優れた識見を持ち、将来を見越した判断力に裏打ちされた指導力を備えていた。

　学生が心すべきこととして、椿が日頃から口にしていた「目先のことのみ考えて職場を変えるようなことはせずに、同じ職場でできるだけ長く勤めることである。

　同じ仕事を10年続ければ、必ずその分野のエキスパートになり、貴重な人材となる。

　人はどの分野においても、掛け替えのない人になることである」とい

う言葉は、多くの椿語録の1つである。

　椿は畜産学部長、水産学部長を歴任し、1984年に停年退職を迎え、名誉教授となった。

● **椿語録**

● 世の中で偉くなろうとして偉くなった人は1人もいない。与えられた仕事を一生懸命やった人、苦しい時も辛抱して一カ所に長く勤めた人は、黙っていても他人が偉くしてくれるものだ。

● 一流の会社など目指さず、傾きかけた小さな会社に就職して、なくてはならない人になれ。

椿博士の胸像

● 今日から諸君は我々と同志である。地域になくてはならない人になれ。北里は卒業生で勝負する。

● 大学のために尽くす人など必要ない、自分のために頑張れ。

● 四字熟語「積業為光」は、学部創立10周年記念として、椿の直筆で南部鉄器の壁掛けにした。

● 満足な掃除ができないうちは、その人の実験成績も信頼できない。

● 近い将来、日本の農業、特に畜産は、海外との価格競争に対抗できる体質を作る必要がある。

　そのリーダーとなる人材の育成を、農学系私立大学が担う時代が目前にきており、大規模な実践的な牧場での実習は、欠かすことができない。そのための牧場を、北海道の八雲町に求めた。

これらの語録は、それぞれ入学式や卒業式の挨拶の中で、あるいは学生が就職について相談に来た時に、そしてコンパの最中の座談の中などで、語られた。

　椿の口から何度も情熱的に発せられたものもあれば、ただ一度だけのものもあったが、聞く者の魂を奮い立たせ、深く感動を与える言葉として語り伝えられている。

　一言、一言はすべて自身の体験から発せられたもので、説得力がある。「やる気をおこさせる魔術のようなものを感じた」と、教え子たちは語っている。

　獣医学部の本館正面に建つ「北里獣医の祖」、椿　精一博士像は、微笑みながら学生たちを見守っている。

• 国政参戦

　椿は参議院議員選挙（全国区）に立候補した経験を持つ。

　最初の選挙は、無所属で立候補したが、2回目は社会党公認となり、日獣政連、東獣政連、麻布獣医大、協同乳業、北研など、多くの推薦団体をバックにして立候補したが、いずれも惜敗した。

　その後は政治家を諦めて、「北里」に骨を埋めるべく決意した。その時の模様が紙面として残っている。

　「我々の代表、椿氏は23万票に近い得票を持ちながら、第61位で不幸、落選の憂き目をみた（当選最下位は52位）。

　敗因として、日獣政連は複数候補者を推薦したため、太いパイプが不足した。

　北研等の奮闘は目覚ましかったが、一部の動員の成功に終わり、かつ十分でなかった。農村に重点を置いたので、都市部が薄くなった。

　資金面でも十分でなく、かつ効率が悪かった」ことなどがあげられて

いる。

　この時の選挙開票速報で、「当選確実、椿　精一」と報道され、祝電が舞い込んだという、笑えぬ事実があった。

　椿は、その時のことを述懐することがあり、「選挙の時のことを思えば、仕事など楽なものだ」、「負け惜しみでなく、私は当選しなくてよかった。仮に議員になったとしたら、今の北里の椿ではなくなっていただろう」

　その後、竹下内閣での選挙の時、複数の議員から、かなり強引に立候補を勧められたが、椿は笑って断った。

　椿が国政参戦を決意した理由は、北研の研究体制に不満があったからだといわれている。

　推測するに、学歴社会の中では、実力を十分認識されないもどかしさがあったのかもしれない。

　あるいは、貧しい農家の３男坊に生まれて苦労した椿が、獣医師として畜産と農業の問題に取り組んだことから、政治と農民の暮らしに関心を持ち、社会党右派からの立候補を決意したのかもしれない。

　初立候補の時、渋谷の街頭演説で、当時、東急コンツェルン総帥の五島慶太翁から好意を示され、落選後、政界のドン、岸　信介議員を紹介されたことがあった。

　その後、北研に戻るについて、椿が抜けた後、動物用ワクチン製造に不備があり、当時の所長からの強い懇請があった。出戻りといわれても、自分は北里の看板を外すことができなかったと、今昔物語をしみじみと周囲に話したことがある。

● 日本獣医師会会長

　1978年に、中村　寛会長の勇退により、第８代日本獣医師会会長に就

171

任した。

就任挨拶の中で椿は、（1）学校教育法55条の改正（獣医学教育6年制）、（2）獣医師法改正、（3）家畜共済の抜本的改正、（4）自衛防疫体制の強化、（5）新会館建設、についてうたい上げた。

その後の理事会で、1977年以来、家畜人工授精師協会と対立していた懸案事項について、調整に動き始めた。

家畜人工授精師は牛の直腸検査＊で卵巣所見を把握し、直腸膣法によって授精をしているが、妊娠診断をすることがある。

これら、直腸検査による卵巣所見の把握や妊娠診断が、獣医師法に抵触するという問題であった。

椿は家畜人工授精師協会（山中貞則会長）と数回にわたる会談の結果、円満な解決に導いた。

ついで、現在も世界中で発生し、わが国でも明治中期〜大正末期に全国的な流行がみられた狂犬病について、当時、獣医師の原田雪松衆議院議員の尽力で、1950年に狂犬病予防法が施行された。

飼い犬の登録制度、予防注射、未登録犬の捕獲抑留、動物検疫等の措置の徹底と、官民一体の永年にわたる継続的な努力により、1957年以降に日本に発生が皆無となったことは、世界に誇る偉業である。

ところが、一部の人々から狂犬病予防注射無用論の発言があり、注射率の低下が、心配されるようになった。

そこで、日本獣医師会では、狂犬病予防の重要性を再認識するとともに、国家防疫的見地から、さらに合理的な方法を徹底断行し、注射率の向上を期すことが、必要であることなどを確かめあった。

椿は1978年度岡山県獣医学会で、「最近の獣医事問題」という特別講演をしたことがあった。

　講演の中で、ケンカ太郎と異名を持つ、武見太郎日本医師会会長と対談した時のことを話題にした。

　「全国の保健衛生所に、りっぱな獣医職員が多くいるが、まだ所長になった人は1人もいない」という椿の意見に対して、武見会長は「獣医学教育が4年であるのに対して、医学教育は6年間を要する」という返答をした。

　この言葉に切歯扼腕した椿は、何はさておき、過去20年来の悲願である獣医学教育6年制への改革達成に対する執念を披露した。

● 社会活動

　椿は日本獣医学会、日本細菌学会、日本ポリオ研究所の各評議員、日本獣医史学会顧問、獣医師免許審議会委員、獣医視学委員、家畜衛生問題検討会委員、日本獣医師会会長、アジア獣医師会連合会長、世界獣医師会副会長、日中農林水産交流協会副会長、日本動物保護管理協会会長、国連の国際獣疫事務局第26回総会および口蹄疫委員会日本代表など、広範多岐に及ぶ役職を歴任し、国際的な次元で幅広く獣医畜産界に貢献した。

　特に、1965年代以降の北里大学畜産学部（現獣医学部）の設立や、過去20年来の悲願であった、獣医学教育6年制への改革問題を抱えていたが、それらの実現は、椿の人生にとって最大で最高の達成事であったはずである。

　さらに1975年から、大学基準協会獣医学基準分科会委員、獣医学教育の改善に関する調査研究委員会委員、飼料品質改善制度研究会委員、などの要職を歴任し、獣医学の研究、教育の向上に貢献した功績は、高く評価されている。

　また、動物用生物学的製剤協会や動物用ワクチン協同組合の常務理事

も務めた。

参考資料

- 初出：動物臨床医学。28、1（2019）
- 五十嵐幸男：私の歩んだ日本獣医師会の24年と今後の期待（1）。日本獣医師会雑誌、59、1（2006）
- 諏佐信行：椿　精　先生を偲ぶ。北里大学同窓会報、33（1992）
- 椿　精一：北里大学畜産学部十年の歩み。北里大学畜産学部（1976）
- 椿　精一：昨日に後悔することなかれ。現代新潟の百人。育英出版（1976）
- 椿　精一：会長就任のご挨拶。日本獣医師会雑誌、31、4（1978）
- 椿　精一：学部設立当時の思い出。紅緑会会報、23（1990）
- 寺島福秋：発刊に当たって。北里大学獣医畜産学部30周年記念誌（1997）
- 古川義宣：椿　精一先生を悼む。獣医畜産新報、45、7（1992）
- 和栗秀一：日本獣医学人名事典。日本獣医史学会（2007）

　本項につき、資料と校閲を受けた北里大学の諏佐信行名誉教授、ならびに渡辺大作教授に感謝します。

11．イリオモテヤマネコやニホンオオカミ研究の第一人者
今泉吉典　IMAIZUMI Yoshinori（1914~2007）

世に動物学者といわれる人々は、理学部動物学科出身者が多い。

そんな中で、一段と強く光り輝やいていたのが、獣医学科出身の今泉吉典博士である。

上野の国立科学博物館動物研究部の名部長として、名を馳せた今泉は、あらゆる種類の哺乳動物の研究に携わった人である。

研究論文を報告することはもちろん、それに飽き足りず、一般市民の愛

今泉吉典博士

読する動物図書の出版や、動物関係雑誌への寄稿など、本誌面では紹介しきれないほど膨大な量の著作を、世に出した著名な動物学者である。

哺乳動物学会の発展に尽力し、1965年から16年間、戦後の第2代会長として貢献した。

本項では、かつて社会的な関心を集めたイリオモテヤマネコとニホンオオカミの研究について、主に述べる。

今泉は1914年、宮城県仙台市に生まれた。

父は軍隊の師団長だったので、幼少時の吉典少年は、家族とともに北朝鮮で暮らしていた。

はるか北方の両江道と、中国吉林省との国境に、標高2,744mの白頭山という、火山が聳えている。

そこに、トラが出没するといううわさ話を聞いて、幼な心に興奮し、毎日のように白頭山を仰ぎ見ながら、まだ見ぬ猛獣に強い関心を抱くようになった。

軍人の父は昆虫が好きで、休日になると、吉典少年を連れて、山へ虫探しに出かけることがあった。

母に買ってもらった、わが国最初の本格的な図鑑である、内田清之助著の日本動物図鑑（北龍館、1927）を、大切に胸に抱いて眠った思い出を持っている。

このように、幼少時からの動物好きが高じて、上級学校への進学と将来について考える年齢になった。

理学部動物学科は、動物の生理学や発生学の勉強をするが、獣医学科は、それらに加えて解剖ができることに、大きな魅力を感じ、1932年、東京帝国大学農学部獣医学実科に入学した。

解剖学研究室で、大澤竹次郎先生から、馬を主にした哺乳類の骨学を学ぶことに無上の喜びを感じ、熱心に解剖に明け暮れた。

1935年に卒業すると、農林省林野庁山林局鳥獣調査室で、哺乳類を対象とした分類学の研究を行うようになった。

当時の室長は、今泉が子供の頃に愛読した日本動物図鑑の著者で、鳥類学者の内田清之助であった。

米国農商務省生物調査局のスタイルを真似た鳥獣調査室は、当時としては日本の動物研究のセンターであった。

鳥獣調査室は、野生動物の増減を調べ、種の過密や絶滅を防ぐためのコントロールをすることが、大切な仕事であった。

そのためには、哺乳類の種を正確に同定するための分類学の系統だった研究が、まず必要であった。

そんな仕事の中で読んだ、米国生物調査局のクリントン・メデイアム

博士の業績や思想に憧れ、尊敬するようになった。

今泉は、主にネズミやモグラ、コウモリなどの小型哺乳類を研究対象とし、研究結果を精力的に論文として報告し、その成果を1949年に「日本哺乳類図説」（洋々書房）として集大成した。

冒頭の凡例で、「本書は種名の同定を第一の目標としたため、検索表を極度に重視した」と、その要点を記し、「初心者にも分かりやすいように、多数の説明図を付した」として、みずからが描いた図・絵を豊富に付した意欲作であった。

これが評価され、1950年に日本の分類学研究のセンターである、国立科学博物館動物学研究部に、研究員として採用された。

1961年に、「アカネズミの分類学的研究」で、北海道大学から理学博士の学位が授与された。

明治に始まる日本の動物分類学の主たる担い手は、資産家の伯爵や男爵など、上流階級の出身者であった。

彼らは日本各地を旅して、地元の好事家を訪問し、いわゆる珍品をテーブルに並べさせ、良さそうなものを買い取り、それらを標本として研究・記録するという、テーブルコレクションによっていた。

それに比べて、今泉は多数の罠と解剖道具を携えて、日本の主な山岳地帯と、島嶼の多くを踏破して、動物を採集し、研究用標本を作製した実践派であり、由来の明確な動物標本の、解剖学的な観察に基づく精緻な研究をした。

それらの観察に際して、多くのスケッチを描き、見事な図絵を制作した、日本における哺乳類分類学の創始者といってよい。

このように、今泉の論文には、自筆の図や絵が豊富に掲載されている。

今泉は、学生時代からお気に入りの文を見つけては、筆写していた。

それは若い頃から絵画に関心を持って、絵画の理論書を読み、自分で

も描いたことと関連している。

今泉の現存する蔵書やフィールドノートの中に、2冊の興味深いノートがある。

1つは、学生時代のもので、蝶の採集に熱を入れていた今泉は、動物学雑誌11巻と12巻に連載された、宮島幹之助博士の論文、「日本産蝶類図説」の自筆による33ページの写本である。

論文に付された蝶の原色の標本画は、色鉛筆で書き写されている。

今泉が学生時代に書写した蝶の図
（原図はカラー）

この論文には、多くの新種の記載があり、それらの新種を含めて、形態学的な特徴を確認することで、だれもが検索できる検索表が付いている。

今泉は、これらの特徴の発見と、その分類学的な意味が読み取れる、検索表に魅せられて、筆写したものと思われる。

もう1つは、「琉球樹木誌」と題された70頁のノートである。

E. H. ワルケモの論文「Important trees of the Ryukyu Island」を日本文に訳して、その絵とともに筆写したもので、詳細な検索表まで付いており、専門家でなくても、植物の特徴を見て検索表と照らし合わせることで、同定が可能である。

採集が、新種の発見を現実のものにする手段であることを知った今泉は、後年、それを哺乳類にあてはめ、採集による新種の発見を目指した。

最初から自学自習の精神で獣医学科に進んでおり、解剖学や生理学などの基本的な知識は、学科に期待したとしても、動物学の研究の実際は、自分で極めると考え、実行した。

• 形態分類学の研究

　国立科学博物館での今泉は、動物の形態分類学の研究を専門とした。

　形態分類学は、種や亜種と思われる集団に、学名を与える命名記載が第1段階であり、それらを整理するのが第2段階である。

　こうして、仮に設けた種や亜種を分析して、正しい種を探し出すとともに、種分化でもたらされた種間の秩序を解明するという、第3段階を順に踏み進んでいく学問である。

　今泉が活躍した時代は、種分化の有無が問題になる、第2段階の研究が、主体の頃であった。

　種分化は、個体群が2つに分かれて、それぞれが別種になる分岐式と、母種から娘種が分かれる出芽式の2種類があり、出芽式では、娘種が母種を駆逐して分布を広げる。

　だから同一種と思われるような複数の亜種について、展開の時と進化度の違いを調査すれば、種分化で生じた別種かどうかということが、確実に判定可能であり、直系は、特定の形態に向かっての定向進化がみられる。

　直系を調べれば、種の特徴として、どんな形質の進化が重要であるかということが分かり、種を正確に分けられるはずであった。

　しかし、研究者の多くは、分岐式に目を奪われて、出芽式を真剣に考えなかったためであろうか、不思議なことに、直系に注目した分類学者は、これまでほとんどいなかった。

　今泉が調べた限りでは、分岐式に種分化したと思われる例は1つもなく、出芽式に種分化したと思われるものばかりであった。

　また、直系を観察したかぎりでは、進化は種分化の際のみにおこり、種分化を完了した種は、もはや進化しない。

　進化は、漸変説で考えられているように、時間に比例してではなく、

それとは無関係に、種分化の回数に比例して進行するという説を、今泉は主張するようになった。

　すなわち、今泉が、半生に及ぶ形態分類学の研究で到達したのは、種レベルの分類を行うには、直系、定向進化、大きさの相対値を含む進化度、展開の時の違いなど、種分化によって生じた現象を、見逃してはならないということであった。

　ダーウィンが、自然淘汰説の表題を、いみじくも「種の起原」としたように、種は種分化によって分岐する。

　ところが、種分化は長い時間をかけて、穏やかに進行すると考えたため、種と亜種の違いは、生殖的隔離＊の有無でしか判定できなくなってしまった。

　このことは、進化説を見直さない限り、解決できそうもない難問である。

　分類学は、200年も前に出発した古い学問だが、実はきわめて厄介な分野であり、目覚ましい脚光を浴びつつある分子生物学といえども、種の問題の解決に、今のところたいして役立ちそうもない。

　分類学者は、いまだに分類学のほんの入り口でもがいている程度なのだと、今泉は、自分の半生を振り返りながら、感慨にふけった。

• イリオモテヤマネコとの出会い

　1965年のこと、今泉は国立科学博物館動物研究部長の職にあった。

　日本の南端、琉球諸島の熱帯性の原生林に覆われ、マラリアが人間を拒み続けた、"最後の秘境"といわれる西表島に、「ヤマネコ」が生息するといううわさを耳にした。

　探検好きの者にとっては、興味津々のうわさであり、ぜひ自分が発見したいものだと、現地へ向かった者がいたかもしれない。

　今泉はたぶん、野生化したイ
エネコが、長年の間にヤマネコ
のような外観になったのであろ
うと、軽く考えていた。

イリオモテヤマネコ

　沖縄が米国の占領下にあった
頃、米国の大学による総合調査
が行われたことがあるが、その
時はヤマネコ発見に至らなかっ
たことを知っていた。

　ところが、3月に動物作家の戸川幸夫氏から、西表島の「ヤマネコ」
の毛皮2枚、頭骨1個、写真などを入手したという報せを受けた。

　その時も今泉は、まだ大きな期待を抱いていなかった。

　なぜなら、島に船員が捨てたイエネコが、野生化している場合が多い
からである。

　しかし、3月14日に開催された日本哺乳動物学会の席上で、実際に
「ヤマネコ」の毛皮と頭骨を見せられた時、今泉の予想は、ものの見事
に覆されてしまった。

　それらの標本は、イエネコの野生化したものとはまったく異なるばか
りか、西表島に近い台湾や対馬、朝鮮などに広く分布するベンガルヤマ
ネコとも異なっていた。

　標本や写真を借りて帰り、精査したところ、世界中にヤマネコは多種
類いるものの、これまでに知られているすべての種と異なる新種らしい
ことが分かってきた。

　再び西表島を訪ねた戸川は、琉球大学の高良鉄夫教授の協力を得なが
ら、新たにヤマネコの毛皮1枚、全身骨格標本3体分を持ち帰った。

　その結果、これらが新種であることは、ほぼ間違いないと思われるよ

うになった。

このヤマネコは、イエネコやツシマヤマネコとほぼ同じ大きさで、雌は雄より一回り小さい。

耳介は丸く、耳の後ろに虎耳状斑（こじじょうはん）という、黒地に白い斑点が一つある。

これは野生のネコ科のみに存在する特徴的な模様なので、イエネコと区別する際は、この模様の有無によって判別できる。

その他に、胴が長く、四肢は短く、胴体は、灰褐色の地に黒褐色の小点状斑紋が、縦状に密に並んでいる。

鼻鏡は大きく、淡赤褐色で、肉球はイエネコよりも大きい。

ネコ類の臭腺（肛門腺）は肛門内にあるが、このヤマネコでは肛門を囲むように存在している。

これはイエネコにみられない特徴である。尾はツシマヤマネコよりも短く、爪は半ば露出している。

頭骨は、イエネコとはかなり異なり、ツシマヤマネコに似て細長いが、耳の骨は著しく小さく、内部構造も異なり、鼻骨と吻（ふん、口先）の幅が広いという特徴を持っていた。

このように、ヤマネコは毛皮、頭骨ともにイエネコとは明らかに異なっており、イエネコの野生化したものでないことは疑う余地がなかった。

ついで世界の猫類との比較研究が始まった。

特に頭骨の各部位を精密に測定し、他の標本と比較する"数量分類法"を駆使して、いろん

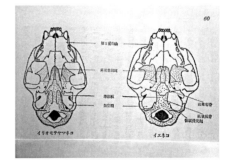

頭骨の比較

な観点から比較考察された結果を「イリオモテヤマネコの外部形態」、「琉球列島西表島における猫科の新属、新種（英文）」という論文にして発表した。

　図に示すように、イエネコの頭骨は比較的幅が広くて、翼状骨*間窩の前縁はM字状となり、鼓室胞*は大きい。歯の総数は一般に30である。

　これに対して、イリオモテヤマネコの頭骨は、全体として幅が狭くて細長い。

　翼状骨間窩は幅が狭く、その前縁は楔（くさび）状に先鋭となり、その後方にある鼓室胞は小さい。

　上顎の第1前臼歯を欠くために、歯の総数は28である。卵形板は、イリオモテヤマネコ特有のものである。

　この報告で、西表島は、無名に近い南海の一孤島から、一夜にして「東洋のガラパゴス」とよばれる、世界中の注目をあびる夢のパラダイスに変身した。

　毎日新聞は、1967年6月18日付で次のように報道している。

　「1昨年、琉球列島の西表島で作家戸川幸夫氏が発見したイリオモテヤマネコについて、研究を続けていた国立科学博物館動物研究部長、今泉吉典博士の論文がまとまり、哺乳動物学雑誌の別冊として公表され、新属新種の発見が国際的に認められた。

　中型以上の哺乳動物で、新種がみつかること自体、今世紀になってきわめて例が少ない。

　今泉博士は、イリオモテヤマネコが、ライオンやトラまで含めたネコ類の祖先にあたるほど、原始的な種であるという新説を打ち出しており、世界の学界でも大きな話題をよびそうだ。（中略）

　西表島でネコを指す方言のマヤからとって、"マヤイルルス"という

新しい属を作り、日本名イリオモテヤマネコ、学名マヤイルルス・イリオモテンシスと名づけられた。（中略）

　動物の発見や命名は、探検時代が峠を越した19世紀でほぼ終わっており、20世紀に入ってからは、ネズミ類など、ごく小型のものを除き、哺乳類の新種は、オカピやマウンテンゴリラなど、ほんの数えるほど。

　専門家のカンに頼る分類学自体が、古くさい学問になりかかっている時だけに、今泉博上の数量分類法は、新分野を切り開くものとなった」という内容である。

　実は、命名について今泉は、発見者の名をとって、トガワヤマネコと提案したのだが、戸川が辞退したため、友人の高良教授と相談し、イリオモテヤマネコに落ち着いた。

　1973年から、今泉たちは西表島に渡り、長期にわたる生態調査を開始した。

　この時は生け捕るために、箱罠やマタタビを持って行った。

　原生林に単独で住む夜行性で、ヤママヤ（山の猫）、あるいはヤマピカリャー（山で光るもの）の異名をもつイリオモテヤマネコは、この島の食物連鎖の頂点に立つ動物である。

　エサとしては、リュウキュウイノシシの子、オオクイナ、オオコウモリをはじめ、カエル、

テントを張ってネコの行動を観察する今泉

ヘビ、サワガニ、コオロギなど、あらゆる動物をエサとしていることが分かった。

　エサ場付近に設置したテント内に、身を潜めて観察する今泉たちの眼

前で、イリオモテヤマネコは、予想もしていなかった動きを演じた。

まるでトラのように、獲物を力まかせに引っ張ったのである。

小さなエサの場合は、どこにでも構わず牙をたて、囮（おとり）のニワトリのような大きなエサでは、頸を狙うが、1回で脊髄を破壊できることはまれで、長い格闘の末、羽を付けたまま食べてしまった。

この際、大きな塊を丸呑みにするので、イノシシの子の蹄、コノハズクの足、オオコウモリの母指などが、そっくり糞中に出てくる。

この当時の今泉は、形態、形質のみにとどまらず、行動上からみても、現生の他のあらゆるネコ類との違いがはっきりしてきたので、化石群メタイルルス属の近縁種と考えた。

しかしその後、遺伝子解析による分子系統学の分析法が発達した結果、どうも独立種ではないようだということが分かった。

現在では、約20万年前に西表島に渡来した、アジア東部に生息するベンガルヤマネコを祖先とする、ベンガルヤマネコの亜種に分類されるようになった。

いずれにしても、イリオモテヤマネコが貴重な種であることに変わりはなく、1977年に特別天然記念物、そして1994年に種の保存法により、国内希少野生動物種に指定された。

続いて2007年のレッドデータ見直しの結果、絶滅危惧種IA類に再評価された。

・ニホンオオカミの研究

ネス湖のネッシー、ヒマラヤの雪男をはじめ、世界のいたるところで話題にのぼる、未確認動物の存在を示唆するような報道が、なされることがある。

日本でも、ツチノコをはじめ、河童や天狗などが好んで話題にされる

が、このような中で、ニホンオオカミ（ホンドオオカミ）は、「幻の動物」として、何度もテレビ局が特集番組を組んだツチノコと違って、ニホンオオカミは近年まで実在した動物で、北海道を除く日本の野生における、食物連鎖の最上位に君臨した、最強の猛獣であった。

明治の末期に絶滅したといわれているが、近年になって「見た」、あるいは「遠吠えを聞いた」、という話題が数年に１度、思い出したように体験情報として現れる。

しかし、いずれも生息を科学的に証明できる証拠は、見つかっていない。

環境省のレッドリストでは、「過去50年間生存の確認がなされていない場合、その種は絶滅した」とされるため、ニホンオオカミは絶滅種となっている。

しかし、ひょっとしたら生存しているかもしれない。

そんなニホンオオカミに魅せられて、山中を捜し歩き、自動カメラを設置して、撮影に人生を賭けている人や、体験を本にまとめた人は多い。

「山がたり」３部作や、「オオカミ追跡18年」の斐田猪之介、「ニホンオオカミを追う」の世古　孜、「ニホンオオカミは消えたか？」の宗像充らの著書の内容は、それぞれ真に迫り、理論構成もしっかり整っているように思われる。

これだけ関心を持たれているにもかかわらず、残存するニホンオオカミの写真や毛皮、骨格、剥製は、あまりにも少ない。

ニホンオオカミの現存する数少ない頭骨や根付け（印籠などが落ちないように、紐の端に付けたもの）は、古くからお守りとして用いられており、特に頭骨は、旧家の屋根裏に安置され、魔除けとして用いられてきた。

その割に、完全な形をとどめる頭骨は少なく、形態的な計測からだけ

では、ニホンオオカミの分類学的な位置づけを、正確に解明するまでには至っていない。

ニホンオオカミを、ヤマイヌと呼んでいた地域もあり、同種のものであったのか、意識的に区別していたのか、今となっては不明である。

なぜそんなに遺存物が少ないのであろうか。

明治時代のカメラは、一般民衆に縁の薄い高価な贅沢物であったので、おのずから残存写真が少ないことはうなずける。

猟師に撃たれることも多かったはずなので、毛皮としてもっと残存していてもいいはずだと思われる。

歴史的にみて、動物生態学の研究が熱心になったのは、近年であり、それまでは、オオカミ学の研究はあまりなされていなかったのかもしれない。

当然、研究者は少なかったであろう。

今日まで語り伝えられている古い話は、秩父の三峰神社や、遠州水窪の山住神社をはじめ、日本各地において、オオカミに霊験あらたかな神の座を与え畏怖した。

民俗学者、柳田国男の「遠野物語」に語られているように、もっぱら信仰や民話の中のオオカミが主体である。

ニホンオオカミの最後の記録は、1905年1月23日、奈良県の鷲家口村（現東吉野村）で、英国のベッドフォード侯爵が派遣した米人アンダーソンが、若い雄の死体を猟師から買い取ったもので、この毛皮と頭骨は、大英博物館に収蔵されている。

1882年に開園され、日本の動物園で一番古い歴史を持つ上野動物園で、1892年の6月まで、ニホンオオカミを飼育していたという記録が残されている。しかし写真は現存しない。

その後、ニホンオオカミの生息を示す確実な資料は、現在に至るまで

発見されていないので、動物学会は、絶滅したのであろうと想定している。

　時代の変遷の中で、消えていったものはニホンオオカミだけではない。エゾオオカミしかり、ニホンカワウソしかりである。

　古代から、田畑を荒らす猪鹿を退治する、農耕の守護者として崇められ、穏和とさえ思われていたニホンオオカミは、なぜ滅亡したのであろうか。

　第1に考えられるのは、海外から狂犬病が侵入して流行したことにより、にわかに危険きわまりない猛獣と化したため、神格を喪失したことである。

　その結果、危険な猛獣として、銃器の対象となったことは、やむを得ない。

　あるいは、飼い犬との接触により、烈しい伝染力をもつ疫病（ジステンパーなど）が、オオカミ集団の中に広がったことも考えられる。

　その他に、エサの鹿の激減、人間による開拓、そして馬産地における馬の被害を抑えるための捕殺などが影響したといわれているが、確かな記録としては残っていない。

　それでは、ニホンオオカミとは一体どんな動物だったのであろうか。

　今泉は、ニホンオオカミ研究の第一人者として知られている動物学者である。

　今泉は自身の著書「原色日本哺乳類図鑑」の中で、精密な絵とともに紹介したニホンオオカミは、「オオカミの中で、最小の亜種の1つであり、特に四肢と耳介が短い。

　しかし、四肢の長さは長脚の犬と大差なく、日本在来の犬よりはるかに長い。

　すなわち前肢の肘までの高さは、肩の端より座骨の端までの長さの

1/2位。体毛は長く、タン（丹、赤い色）色をおびたベージュ色、頸・背・体側・尾の毛は先端がわずかに黒い。

国立科学博物館のニホンオオカミの剥製

　上下唇と頬は、白色に近く、耳介後面は赤茶色、前肢下部前面に焦げ茶色の斑紋がある。頭骨は短小で吻は短く広い。

　本亜種は、1905年頃を境にして絶滅したようである。

　したがって標本もきわめて少なく、剥製標本は国立科学博物館所蔵の福島県産雄、東京大学農学部所蔵の岩手県産雌、和歌山大学所蔵雌の3点しか残っていない。

　しかし、頭骨はかなり多く保存されており、特に丹沢付近の地域から多く発見されている」と述べている。

　今泉はその後、ニホンオオカミの頭骨と、ほかの犬属の頭骨を比較検証し、当時の学会の主流となっていたタイリクオオカミの亜種説を切り替え、別種説をとった。

　ニホンオオカミは、頭蓋骨下部の口蓋骨の後端に、口のほうに向けた湾入がある（犬やタイリクオオカミでは逆に突出）。

　側頭部の神経口がニホンオオカミは4つ、犬やタイリクオオカミでは3つである。

　肉を鋏のように切り裂く、下顎のM1と呼ばれる第1臼歯が大きい。

　頭骨を横から見たとき、ストップ（額段*）が浅いという特徴がある。

　オオカミは群れを成して生活し、協力して獲物を追い、1腹で5〜9頭の子を生み、知能が高く、きわめて生活力の強い獣だったのであろう。

　しかし、鹿のような大型の獣を主食としていた点は、致命的な欠点で、

人間社会の発展につれて急テンポで姿を消した獣の1つである。

　有名な動物学者を頼って、自分の遭遇体験や、疑問などを相談に来るアマチュア動物研究者たちとも、今泉は親交が広かった。

　絶滅したといわれてから5年後の1910年に、福井県で捕らえられた野生動物を、後年、今泉はニホンオオカミであると発表した。

　松平試農場に現れて、撲殺されたものを撮影し、日本哺乳類学会で写真が紹介された。

　当時開催されていた巡回動物園から逃げた、チョウセンオオカミの可能性が高いとの意見も出されたが、体重が5貫目（18.75kg）と記され、かなり軽くて小型であること、そして逃げ出したオオカミではないということも確認された。

1910年に福井県で捕らえられたニホンオオカミ
（福井市立郷土歴史博物館）

　そこで、元東京農大教授の吉行瑞子・国立科学博物館客員研究員と一緒に、新たに写真を詳細に鑑定した。

　その結果、尾の先端が切断されたように丸く、前脚や後脚が体長に比べて相対的に短いことなどの特徴から、ニホンオオカミと断定したものである。

　このオオカミは、剥製にされて、福井市内の小学校に保管されていたが、1945年に戦災で焼失し、現在は写真だけが残っている。

　岐阜大学の石黒直隆博士は、ニホンオオカミの頭骨を用いてミトコン

ドリアDNAを解析した。

その結果、ニホンオオカミが、大陸に生息するタイリクオオカミや米大陸のハイイロオオカミとは離れた存在であり、孤立化した集団であるとの結論を得るなど、興味ある遺伝的研究をし、今後の分類学に一石を投じている。

• 博物学の歴史

中国の狸はヤマネコやジャコウネコを指しているのだが、中国の狸とわが国の狸を異物同名にしてしまった。

動物名の混乱は、日本と中国の間だけでなく、イギリスのヘラジカは、アメリカではムースと呼ぶので同物異名である。

このように、記述がめいめい勝手で不完全なものでは、分類が混乱して収拾がつかなくなり、あらゆる分野の生物学が、進歩を阻害されることになる。

動物名の混乱に、さんざん悩まされたヨーロッパのルネサンスの博物学者たちは、学名を命名する場合は、動物の特徴を詳細に記述したり、図示したりして混同をさけようと努めた。

それでも異物同名や、同物異名が生じるのを防ぐことができなかった。

混乱の末に、リンネがタイプ標本*に基づく命名法を、普及させるにいたったのである。

イリオモテヤマネコの研究をした今泉は、論文が発表された以後、新種はともかく、新属にしたのが間違いでなければよいのだがと、内心びくびくしていた。

というのは、その後に見つけた論文に、チリ産の小型のヤマネコの頭骨の図が、歯の数、後鼻孔の形態、後頭傍突起と聴胞（伝音器官）の関

係といった重要な点で、イリオモテヤマネコにそっくりだったからである。

　新属にしたのは間違いでなかったと一安心できたのは、1969年にロンドンの大英博物館、ニューヨークのアメリカ自然史博物館、ワシントンの国立自然史博物館、シカゴのフィールド自然史博物館などの現生猫類のほとんど全種の頭骨を、小型猫類を中心に167点調べ、イリオモテヤマネコがすべての猫とはっきり違うことを確認してからであった。

　ところが、それから10年も経った1980年の春、いつも机の上に置いて、暇さえあれば眺めていたイリオモテヤマネコの頭骨に、それまでまったく気づかなかった特徴を見つけた。

　他の現生猫類では、頬弓*の鋭い上縁が後ろに延びて、上のひさしを形成するのに、イリオモテヤマネコでは、上縁が鱗骨（側頭骨鱗部）の表面を後上方に走っていて、耳孔のひさしとはまったく関係がないことであった。

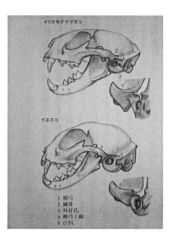

改めて頭骨を比較する

　この特徴は現生のどんな猫類とも違い、中新世と鮮新世（せんしんせい）*に中国、アフリカなどに栄えたメタイルルス属（上あごの犬歯の後縁が刃になり、剣歯虎*に似たものもあった）などの、絶滅した猫類に似ていた。

　あわてて頭骨や歯を念入りに調べ直したところ、上の犬歯と下の臼歯にも見落としが見つかったほか、頚椎の形態も他の猫類とまったく違うことが分かってきた。

　完璧だと自惚れていたイリオモテヤマネコの原記載が、われながらあ

きれるほど不完全で、間違いだったのである。

　記載の失敗に意気消沈しているうちに、同じような失敗をした仲間があちこちにいたことが分かってきて少し安心した。

　分類上の種は、自然界に実在する種と同じでなければならない。

　分類をこのようなレベルに少しでも近づけるには、リンネ式の分類を厳守する以外に方法はないと痛感するようになった。

　1978年に国立科学博物館を停年退職した今泉は、東京農業大学教授になった。

　国立科学博物館名誉会員や、日本哺乳類学会特別会員に選出された。

　今泉の著書は、図鑑や百科などが主体をなすが、少年少女向けの動物記も多く、子供たちの動物に対する夢を育んだ。

　父・吉典博士の背中を見ながら成人した子息の吉晴博士は、父親と同じように獣医学を修め、動物学者となり、動物に関する多くの著書があり、父子共著の動物記も出版されている。

参考資料

• 初出：動物臨床医学。27、2（2018）

• 石黒直隆：絶滅した日本のオオカミの遺伝的系統。日本獣医師会雑誌、65、
　3（2012）

• 今泉吉典：原色日本哺乳類図鑑。保育社（1960）

• 今泉吉典：イリオモテヤマネコ。週刊アニマルライフ、16（1971）

• 今泉吉典：特集イリオモテヤマネコ。アニマ、38、5（1976）

• 今泉吉典：イリオモテヤマネコ、南海の秘境に生きる。平凡社（1978）

• 今泉吉典：分類から進化論へ。平凡社（1991）

• 岡田　要：動物の事典。東京堂（1956）

• 小原秀雄：日本野生動物記。中央公論社（1972）

- 世古　孜：ニホンオオカミを追う。東京書籍（1988）
- 谷川健一：日本人と狼信仰。アニマ、92（1980）
- 戸川幸夫：イリオモテヤマネコ。自由国民社（1972）
- 戸川幸夫：動物千一夜。中央公論社（1982）
- 斐田猪之介：山がたり3部作。文藝春秋（1967〜1972）
- 斐田猪之介：オオカミ追跡18年。実業之友（1970）
- 平岩米吉：狼、その生態と歴史。動物文学会（1981）
- 宗像　充：ニホンオオカミは消えたか？。旬報社（2017）
- 安間繁樹：日本の野生動物6、イリオモテヤマネコ。汐文社（1976）

　本項につき、貴重な資料の提供と、校閲を受けた子息の今泉吉晴博士、ならびに今泉吉晴博士を紹介いただいた東京農工大学の田谷一善名誉教授に感謝します。

12. "ミスター乳房炎" と呼ばれた研究者
桐沢　統　KIRISAWA Tsuzuki （1916～2002）

　1945年の終戦によって軍馬の需要がなくなったわが国では、それに代わって牛が畜産の主体を占めるようになり、北海道を中心に、全国各地に酪農業で生計を立てる人々が育ち始めた。

　ホルスタイン種を主とする乳牛で、職業病、あるいは宿命病といわれる感染性の乳房炎が多発するようになり、酪農家を大いに悩ませるようになった。

桐沢　統博士

　終戦後、シベリアの抑留生活から帰還して、農林省家畜衛生試験場北陸支場において、乳房炎の研究に打ち込み、多くの業績をあげたのが、桐沢　統博士である。

　後年、動物医薬品メーカーの最大手といわれる日本全薬（ゼノアック）に転職し、乳房炎の簡易診断液PLテスターをはじめ、各種乳房炎軟膏や乾乳用軟膏を開発し、日本全薬の顔として、NOSAI＊をはじめ、全国の獣医師から慕われ、尊敬された。

　1916年1月26日に福岡県北九州市で生まれた桐沢は、小学生時代に親元を離れて上京し、姉夫婦の家に同居するようになった。

　義兄が農林省畜産局に勤務していたので、それが機縁となって1938年に東京高等農林学校（現東京農工大学）獣医学科を卒業した。

　1941年に農林省畜産試験場に奉職したが、3カ月後に "赤紙" を受け

取り、応召した。

　満州では、関東軍の精鋭の1員として、軍馬にまたがり荒野を駆けること4年。

　山中で敗戦を知り、陸軍中尉として金蒼、延吉の収容所を経て、ソ連での抑留生活を経験した。

　1948年に復員すると、再び畜産試験場に勤めることになった。

　1951年9月に、家畜疾病の臨床研究と、家畜保健衛生所の獣医師の技術研修を目的として、新潟県刈羽郡荒浜村（現柏崎市）に家畜衛生試験場北陸支場が新設された。

　畜産試験場から、支場長として参加した吉田信行博士の下に、渡辺昇蔵（寄生虫学）、杉浦邦紀（内科学、病理学）、野口一郎（外科学）、常包　正（繁殖学）、牛見忠蔵（生化学）、小峰仙一（生化学）、小池和明（ワクチン）、臼井和哉（カルシウム代謝）など、錚々たる研究者が顔を並べた。

　その中へ、畜産試験場時代から吉田の下で研究していた桐沢は、血液学、細菌学、乳房炎の研究者として参加した。

　北陸支場では、吉田とコンビを組み、乳房炎の研究が主軸となった。

● 乳房炎研究の第一人者

　乳房炎は酪農業における最重要疾病である。

　乳房炎の原因は多種多様な細菌や真菌であり、その種類は100種類を超えるといわれている。

　乳房炎の治療には抗菌薬の乳房内投与が有効で、現在、各種の乳房注入剤が市販されているが、誰が開発したのであろうか？

　1942年に米国のカカバスらは、スルファニルアミドを流動パラフィンに乳化したものを乳房内に1日1回（15g/40mℓ）、4日間連続投与し

196

て、乳房内のスルファニルアミド濃度を維持し、ストレプトコッカス・アガラクティア（無乳性レンサ球菌）による乳房炎が治癒したと報告した。

これが乳房注入剤の最初の報告と思われる。

さらに1944年にカカバスがペニシリンの乳房内投与で、ブドウ球菌性乳房炎に対する効果はいま１つであったが、レンサ球菌性乳房炎に著効があったと報告し、抗生物質の乳房注入剤の走りとなった。

わが国では、1950年に吉田、桐沢らが、ペニシリンを蒸留水またはワセリンに溶解し、乳房内に投与した。

その結果、蒸留水では乳房組織に対する刺激が大きいため、ワセリンの軟膏剤が優れていることを報告したのが初めであり、乳房注入剤の実用化に大きく貢献した。

家畜共済の診療指針（1993年の改訂版）に掲載された乳房炎は、診断、治療および予防が難しい疾病とされ、その理由として次の点が指摘されている。

①乳房炎の直接の原因は病原微生物であるが、その感染や発症には多くの誘因が複雑に関与している。

②乳房炎は症状の明らかな臨床型乳房炎の他に、外見上見つけにくい保菌牛である潜在性乳房炎が多くある。

③乳房炎は症状が安定していることが少なく、臨床症状や診断に用いる乳汁の諸性状が刻々と変化するなど、きわめて動的な疾病である。

④抗菌性物質に対する薬剤耐性菌*が多く存在する。

このように、乳房炎はこれまで多くの研究者や臨床家のたゆまぬ努力にもかかわらず、その発生は一向に減少せず、乳牛の疾病の中で最も発生が多く、被害の甚大な疾病である。

その難病の乳房炎を減少させるべく、先人たちはどのような研究をし

てきたのであろうか。

　乳房炎を語る時、その道のパイオニアといわれた、農林省家畜衛生試験場北陸支場の吉田信行支場長の功績を、無視しては語れない。

　桐沢の業績の多くは、吉田とのコンビによる乳房炎の研究であった。

　吉田のもとに乳房炎の講演依頼がひっきりなしに舞い込んでいたが、本人は講演が好きでなかったので、しばしば桐沢が代理で講演するようになった。

　そしていつしか"ミスター乳房炎"といわれるほど有名になるとともに、益々研究業績を増やしていった。

　その中でも、桐沢の名前を全国的に知らしめた業績は、乳房炎簡易診断液（PLテスター）の開発である。

　1936年に吉田は、わが国で初めて乳房炎の診断に関する研究を行い、BTB（ブロムチモールブルー）試験紙、および試験液によるpH測定が、乳房炎診断に価値があると認めた。

　細胞数（白血球数）が牛乳1㎖中に30万を越えると、細胞数の増加と菌（＋）との間に、密接な関係が生じることを認め、細胞数の測定は乳房炎診断の価値が高いことを報告した。

　BTB試験液を牛乳に混和して変化を調べ、

- 正常乳：黄緑色〜緑黄色　　pH＝6.2〜6.4
- 疑問：緑色　　pH＝6.6
- 異常：濃緑、緑青〜青色　　pH6.7〜7.0

のような判定基準を提示した。

　この研究が基礎となり、その以後の研究で桐沢は、採取直後の牛乳のpHを調べている時に、採取直後のものは冷却したものよりも、0.2前後高いことを認めた。

　そこで家畜共済における診療指針の注意事項に、「被検乳は搾乳直後の新鮮なものを使用すること」が記載された。

　時間の経過につれて、乳糖の分解や、空気中の炭酸ガスの吸収等により、pHが低下することが判明したためである。

　さらに桐沢は、BTB試験液によるpHの測定に問題はないが、BTB試験紙を使用した測定値は、色調表に照らして早く読み取らないと、時間の経過によってpHの変動が大きくなる欠点があり、実際の値より低くなるとして、ブレの少ない東洋沪紙のMR（メチルレッド）試験紙の使用を勧めるようになった。

• PLテスターの開発

　乳房炎は病原性細菌による乳腺の感染と、搾乳によるストレス、飼育方法ならびに環境などとの間の、相互作用によって起こされる、複雑な疾病である。

　カリフォルニア大学獣医臨床病理学教授で、乳房炎の世界的権威O.W.シャーム博士は、乳房炎罹患時にみられる乳腺組織の障害が、牛乳中に体細胞数の異常増加をもたらすことを認めた。

　そして界面活性剤のグループに属する長鎖炭化水素塩類が、細胞由来の天然たんぱく質の存在下で、凝集するという、明らかな現象を見い出した。

　このような化合物は、乳房炎による牛乳中細胞の異常増加を発見するために、応用できる。

　これがCalifornia Mastitis Test（CMT、カリフォルニア乳房炎検査法）の原理であり、ヨーロッパにおいてはSchalm Mastitis Test（シャームの乳房炎検査法）と呼ばれている（1957年）。

　CMT試験液に使用されるBCP（ブロムクレゾールパープル）は、pH

の変化を明らかにするため、乳房炎の診断に多用されている。

　この試験液は、乳期の進んだ時期の乳腺、および炎症反応によって減少している乳腺から分泌された乳汁に反応し、アルカリ性の増加を観察するのに、特に有効である。

　アルカリ性乳は紫色を示し、酸性乳は黄色を示す。

　また、乳房炎の程度により、凝集物を伴ったゲル状の様相がみられるようになる。

　CMT試験液は世界各国で追試され、牛乳房炎の診断価値が高いことが、確認された。

　翌年（1958年）、桐沢は界面活性剤の一種であるアルキル・アリール・スルフォン酸ソーダを使用し、pH指示薬のBCPをBTBに変えてシャームの報告を追試した。

　その結果、凝集度合いが牛乳中の細胞数と比例し、BTBによる色調が牛乳のpHと強い関連性を持ち、乳房炎の野外試験法として、界面活性剤とpH指示薬の配合がすぐれた方法であることを確認した。

　本法はCMT北陸支場変法（CMT変法）として認められた。

　その後、pH（P）による色調と白血球数（L）による凝集程度から、PLテスターという製品名で、日本全薬から発売された。

　本診断液は、簡易で正確で安価な製品で、農家自らが現場ですぐに乳汁検査を行うことができる。

　そのため、今日まで広く多用されている寿命の長い商品である。

　桐沢はこの研究の途上で、界面活性剤の白血球凝集作用の機序を解明する研究を行った。

　正常乳にヘマトクリット法により分離した白血球を加えると、凝集が起こるが、赤血球を加えても、凝集が起こらないことから、凝集は白血球の核と関連があると推定した。

その後、キャロルら、パーぺらによって、炎症滲出物の体細胞の核であるDNAが、CMT反応を陽性にし、DNAが界面活性剤により凝集することが証明された。

このように、桐沢の研究分野において、研究者たちの熾烈な先陣争いが繰り広げられていた。

酪農の現場において、多くの人々が、乳房炎防止対策としての簡易診断法であるCMT変法を多用するようになると、使用成績が次々と報告されるようになった。

乳成分は、CMT変法の凝集価の上昇に伴い、全固形分、脂肪、無脂固形分、乳糖が低下した。

これに伴って比重は低下し、pHが上昇すること、などが判明した。

細菌とCMT変法との関係について、レンサ球菌とブドウ球菌の混合感染が凝集に最も強い影響を与え、レンサ球菌のみがこれに次ぎ、ブドウ球菌、桿菌の順に、影響力の小さくなることが判明した。

1961年に、「乳房炎の診断と治療に関する研究」で、桐沢は東京大学から農学博士の学位を授与された。

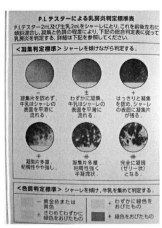

P.Lテスターの判定標準表

● 日本全薬に転職

桐沢と日本全薬（ゼノアック）との縁は、家畜衛生試験場北陸支場の開場準備で、すでに現地へ赴任していた1951年の7月3日に始まる。

刈羽家畜保健衛生所内に日本全薬寄贈と書かれた大きな柱時計が架かっているのを見て、こんな会社があるのかなと思ったのが始まりで

あった。

　この時は、その程度に思ったに過ぎなかったが、開場後の9月末になると、いやでも日本全薬（以後、ゼンヤク）と親しくせざるを得ないことになった。

　牛の流感が大流行したため、新潟県の獣医師不足を補う目的で、三島郡大河津町に駐在し、三島郡と古志郡の1部の、100頭を超える病牛の防疫と治療を担当した。

　使用した治療薬は、ゼンヤク製品のインフェゾールのみであり、自転車の荷台に積んで1日100km近い道を走り、朝から晩までひたすら治療に明け暮れ、その努力のおかげで1頭の死亡も淘汰も出なかった。

　薬が良かったのか、腕が良かったのか、おそらく前者だと思うと、桐沢は語っている。

　ゼンヤクの福井貞一社長は、すでに肝蛭（かんてつ）*の駆虫薬開発を通じて、吉田支場長の信任を得ており、1955年に乳房炎治療剤の「ペニストマイシン」を発売した。

　これはペニシリン、ストレプトマイシン、スルファミンを混合したゲル状軟膏である。

　ゼンヤクはこれを北陸支場に持ち込み、臨床試験を依頼した。

　当時、乳房炎の研究をしていたのが、室長の桐沢であった。

　その後も同じく、同社は「サルマイF」を発売するようになった。

　ある時、ゼンヤク職員の不信行為が吉田の逆鱗に触れた。

　この時、福井は結核を患い、喀血して床に臥して絶対安静の状態であったが、病をおして遠路、北陸支場まで詫びに駆けつけた。

　その福井を柏崎の駅まで迎えに行ったのが桐沢であった。

　この時がお互いに初めての出会いであったが、福井は熱があり、咳も激しく、青い顔をして生気が感じられなかった。

吉田への陳謝が会社発展の
唯一の途だと考え、病躯をお
して柏崎まで出向いた福井
の、会社経営に対する責任感
の強さに、桐沢は感銘を受け
た。

この行動に吉田の心も動
き、福井への信頼がより深く
なった。

福井貞一社主祝賀会での桐沢夫妻（左右）
と福井邦顕現会長（1997年）

その後、吉田の勧めで、桐沢は、1960年にゼンヤクに、学術部長とし
て入社した。

当時、今にも潰れそうだったゼンヤクを支えて、動物薬の試験研究、
開発業務を担当するようになった。

北陸支場時代の研究成果から生まれた、牛乳房炎診断の「PLテス
ター」や乳房炎治療剤、さらに輸液剤の開発に尽力した。

1964年に取締役研究部長、そして1986年に相談役となり、1998年に退
職した。

桐沢の健康維持の原動力は、自宅から会社まで30分以上をかけて、毎
日徒歩で通勤することであり、また健啖（たん）家であった。

• 「しゃくなげ会」に貢献

1966年にゼンヤクは、産業動物獣医師の卒後教育の場として、「北海
道しゃくなげ会」を設立した。それを皮切りに、次々と全国各地に「しゃ
くなげ会」が作られた。

各々特徴ある研修が行われ、今日に至るまで、社会貢献の功績は大き
く、高く評価されている。

なぜ「しゃくなげ会」という名称が、付けられたのだろうか。

その由来として、福島県の県花に指定されている石楠花は、春5月頃に、高山地帯の長い冬の風雪に耐えて咲く、清楚な花である。

わが国の畜産業があらゆる困難を乗り越え、基幹産業としてりっぱに成長し、発展してほしいとの願いを込めて、そのための教育の場を「しゃくなげ会」と名付けた。

結成の目的は「獣医・畜産関係者が相集い、相互の連携を深めることによって、家畜の衛生、改良、飼育管理、その他畜産経営全般にわたる技術の向上を図る」というものである。

具体的な活動として、著名な講師を招いての時宜を得た内容の講習会、共同討議、研修視察、会報の発行などが行われるようになった

桐沢は、「しゃくなげ会」の創設と発展に、最も大きく貢献した人である。

その間、企画、運営、講師選定、依頼まで、ほとんどすべての用務に携わった。

もちろん本人が、講師として「乳房炎」の講演をすることもしばしばあった。

ゼンヤクは、①たゆまぬ練磨によって、畜産界に、なくてならぬ会社にしよう。

②ここで働く者が、ここにつながる者が、すべて幸福になる会社にしよう、を社是とし

日本獣医師会学術功労賞受賞（右から4人目）（1998年）

ていた。

研究部長となってからの桐沢は、ゼンヤクをひたすら愛し続け、社是を厳守した。

定期的に刊行される社内報を利用して、細菌学や薬物感受性、あるいはホルモンなどの難しい科学を、天体の話、世界的な偉人や冒険家の話などを織り交ぜながら、社員全員に分かるように、平易な名短文として書き表している。

この文章中に、桐沢のほのぼのとした「愛情」が滲み出ている。

ゼンヤク社内レクリエーションの野球で、部長や監督を務め、さらに福島県獣医畜産関係者野球連盟を創立し、農林水産大臣賞まで世話した。

福島県獣医師会の学術担当理事、産業動物臨床獣医学会東北地区代表理事等の役職を歴任し、1991年に福島県知事褒賞、1992年に勲五等双光旭日章、1998年に日本獣医師会獣医学術功労賞を受賞した。

• 戦時中の獣医臨床の思い出

桐沢はゼンヤクの社内報「志やくなげ」に、終戦記事特集が組まれた時、自分の軍隊時代の獣医師の姿を、興味深い随筆として残しているので、原文のまま紹介する。

「獣医学科に入るには入りましたが、臨床をやる意志のまったくなかった私は、陸軍獣医学校での週に1回の診療実習でも、ハイと返事をするだけで、実地は委託生に任せて、見学の連続でした。

卒業後の就職は、臨床にほとんど関係のない農林省畜産試験場の肉加工を志望

軍服姿の桐沢中尉

しました。

　しかし、世の中は上手くいかないもので、試験場で配属された先が衛生掛で、馬、牛、豚から兎、鶏までの診療が任務となりました。

　当時の掛長は今の大阪府立大学の橋爪敬三郎先生で、臨床の大家です。在学中、静脈内注射も、経鼻投薬もやったことのない不肖の弟子は、失敗の連続で、恩師に尻ぬぐいばかりさせて、3年3カ月を過ごしました。

　その後、1941年の関東軍特別演習（関特演）に召集され、ソ連国境の輜重連隊に見習士官として勤務することになりました。

　隊付獣医、ヨーチン獣医と呼ばれ、外傷にヨードチンキを塗るか、疝痛（腹痛のこと）馬に下剤を飲ませ、浣腸するくらいのもので、少しでもおかしいと、病馬廠に送った。

　臨床の勉強はまったくせず、国境を突破して、ウラジオストックに行く夢をみていました。

　しかし、夢は実現せず、ソ連に行くには行ったが捕らわれの身、臨床研究などは夢の夢、空腹をかかえて、ぼた餅の話に明け暮れておりました。

　以上でお分かりのことと思いますが、臨床落第生の私は、戦時中の獣医臨床などという大それた記事を、書く資格はまったくありません。

　仕方がありませんので、迷獣医ぶりを2例お伝えして、責任を解除していただくことにしました。

（1）兵隊生活をまったく知らずに、見習士官になった私は、敬礼の仕方も知らずに、部隊長に叱られてばかり。

　毎日の将校集会所での昼食で、部隊長から何を言われるかと思うと、ご飯も満足にのどを通らない頃のことです。

　師団演習で、中隊単位に行動し、のんびりムードで朝食をとっていると、歩兵部隊から馬が倒れたので、獣医を派遣してくれとの依頼があり

ました。

　当時、私達が使用していた薬物は、人医用の局方品ばかりで、現在のような動物医薬品メーカーはなく、まして万病に効くような特効薬はありません。

　倒れた馬を見ても、診断がつかない私は、カンフルオレブ油を１本臀筋に注射して、逃げるようにして帰ってきました。

　それから１週間、歩兵部隊の大隊長から部隊長に、「馬が治った。治療した獣医官に礼を言っていただきたい」と、私を誉めた礼状が届きました。

　同僚の見習士官から、どんな治療をしたかと聞かれましたが、カンフル注射だけと答えるわけにもいかず、逃げて回りました。

　治る病気は何をしても治るというのが、迷獣医師の偽らざる心境です。

（２）召集されて３年、中尉に任官し、将校集会所の会食も平気の平左。

　若い見習士官や少尉が部隊長に叱られるのを、横目で見ながら気の毒だなあと、同情できるようになった時のことです。

　軍隊では疝痛を出すと、治療の目的よりもむしろ懲罰の意味で、分隊全員に、徹夜で馬の腹をこすらせる習慣がありました。

　ある日の17時過ぎ、同一分隊の２頭の馬が疝痛を起こしました。

　症状が軽いので、下剤を飲ませ、浣腸をすれば治るなと思い、１頭を私が治療し、１頭を下士官に治療させました。

　私が治療を終わって、隣の馬を見ると、様子がおかしいので、投薬を中止させ、診断すると、薬が入ったのはどうやら肺のようでした。

　馬を馬房に入れて30分、18時にはこの馬は治ったから、連れて帰るように、この馬は悪性の疝痛だから、今晩の22時ごろまでには死ぬと思う。厩当番１名を残して、他の全員は内務班で休むように指示しました。

徹夜覚悟の全員は、大喜びで内務班に帰って行きました。病馬はおよそ予測した時間に死亡しました。

　病理解剖の結果は、大量の下剤を肺に注入したための肺水腫。

　かわいそうに呼吸困難を起こして死んだわけです。

　しかし、私の書いた診断書は『腸捻転による死亡で、真にやむを得ないものである』でした。

　兵隊たちから、『獣医官は大したものだ、馬の死ぬ時間まで分かる』と言って、誉められました。ほろ苦い思いが、胸の中を通り過ぎるばかりでした」

・社員と回顧談を楽しむ

　桐沢はシベリアの抑留時代のことを懐かしく思い出しては、社員によく話しかけていた。

　旧ソ連は対日参戦後、満州などから日本兵や民間人を抑留し、糞便がアッと言う間に凍る零下30℃という極寒の地で、森林や炭鉱、工場などの重労働に服させた。

　抑留者たちは、食糧不足にも苦しめられるという過酷な環境であった。

　この惨状は、浪曲歌手の二葉百合子さんが朗々と歌った、名曲「岸壁の母」でよく知られている。

　桐沢は、この地で抑留生活を送ったが、収容地の周囲で生活するソ連の人々は、教育水準があまり高くなく、世間知らずの人が多く、人の話をすぐに信じてしまう、純粋な人ばかりであった。

　その中には、ドイツとの戦争で戦死した人が多く、未亡人もまた大勢いた。

　そのため野外の作業時に、抑留者たちは未亡人たちに取り囲まれるこ

とがあった

　特にハンサムな捕虜は、未亡人たちの人気の的になり、こっそり食べ物を渡してくれることがあった。

　だから未亡人に絶対に気を許すな、気を許すと日本に還れなくなるぞ、と各々で声を掛け合っていた。

　実際、そのままソ連女性と一緒になってしまい、帰国しなかった人もいた。

　桐沢は、自分はハンサムではないので、女性に見向きもされなかったから助かったんだと、笑って話した。

　シベリアで苦労した人たちには申し訳ないが、自分は機会があれば、もう1度シベリアに行ってみたいと、何度も語っていた。

　ソ連に悪い思い出はなかったとのことである。

　シベリア抑留時代の日本の将校は、重労働を免除されていたので、ソ連兵と早朝から夜半まで、まさに麻雀三昧の毎日であった。

　麻雀牌は白樺の木を材料にして、丹念に手造りしたものだった。桐沢の終生の趣味となった麻雀は、この抑留所生活の頃に覚えたものである。

　賞品はタバコだったが、酒もタバコもたしなまない桐沢は、稼いだタバコを、外出時にパンと交換した。抑留所で食べ物を持っていることは、非常な強みとなり、かなりいい目もできた。

　この頃の話し相手であったラトビア人の1兵士がしみじみと語った、「私は日本人がうらやましい。君たちは帰るべき祖国がある。我々の祖国ラトビアは消し去られた」という言葉を、終生忘れることはなかった。

　ラトビアは第一次世界大戦後に独立し、第二次大戦でソ連に吸収された、バルト海に沿った小さな国である。

ソ連邦人として遇され、日本人より大きな自由を持つはずの兵士が語る祖国とは、他の民族の支配を受けない、自由の天地を意味するものであった。

　この話を聞いた桐沢は、祖国日本に誇りを持ち、日本を愛し、そして職場を愛するようになった。

　帰国時に30歳を過ぎていたので、結婚を諦めていたが、たまたま売れ残っていた女性がいたので一緒になったと、冗談を言う一幕もあった。

　趣味の麻雀はジャン友が多く、1984年に南アフリカで開催された世界牛病学会参加時に、野口一郎博士が麻雀パイと発泡スチロール製のジャン卓を持参して、アフリカに行ってまで麻雀を楽しんだことは、語り草になっている。

　このことは、後に1991年6月の知事表彰の祝賀会の席上でも、鹿児島大学教授の浜名横好き氏から届いた祝電の中で、めでたい2首として披露され、満場の拍手喝采を受ける場面があったので、紹介しておく。

　「晴れの日の栄誉のかげに友とパイ」

　「世界中ついてまわるや卓とパイ」

　抑留時代に覚えた桐沢の麻雀を後ろで見ていると、一切パイは並べ替えず、「頭の体操のためにやっているんだ」と言い、勝っても負けてもニコニコ顔であった。

　しかしこんな麻雀好きの桐沢が、北陸支場時代には麻雀を一切しなかった。

　それは仕事中心の吉田が、麻雀嫌いだったからである。

　一緒に乳房炎や細菌学の研究をしたこのコンビは、親分・子

知事賞祝賀会（1991年）

分の関係以上だったので、周囲から見ていると、桐沢は吉田の養子じゃないかと思われるくらい、よく仕えた。

　麻雀する者を軽蔑していた吉田に義理立てして、遠慮していたのである。

　桐沢は、上述の1984年の南アフリカのダーバンでの第13回世界牛病学会参加を皮切りとして、1988年スペイン・マヨルカの第15回、1990年のブラジル・サルバドールの第16回、1994年イタリア・ボローニアの第18回、1998年オーストラリア・シドニーの第20回と、何度も世界牛病学会に参加して、意欲的に最新情報を収集し、また各地を視察した。

　いつも参加者の中の最高齢で、最後の参加は82歳であった。

　特に印象的であったのは、1990年にブラジルからペルーへの視察旅行の途上で、標高3,400メートルのインカ帝国の首都クスコに行った時のことであった。

　日本獣医畜産大学（現日本獣医生命科学大学）の本好茂一教授ら参加者

第15回世界牛病学会にて（左から野口一郎、大久保輝夫、桐沢　統、1人置いて澤向　豊）

の多くが、高山病に罹ったが、桐沢は平気で、食欲も旺盛であった。

　翌日のインカ遺跡のマチュピチュ行でも、当時70代半ばであった桐沢は、60代半ばの原田豊造氏（茨城県）とともに、トップで急坂を登りつめた。後続の本好教授や浜名教授らは、青息吐息であった。

　ゼンヤク内における桐沢のニックネームは、テレビアニメのキャラク

ター「カバトット」として、社員全員から愛され尊敬された。

酒は飲まないが、お菓子はとても好きで、歯の間からボロボロとこぼしながらよく食べた。その様がいかにも可愛らしかったそうである。

筆記には鉛筆しか使わなかった。消しゴムで消すのを面倒くさがり、指でこすって消す癖があったので、桐沢の原稿はとても読みづらかった。

服装にはあまり気を使わない性格で、桐沢の着る会社の制服を、社員が時々内緒で洗濯することがあったが、きれいになっても、本人はまったく気付いていないようだった。

桐沢に可愛がられながら育てられた現開発部長の木ノ下千佳子氏は、このような桐沢の人となりの一端を、当時を懐かしく振り返りながら、感慨深げに話してくれた。

高齢となり、療養中であった桐沢は、梅雨時のアジサイの花が咲く中で、2002年6月4日に、87歳で、静かに息を引き取った。

最後に、福井邦顕社長（現会長）の弔辞、「明るく飾らないお人柄で、使命感と倫理観にあふれ、正しい生き方を貫かれました。

そこには父貞一（社主）と相通じるところがあり、父も絶大なる信頼を寄せていました。私にとって桐沢先生は、師として仰ぎ見る存在でした」を記す。

参考資料

- O.W.シャーム：牛の乳腺炎（細谷英夫訳）。文永堂（1966）
- 桐沢　統ら：乳房炎の診断に関する2、3の考察。日本獣医師会雑誌、10（1957）
- 桐沢　統ら：乳房炎の簡易診断法。日本獣医師会雑誌、11（1958）

- 桐沢　統：祖国。しゃくなげ社内報、8、日本全薬工業（1966）
- 桐沢部長宅訪問記：しゃくなげ社内報、15、日本全薬工業（1967）
- 香坂智広 · 桐沢統先生知事表彰祝賀会。志やくなげ、106（1991）
- 農林水産省：家畜共済における特殊病傷の診療指針。全国農業共済協会（1993）
- 野口一郎：共済獣医師を育てた人々（不老の怪物）。家畜診療、406（1997）
- 平山紀夫：乳房注入剤の歩み。日本獣医史学雑誌、55、日本獣医史学会（2018）
- 福井貞一：しゃくなげの咲く時。日本全薬工業（1983）
- 吉田信行：搾乳直後における異常乳の検出、第1報、水素イオン濃度塩素量の検出的価値ならびにこれら因子間の関係。日本畜産学会誌、8（1936）
- 吉田信行、桐沢　統ら：乳房炎の化学療法 1. 乳房内注入によるペニシリンの乳中濃度。日本獣医師会雑誌、3（1950）
- 吉田信行ら：CMT変法と乳質との関係。獣医畜産新報、670、671、672、674（1977）

本項につき、資料を受けた日本全薬工業の大橋秀一元取締役学術部長、ならびに校閲を受けた鹿児島大学の浜名克己名誉教授に感謝します。

13. 牛の第四胃変位と蹄病の予防治療普及活動
幡谷正明　HATAYA Masaaki（1916〜2009）

幡谷正明博士

　獣医臨床学者として、外科手術の分野に的確な麻酔術を導入することによって、手術手技や治癒率を向上させた人。

　あるいは、乳牛の多頭飼育化や、泌乳量向上経過の中で台頭した、生産病としての第四胃変位*の啓蒙や、手術手技を普及した人。

　そして蹄病の予防と治療の水準向上に、先頭になって情熱を注ぎ、獣医外科学の発展に、数多くの業績を残した人が、東京大学教授（後に宮崎大学教授）の幡谷正明博士である。

　幡谷は1916年11月10日に東京で生まれた江戸っ子である。1940年に、東京帝国大学農学部獣医学科を卒業した。

• 卒業後の進路に迷う

　卒業後の進路については、折々に考えていたものの、農林省の馬役人になる気は、毛頭なかった。

　生まれつき体質が弱かったために、陸軍の委託生にはなれず、卒業前に受けた見習士官の試験も、不合格であった。

　かといって、派手な競馬会は、自分の性に合わない。

　考えれば考えるほど、将来の職業のあれこれが、「帯に短し、たすき

に長し」となり、一体どういうつもりで獣医学科へ進んだのだろうか
と、悩む日々が続いた。

　最終的に行き着いたのが、副手という身分で外科研究室に残ることで
あった。

　当時の研究室のメンバーは、前年に教授に昇任した松葉重雄博士と、
たまに臨床実習の指導に顔を出す7年先輩で、非常勤講師の四条隆徳氏
のみで、助手はおらず、卒論を作る3年の学生と研究生が、それぞれ数
人であった。

　獣医学科の建物は、1935年に一高と入れ替わりに、駒場から本郷の弥
生町に移転した時のものであった。

　付属動物病院の小動物部門は、一高が残していった木造2階建ての寮
の一角に設置され、大動物関係は、西隣の1棟に、馬房が4つと枠場の
ある広い処置室が設けられた。

　これらの建物は、農学部の改築までしばらくの間、使われた。

　壁は紅殻色の木造で、歩くたびに廊下の板がガタガタと音を立ててい
た。冬は石炭ストーブを用いた。

　東京の街中でも、まだトラックの走る姿は少なく、馬や牛が牽く馬力
や荷車が、主な輸送力だった。

　それらの家畜が病気になっても、なぜか東大病院に来院することはな
かった。

　それに何といっても、まだ国家試験がなく、大学や専門学校の獣医学
科を卒業しさえすれば、無条件で獣医師の免許が与えられた時代であっ
た。

　しかし東大を卒業して、動物病院を開業することを考える者は、ほと
んどいなかった。

　ちなみに、臨床の講義や実習では、内容は教える側の自由であり、教

わる側もただ出席しさえすればよく、その点のんびりしたものであった。

　当時、町の犬猫病院の内情はいたってお粗末だったので、獣医師に対する世間の評価はきわめて低かった。

　現代のように、偏差値が高く、女性の憧れの的になるような職業としての獣医師からはほど遠く、獣医学科の学生と名乗るのも気が引けるような時代であった。

　というわけで、幡谷は人間としても、また能力の点でも、自分は大した力がないと思いながら、それでも副手になって松葉の下でしばらく勉強を続けたいと考えた。

　ただ、副手は正規の職員ではないので、無給であった。

• 暗い戦争時代

　日中戦争（1937〜45年）は膠着状態に陥り、1939年のノモンハン事件で、日本軍はソ連軍に相当やられた。

　一方、はるか西方のヨーロッパでは、ドイツがポーランドに侵攻した。

　これに対して、英、仏がドイツに宣戦を布告して、1939年に第二次世界大戦が始まり、世界中に戦雲が色濃く漂って、不安な情勢になってきた。

　それまでは何の苦労もなく、父に学資を出してもらっていた呑気者だが、父の仕事が、日を追うにしたがってうまくいかなくなってきた。

　そこで、無給の副手としての幡谷は、これまでも時々やっていた翻訳のアルバイトの他に、何か収入の道を見つけなければならないと、不安を覚えるようになった。

　幸いにも、松葉から、科学研究費の嘱託にしてもらえることになった。

　その頃の各研究室では、生理学の島村虎猪教授は馬の繁殖学、病理学

の江本　修教授は馬の月盲、内科学の板垣四郎教授は寄生虫といった題目で、それぞれ科学研究費を受けていた。

　松葉は以前から、馬の跛行や装蹄についての研究を続けていた。その当時は、「馬の四肢筋腱の作用に関する研究」という課題で申請し、年に2200円余りの研究費が交付された。

　その中の人件費として、嘱託の手当を月70円出してもらった。

　もちろんボーナスは出ないが、当時の農林省の役人や、陸軍の獣医将校になった友人たちの月給が75円だったので、大変ありがたい配慮であった。

　ちょうどそこへ、陸軍獣医部の大学院派遣学生として、陸軍獣医学校*の乙種学生を優等の成績で卒業し、中国の戦場に勤務していた6年先輩の土江義雄大尉が、外科研究室に入室してきた。

　「馬の創傷治療」というテーマを課せられての入学なので、早々に実験にとりかかった。

　土江は、昼飯を食べ終わると、お茶も飲まずにすぐに席を立って仕事を始めるといった気ぜわしく、せっかちな人であり、思いついたらすぐに実行に移すタイプであった。

　多くの馬と人を使い、また元気な若馬の四肢の筋や腱を1つ1つ切断して、プロカインの麻酔が効いている40〜50分の間に仕事を終わらせていた。

　時間制限のある作業の現場の指揮官としては最適任者で、実験は非常にスムーズに進行した。

　土江は、標茶の部隊で軍馬補充部の勤務が長かった。

　特に馬の去勢術の手際は鮮やかで、馬事公苑や警視庁騎馬隊の新馬の去勢の時に、幡谷はついて行って、手を取って教えてもらった。

　幡谷は「苦労」という言葉を知らぬまま、普通の進学コースを歩み、

世間の荒波にもまれた経験もなく、気楽に生きてきた。

　ところが土江との研究生活を通し、自分とは大違いの、きびきびとした生き方に強烈な刺激を受け、尊敬するようになった。

　土江との話の中で、学生時代の生活模様や、軍の階級社会における勤務の体験談などを、熱心に聞くようになった。

　話の内容が、師に対する弟子の作法などに及ぶことがあると、そのつど「目から鱗」の驚きと興奮の日々を経験した。

　土江はその後、少佐に進級して陸軍獣医学校の教員に転じた。

　土江と入れ替わりに、1942年の４月に３年先輩の北　昂大尉（後に麻布大学教授）が、「蹄に関する研究」というテーマを引っ提げて入学してきた。

　北は研究を重ねながら、「除鉄試験に関する研究」という報告書を書き上げて、２年間の大学院生活を終了し、北支軍に転勤した。

　その年（1944）の７月に、幡谷に赤紙が届き、心に暗い緊張が走った。

　入隊した場所は、軍の兵舎ではなく、茨城県内の農業訓練所であった。

　戦闘要員ではなく、フィリピンのセブ島辺りへ送られて、現地自活の仕事をやらされるらしいとのことが、噂されていた。

　でも実際は１年数カ月をベトナム、サイゴンの南方軍総司令部で過ごすことになった。

　1945年８月の敗戦を知った時は、獣医少尉としてラオスの山中にいた。

　直ちにトラックに乗せられて山を降り、イギリス軍とフランス軍の監視のもとに、近在の農家から買い集めた牛や豚、家鴨を飼育し、総司令部に肉と卵を供給する仕事に従事させられた。

• 東大に帰る

1946年5月に復員して、大学に行ってみると、松葉を先頭に、とっくに復員していた北（少佐）らが集まり、八王子競馬場の馬を使って、若馬の削蹄法の研究が、早くも始められていた。

東大獣医外科の初代教授は、須藤義衛門博士であったが、松葉からはついぞ須藤教授の話を、一度も聞いたことはなかった。

松葉が1947年の夏、東北での講演からの帰路、福島市の大原病院に緊急入院となった時、幡谷は数回見舞うことになった。

折あしく、10月にキャサリン台風が来襲し、利根川が氾濫したために、東北本線が不通になった。

やむなく、食料を詰めたリュックを背負って上越線の高崎で乗り換え、両毛線経由で福島まで何回かの往復は、貧弱な体格の幡谷にとっては過重であった。

松葉は回復して退院したが、幡谷は戦後の栄養失調に疲労が重なり、発熱と胸部の痛みを発症し、湿性肋膜炎と診断された。

当時の肺結核は国民病として恐れられ、まだ特効薬のストレプトマイシンがなかったので、治療法は隔離と安静と栄養くらいであった。

絶対安静を言い渡されたので、約2カ月間の療養生活をした。

しかし松葉の停年退職の日が近づいてくるので、いつまでも病人生活をしているわけにいかず、療養が中途半端なままで、翌年の1月から大学に通い始めた。

1948年の正月が明けると、松葉の後任の選考が表沙汰になってきた。

どの研究室でも、教授の後任選びは大変大きな問題であるが、退職する人は、それについて直に発言しないという慣習があった。

獣医学科では、多くの講座が教授、助教授、助手がそろっていない不完全講座であった。

そんな中で、誰が言い出したわけでもないが、数年前から、衆目の一致するところ、当時陸軍にいた木全春生大佐が、年回りといい、学歴といい、また何といっても1番弟子だから、軍をやめて大学に戻って来てもらえれば問題はないと考えられていたようだった。

　軍人が大嫌いと公言する解剖学の増井　清教授のような人もいたが、若手の教員の間では、身近な先輩である木全が、自分たちの仲間に加わることに反発する気配は感じられず、誰しも同氏の教授継承に異論がないだろうと思われていた。

　ところが、敗戦という未曾有の事態が発生して、終戦時に陸軍獣医大佐であった木全は、公職追放ということになり、後任の選考は大きな困難にぶつかり、難航した。

　その結果、病後の幡谷が助教授となり、外科の授業を担当する巡り合わせになった。

　しかし学問的な業績は乏しく、外科実習以外に教育の経験が少ない身でも、何とか授業はできるだろうが、大学構成の骨格である研究室を主宰する資格は認められないという結論となった。

　その結果、外科講座の教授のポストを使って、当時まだ病理学講座の一部だった、細菌学研究室を講座に格上げして、獣医学科の体制を充実するという、年来の宿題を実現しようということになった。

　そこで、終戦まで釜山の獣疫血清研究所の所長であった越智勇一博士を、外科学研究室担当という名目で、獣医学科の教授に迎えることになった。

・麻酔の応用と普及

　いざ学生に授業を始めてみると、幡谷は外科学をこれまで系統立てて勉強していなかったことによる戸惑いと、実地の臨床経験の著しい不足

を、日々痛感する羽目になった。

　そこで、まず外科の診療と手術の基本を勉強し直さなければと思った。

　当時医局にいた友人を介して、1949年の春から約２年間、毎週のように医学部の福田外科に通って、福田　保教授の臨床講義を傍聴し、手術日には１日中手術室に入って、各種の手術を見学した。

　その頃の医学部では、まだ麻酔科が独立していなかった。

　麻酔の主体は局所麻酔で、全身麻酔を施す例はごく少なく、まして吸入麻酔はほとんど行われていなかった。

　胃や腸の切除と吻合（ふんごう）などの手のこんだ開腹手術も、すべて鎮静薬→腰椎麻酔→局所麻酔という組み合わせで遂行されていた。

　心臓、肺、脳などはまだ手術の対象になることはなかった。

　戦争が終わってみると、米国では、手術の大部分が吸入麻酔下で行われるようになっていたことを知り、当時の外科の技術水準について、日米の差を思い知らされた。

　しかも無菌的で、整備された手術室で行われるだけに、野外の枠場や畜舎の通路などで行われることの多い獣医師の手術よりは、はるかに前方をいくものであった。

　幡谷はこの研修期間に、外科手術こそ外科治療の基本であること、また獣医学のどの分野に進む学生に対しても、１頭１頭の動物の診察と治療を勉強させることから始めるべきだという思いを、強く抱くに至った。

　しかし現実は、進駐軍から九官鳥が人の口真似をするようになったので、舌の先端を縦に少し切ってくれという依頼があった時のことだった。

　麻酔法を調べると、クロロホルムをかがせると書いてあるので、その

とおりやってみたところ、目の前で急にぐったりして、そのまま息が止まってしまった。

あるいは、遠く茨城県から、腸閉塞のようだと車で運ばれて来た犬に、モルヒネの所定量を投与したら静かになったが、そのまま呼吸が戻らなかった。

まだまだこの程度の水準であったが、一方で、1952年に栃木県畜産試験場の依頼で、自慢の和牛の帝王切開術を施してうまくいった経験をするなど、当時まだ誰も施したことのない手術を、成功に導いたこともあった。

このような失敗や成功などの経験を積み重ねながら、各種麻酔剤の吸入、内服、静脈注射、直腸内注入などの実験を続けた。

その結果、局所麻酔、全身麻酔で、興奮作用や嘔吐作用がなく、循環器、呼吸器、肝臓に障害を及ぼすことはない方法を確認できた。

さらに、動物種別による反応や特徴の調査などを続け、従来、あいまいであった麻酔法について、次々と精力的に研究や普及講演を行い、外科手術の水準向上に寄与した。

そのうちに、抗生物質による化学療法が、目覚ましい発展を遂げる時代が到来した。

無菌室での手術から、ほど遠い家畜においても、腹部手術、生殖器手術による治療成績の向上とともに、従来困難と考えられていたような手術が、新しい構想の下に実施されるようになった。

後年、幡谷は日本獣医麻酔外科学会の第3代会長を務めた（1985〜86年度）。

• ステロイド測定の研究
1956年の春、日本の戦後復興の一助として、ロックフェラー財団から

獣医学、畜産学、農学などの若手研究者に、フェローシップ（特別研究員に与えられる奨学金）が提供されるという話があった。

学部長室で面接が行われたので、幡谷も受けたところ、幸いにも選考にパスした。

その頃、ストレスに対する生体の防衛反応に、副腎皮質（AC）が関与しているという、カナダのセリエ博士の説が注目されていたので、外科手術の侵襲の影響についても、多くの研究報告がなされていた。

幡谷は、全身麻酔の影響を調べてみようと思い、犬で盛んに用いられていたモルヒネとペントバルビタールが、副腎皮質の活性に及ぼす効果について実験していた。

その検査法として、流血中の白血球と好酸球の変動を測定するソーンテストが、広く採用されていた。

ストレスが加えられた後、3〜4時間経過すると、白血球総数が1.5〜2倍に増加する。

一方、好酸球は著減して、半分以下となる。時には10分の1以下くらいにまで減少する時があるが、副腎皮質の活性が刺激されて副腎皮質ステロイドが盛んに放出される。

この現象は、生体防衛が正常に営まれていることを示している。

これに対して、両方の測定値にあまり変動がなければ、その活性が低下していると判定されることが、人のアジソン病*の患者について明らかにされていた。

この簡単なソーンテストで麻酔薬の影響を調べてみると、モルヒネの麻酔量投与は明らかに犬の副腎皮質を刺激し、一方、ペントバルビタールは反対に、副腎皮質の活性を抑制するという結果が得られた。

そこで、もっと直接的に血中の副腎皮質ステロイドの変動を調べたいと思い始めた。

しかし、そこまで生化学的な手法を勉強したことがなく、また必要な測定装置を、何1つ持っていなかった。

　そこで、この渡米を機会に、ハーバード大学医学部のソーン教授の研究室で教えてもらおうと思って手紙を書いた。

　教授からすぐに返事がきて、自分の研究室には現在受け入れる余地がないが、かつて同教授のもとで副腎皮質について研究した3人の大学教授の名前を挙げ、その人たちを紹介するので会ってみるようにと勧めてきた。

　そしてコロラド大学医学部のジェンキンス教授から、受け入れるとの返事をもらった。

　米国へ着くまでに、少しでも多く米国人の生活に馴れておきたいと思ったので、飛行機ではなく、横浜港から大勢の見送りを受けて、1万7千トンの巨船、プレジデント・ウイルソン号で1956年11月14日に出航した。

　14日間の船旅の間に、多くの米国人と積極的に会話することに努め、その後、大陸横断鉄道に乗ってデンバーに着いた。

　さっそくコロラド大学で研究を始めた。

　副腎皮質ステロイド1種類の測定くらいは、1年もかかれば十分できるだろうと、少々みくびっていた。

　ところが意に反して、仕事は容易に進まず、いたずらに月日のみが過ぎていった。

　しかし、これを中途で諦めては、せっかく研究室の皆に負担をかけて、はるばるデンバーまで来た甲斐がない。

　また、帰国後にこの仕事をしようと思っても、装置や器具を整えるだけの研究費を獲得することなど、日本の科学研究費の状況を考えると、何年先になるか見通しがたたない。

　なんとか石にかじりついてでも、麻酔した犬の血中副腎皮質ステロイドの変動のカーブをはっきり描いて帰らないことには、この渡米の意義が失せることになる。

　幡谷は必死の思いで、この研究を博士論文にまとめた。

　その間に、ジェンキンス教授から、低体温麻酔と出血ショックの研究に加わって、実験外科の仕事を体験したらどうかと勧められた。

　これらの実験はすべて犬で行われており、年間500〜800頭に達するという話だった。

　ペントバルビタールで麻酔された犬を、氷水を満たした水槽に浸し、直腸温が25℃以下に下がったところで水槽から出して、ハロタン吸入麻酔が開始された。

　まず胸部を開いて、心臓に連なる大血管を縛ってから心室壁を開き、中隔に所定の切開と縫合などの操作が施された。

　この手術の間の、低体温の効果を検討するという研修であった。

　日本では見たことがなかった、これらの心臓切開の手順が、若い研修医たちの慣れた手付きで進められ、福田外科に比べると、多くの点で5〜6年先を歩んでいるように感じられた。

　研修のすべてが終了した時点で、外科の専門医として技術的にも学問的にも独り立ちできるように育てようと、教員たちからこれでもか、これでもかと、矢継ぎ早に質問がなされた。

　このように、教える側の姿勢からは、不断の競争、強い真理探究の気持ち、それらのもとになっている気力、医師としての自覚などが強く窺われた。

　この時の気持ちを、幡谷は後の獣医学生教育に取り入れた。

　ある時、解剖学のゼミがあるので聴講した。講師は解剖学研究室の研究員であった。

人の代わりに麻酔をした犬を1頭、台上に寝かせておいて、「今日は腎臓の剔出（てきしゅつ、取り出すこと）に必要な解剖学を勉強する」と言った。

　左腎を剔出する場合は、まずどこに、どういう方向に、どれくらいの長さの切皮を行うか、皮膚を切ったら次にどの筋を分割するか、さらにその下の筋層を開くと何という動脈にぶつかるか、などを1つ1つ研修医たちに質問する。

　その動脈は何という枝に別れ、腎を剔出するためにはどことどこを結紮（けっさつ、しばること）するか、静脈はどういう具合に処理するか、神経はどう扱うか、また腎を剔出した後に、腹腔を閉じる時の縫合はどういう手順でやるか、という具合に、次から次へと容赦なく質問が続く。

　解剖学の研究員だというのに、外科の3年目の研修医よりも、手術の手順について詳しかった。

　あとで尋ねると、解剖学の修士をとった後、2年間外科の研修医をした人であるとのことだった。

　米国の医科大学は、それくらい外科手術の知識を持っていないと、解剖学の教員は勤まらないそうだ。

　幡谷は、外科手術の習練における基礎と臨床の緊密な連繋を実感するとともに、日本に帰ってからの自分も、獣医外科の教員として、これくらいの授業が行えるようになるためにと、さらなる研修に意欲を燃やし続けた。

・牛の第四胃変位の研究

　1964年のことであった。わが国で初めて、乳牛の第四胃左方変位の症例が報告された。

第四胃変位は従来、外国にあっても、なぜか日本にない疾病といわれていた。

泌乳量の増加を期待するために、ビール粕や濃厚飼料の給与量を増やし、そのぶん粗飼料の給与割合が減少し始めたのに並行して、全国各地の乳牛において、第四胃変位の発症が報告され始めた。

本病は、分娩前後に発症しやすい傾向がある。

健康時は腹底に位置している第四胃が、巨大化する妊娠子宮に圧迫されるため、第四胃アトニー（無力症）になり、ガスが貯留して左腹側に変位（左方変位）、あるいは右腹側に捻転して変位（右方変位）し、消化器障害の症状を示す疾病である。

本病では、多くの場合にケトン尿（ケトン体*が尿中に出現したもの）がみられる。

第四胃変位の症例が報告される以前は、治療に反応せず衰弱するので、重度なケトーシス*と診断され、淘汰となる症例を、多くの獣医師が経験していた。

東大付属牧場での野外実習。後列右端が幡谷、隣は竹内助手、左端は本好助手、前列右は浜名院生（1964）

これらのケトーシス例の中には、第四胃変位が高率を占めていた可能性がある。

幡谷は1965年以来、茨城県にある東大付属牧場周辺に飼育されている乳牛に左方変位を発見し、精力的に診断、治療の研究を進めた。

本病診断の一つに左肋骨上の打診によって、金属性反響音が聴取され

たら、その位置にガスの貯留した第四胃の存在が確認される。

　治療法としては、外科手術が確実であり、第四胃大湾に付着する大網膜（だいもうまく、この部位の腸間膜のこと）を右膁部（けんぶ、牛の左右の腹側上部に生じる逆三角形の凹み）下部の腹壁内面に固定する手術である。

　起立保定で、左右両側あるいは右側のみの膁部を切開し、変位した第四胃のガスを排除した後に、正常位に整復する方法、あるいは背位保定で全身麻酔を施した後、右下腹部をほぼ肋骨弓に沿って切開して開腹する方法などがある。

　幡谷は、全国を講演行脚する際に、第四胃変位の手術法とともに、打診による金属音の聴取を力説し、診断力向上の普及を図った。

　その結果、臨床経験の少ない獣医師でも、初診時に確定診断が可能となり、外科手術の水準向上に貢献した。

• **宮崎大学へ転出**

　1968年の秋頃から、東京内外の大学で始まった学園紛争は、国立では東大、私立では日大で特に激しく燃え上がり、東大全体が騒然たる空気に包まれた。

　医学部の病院に大勢いる無給の勤務医や、文学部の講座などに少なくない、非常勤の臨時職員の待遇改善をめぐる問題が、紛糾の大きな火種となって、連日のように教授会側と学生側（全共闘）との団交で、険しい対立が続き、押し問答やデモが繰り返された。

　当時の幡谷は、動物病院長を兼務していた。

　動物病院に専任の教員はおらず、診療は内科と外科の研究室員が兼務で行い、事務職員は女子が1名、および動物管理の常勤の男子が1名働いていた。

　そこでも正規の職員でない臨時職員の処遇問題が、他の部門と同じように とりあげられた。

　幡谷病院長は、毎日のように団交の場に呼び出されて、強硬な要求を 振りかざす、全共闘側の激しい攻撃にさらされた。

　しかし、いくら責められても、お題目のように「公務員の定員削減」 を標榜する政府・文部省の予算編成の枠は、けっして打ち破れず、動物 病院長の裁量で色好い返事をすることなど、とうていできる話ではな かった。

　ここはあくまでも突っぱねるしかないところだが、幡谷はこの騒然た る事態を、どのようにすれば切り抜けられるのかという術を知らなかっ た。

　連日の吊るし上げに、立ち往生するばかりで、打開の道はいっこうに 開けなかった。

　そのうちに幡谷は、いっそのこと動物病院長ばかりでなく、教授の職 も放棄して、辞職しようと考える心境に陥り、大学へも行かず、とうと う家に引きこもってしまった。

　そんな時、頭に浮かんだのは、前年に停年退職した、宮崎大学獣医外 科の長倉義夫教授の後任探しを頼まれていたことだった。

　そこで、自分自身が東大教授の座を降りて、宮崎大学に転職すること を考えるようになった。

　現役の東大教授が地方大学へ転出するのは、敵前逃亡であることは間 違いなく、"都落ち"はいかにも不甲斐ない所業であると、自らを恥じ ることしきりであった。

　しかし、事態を解決できない自分は、東大に留まることはできないの で、忸怩（じくじ）たる思いで宮崎大学に赴いた。

　東京で燃え盛っている大学紛争の実情は、西の果てには伝わっていな

いせいであろうか、宮崎大学ではあまり論議されることなく、迎え入れられた。

平穏な宮崎の地において、幡谷の体の中に、新しい気持ちで再び学問、研究に取り組もうという積極的な意欲が湧いてきた。

青島海岸にて。中央はデラハンティ教授、右は幡谷教授、左は浜名内科助教授（1973）

宮崎大学の獣医外科は、1958年着任の長倉義夫教授が始まりである。

長倉は、わが国の小動物臨床の発展に多大な貢献をし、犬に関する著作が多い。

1972年に幡谷が着任してからは、大動物臨床の研究が追加され、牛の蹄病、骨折の治療法、家畜の麻酔法、犬のピロプラズマ病などの研究が主になった。

宮崎大学時代に、幡谷は簡易な第四胃変位手術法を開発した米国コーネル大学獣医外科学教授のデラハンティ博士を招き、親しく旧交を温めた。

・異常産の研究

1972年の夏ごろから、南九州の霧島山麓一帯を初発として、九州、四国、中国、近畿および関東地方一円にかけて、おびただしい数の牛の異常産の発生があった。

その初期における流・早・死産および虚弱子牛の出生に続いて、骨格の奇形（関節彎曲症）や脳の奇形を伴う子牛の出生が多発した。

なぜか翌年3月以降に発生はしだいに減少し、6月にほぼ終息した。

　このような異常産の多発は、発生の疫学的様相、母・子牛の臨床所見、および病理学的検索の結果から、同一の病因による一連の疾病と考えられ、「牛の異常産」と名付けられた。

　この間、宮崎県下においても、肉牛および乳牛に多数の異常産が発生して、畜産業界は多大な損害を被った。

　宮崎大学において、農学部長を兼任していた幡谷を中心にした研究班が結成された。

　同じく1972年に、幡谷より一足先に東大付属牧場から浜名克己助教授が着任し、内科研究室で大動物臨床繁殖学を専門に研究を始め、異常産の原因解明に力を入れていた。

　関係諸機関の協力を得て、県内における発生状況の調査、異常子牛および母牛の臨床的検査、異常子牛の病理学

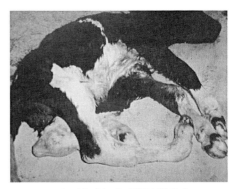

アカバネ病による関節彎曲症
（「牛の先天異常」より転載）

的検査、長期生存子牛の追跡調査などが実施された。

　その結果、従来、わが国で本病と類似の疾病が１度ならず発生していることが分かり、初生子牛の神経障害と大脳水腫から日本脳炎との関連性が示唆された時期もあった。

　オーストラリアやイスラエルでも、大脳水腫と骨格異常を伴う、今回の異常産と酷似した疾病の発生が報告された。

　しかし海外の報告では、異常子牛の出現に先立つ流・早・死産、および虚弱子の出生については言及されていなかった。

　このような調査研究が先駆けとなって、原因として妊娠期の感染が強

く疑われた。そしてついに1976年に農水省家畜衛生試験場（現動物衛生研究所）のグループによってアカバネウイルスが原因として特定された。世紀の大成果である。

● 護蹄の研究

東大獣医外科では、松葉の時代から馬の護蹄に関する研究がなされていたので、幡谷も護蹄の研究を継承し、中央競馬会に出かける機会も多かった。

幡谷は停年後の1984年に、外国のいくつかの獣医科大学を訪ねた。目的は臨床の教授たちに話を聞き、診療の現場を見学し、

中央競馬会にて、左端は浜名院生（1965）

あわせて牛の護蹄に関する文献を探すことが主眼であり、スウェーデン、オーストリア、西ドイツを訪れた。

スウェーデン獣医学研究所では、所長のヤンソン教授から、当時早くも潜在性の蹄葉炎＊が、牛の数種類の蹄病の根底に潜んでいることを指摘した青年、アンダーソンを紹介された。

アンダーソンはルーメンアシドーシス＊と蹄葉炎の関係について行った研究をまとめた論文で、博士号を取る準備を進めていた。

装蹄講習所では、装蹄師や削蹄師の教育をしており、博物館の棚に、裏にゴムを挟んだ雪上蹄鉄をはじめ、古い削蹄鎌などが陳列され、図書館には有名な装蹄関係の著書が多数並んでいた。

オーストリアでは、ウイーン獣医科大学の有蹄類整形外科という名称の臨床研究室に、ネズビック教授を訪ねた。

　ネズビックは1950年代に乳牛がフリーストール*牛舎で集団的に飼育されるようになって以来、蹄病の発生数が明らかに増えたことを、早くから指摘した人であった。

　その対策として、牛舎の構造や飼料、管理法の改善のほか、定期的に削蹄を実施して蹄形を整えることが、特に大切なことなどを、熱心に語ってくれた。

　西ドイツではミュンヘン獣医科大学、ハノーバー獣医科大学で有名教授を訪ね、多くの有益な話を聞くことができた。

　シュテーバー教授は、大著「牛の疾病」（1978）、「牛の臨床診断」（1977）の著者で知られるローゼンベルガー教授の跡を継いだ人で、「さあ、何でも質問してください」と言い、話が第四胃変位や蹄底潰瘍、蹄葉炎の成因に及ぶと、症例のスライドを次々に見せて説明してくれた。

　シュテーバー教授の頭の中には、若い頃から長い年月をかけて読んだ文献の内容や、診療した牛の症状や経過のすべてが刻み込まれているかのようであった。

　幡谷は1976年にオランダのワーゲニンゲン農科大学で開催された牛生産病会議の時に、牛の第四胃変位の成因について行った実験の成績を発表した経験がある。

　シュテーバー教授は、その時の議長を務めた人で、英語、フランス語、ドイツ語を自由自在に話していたのを思い出した。

　わが国において、乳牛では泌乳能力の向上をめざし、若い酪農家たちの間では「可能性の追求」や「極限への挑戦」が合言葉となり、急激に泌乳量は上昇した。

　しかし乳牛の生理から外れた濃厚飼料過給、粗飼料不足偏重の飼育形態に起因して、各種の生産病が多発する傾向が示された。

第四胃変位とともに、蹄病や関節周囲炎などが増加し、淘汰（廃用）理由の上位を占めるようになった。

幡谷が日本装蹄研究所に所属していた時のことであった。

「馬と牛の蹄を健全な状態に保って能力の一層の向上と、それらの動物の福祉の充実に役立つことを目的とする研究会を立ち上げようではないか」と提唱した。

日本獣医師会の五十嵐幸男会長や、日本獣医史学会の黒川和雄理事長らと図り、1988年に護蹄研究会を設立し、幡谷は世話人代表になった。

この会は蹄病、装蹄、牛削蹄に関するさまざまな問題の研究を進め、シンポジウムや研修会で情報を交換し、専門知識と技術の充実、発展を目指すものである。

幡谷は「牛の蹄病に関する広範な研究とその応用・普及」という功績で、1998年度日本獣医師会獣医学術功労賞を受賞した。

• 幡谷の信条

明治維新後に始まった学校教育制度は、欧米を手本にしたものの、儒学の基本である四書の「大学」が唱える、「修身斉家治国平天下」を尊重し、大学教育は、学生に教養を身に着けさせることが主眼であった。

これに対して、技術教育や職業教育は、その後も長い間、専門学校レベルとされ一段低く扱われた。

終戦時の物心両面の打撃から立ち直ると、科学、技術の著しい発達に基づく産業の復興は、生活レベルの向上を実現した。

専門教育の意義が広く認識された結果、獣医学教育も欧米並みに、6年かけて実施されるようになった。

新しい獣医学教育制度のもとで、いわゆる教養人を育てることが主ではなく、高度な実際的な知識と技術を修得した、若い専門家を養成する

ことが目標となった。

それによって初めて実力が世間から正しく評価され、それを基に獣医療の足元が、固められるからである。

しかし、当時は農学部の一部分にすぎない獣医学科であり、その目標の達成はかなり難しいと思わざるを得なかった。

幡谷の描く高遠な理想像は、「臨床獣医学教育の内容を格段に充実させること」であった。

そのためには、講義の時間に、教員が丹念に教科書を読み上げるような授業ではなく、臨床の教員は、自分が獲得した知識と実地の経験を、すべて学生に伝授することから始めるのである。

学生に予習を課し、時間中に教員と学生、あるいは学生同士で討議を行い、また毎週のように簡単なテストを行う。

また学生にグループ研究を課し、レポートを提出させるなど、改革は可能なことからまず手を着けることが必要であった。

つぎに、学部に比べて数段高いレベルの診療の手法を勉強し、自信を持って診療を行い、かつ後進を指導できる、臨床の"専門獣医師"を養成する制度を設ける必要を、痛感していた。

いずれにしても、臨床獣医学の教育体制を強化して、全体のレベルの向上を図り、診療の成果をあげる必要があった。

そのためには、小規模な獣医学科の統廃合を行って、内容の充実整備された獣医科大学を作ることと、大学と民間の臨床研究施設が協力して"臨床の専門獣医師"を誕生させることが必要である、という思いであった。

20世紀の終末期に描いたこのような幡谷の熱い思いは、現在、かなりの部分が実現されている。

70歳を過ぎた頃の幡谷に、叙勲申請の手続きをするので、履歴書と研究業績などを書いた書類を送ってくれとの電話が入った。

　以前、上野動物園長の古賀忠道博士の葬儀に参列した際、柩の傍に飾られた勲二等瑞宝章の勲記に「天皇」の名で授与されると書いてあった。

　幡谷の経歴からすると、古賀園長にならぶ勲等になると思われるが、その勲記を見ていると、かつて二等兵の昔に、「天皇」の名のもとに、上官からさんざん理不尽な殴られ方をした、苦しい、悔しい日々の記憶が、脳裏に鮮明に思い浮かんできた。

　本土空襲がひどくなり、ついには原爆の惨禍を招いた「天皇」から、勲章をもらうという気持ちにはとうていなれず、書類の提出を思いとどまった。

参考資料

• 竹内　啓：プロフィール・外科学の泰斗。家畜診療、87（1970）

• 幡谷正明：家畜外科学ノート・外科手術に関する2、3の考察。最近の獣医学、東京大学獣医学教室編（1951）

• 幡谷正明ら：牛の第四胃左方変位17例について。日本獣医師会雑誌、21、6（1968）

• 幡谷正明：牛の第四胃左方変位（総説）。日本獣医師会雑誌、21、9（1968）

• 幡谷正明ら：牛の第四胃右方変位9例について。日本獣医師会雑誌、22、10（1969）

• 幡谷正明：昭和47〜48年宮崎県下に多発した牛の異常産。家畜診療、137（1974）

• 幡谷正明：家畜外科学講座。宮崎大学農学部創立五十周年記念誌（1976）

• 幡谷正明：総論・大動物の麻酔。臨床獣医、5（1987）

• 幡谷正明：回想の日月。モリモト印刷（2006）

• 浜名克己：カラーアトラス、牛の先天異常。学窓社（2006）

　本項につき、資料と校閲を受けた鹿児島大学の浜名克己名誉教授に感謝します。

14. 獣医繁殖学の発展に貢献
繭守龍雄　IMORI Tatsuo（1920〜2017）

繭守龍雄博士

　明治初期から始まった、富国強兵策
の一環として、軍馬の増頭とともに
発展を続けた、日本の近代獣医学は、
1945年の第二次世界大戦終結ととも
に、軍馬の需要がなくなったために、
研究の方向が牛に変更された。

　軍国主義の時代から解放され、民主
主義への移ろいの中で、農耕馬に代
わって、田畑の耕作に、必需の役畜と
して重視されたのが、黒毛和牛であっ
た。

　その和牛も、農機具が普及するにつれて、1年1産を目指す子取り用
肉用牛に、用途が変わった。

　乳牛は、機械搾乳の普及とともに、高泌乳が求められるようになった。

　家畜の生産性を向上させる学問となった、戦後の臨床繁殖学（現獣医
繁殖学）は、牛の繁殖能力の向上を、至上主義のように求めるように
なった。

　しかし、当時の大学は、机上の理論水準は向上したものの、牛の繁殖
生理を、実際の飼養管理の中に生かせる研究者や、指導者の数は少なかっ
た。

　そんな中でいち早く、生産現場に直結した、牛の臨床繁殖学の研さん
に邁進し、農家の生活安定に向けて、実学の普及に貢献したのが、大阪

府立大学教授の藺守龍雄博士であった。

　1920年5月3日に、石川県で生まれた藺守は、幼年時代を大阪で過ごした。

　開業医だった父は、年中多忙をきわめていたため、たまの休日に、遊びに連れて行ってくれる約束をしても、毎日のように、急患で忙殺されるため、約束が実現されることは少なかった。

　そんな父の背中を見ながら育った龍雄少年の心の中に、医師という職業に対する憧れよりも、医業は家庭を犠牲にし、子供との約束を守れない職業であると、敬遠する気持ちが、大きく占めるようになった。

　当時は戦時中だったので、成長して陸軍に入隊する時がくれば、前線に出る機会は少なくて、貴重な軍馬の健康管理を役目とする獣医師になる方が、堅実だと思うようになった。

　大阪府立大阪浪速高等学校理科乙類（後に大阪大学）を経て、1940年に東京帝国大学獣医学科に入学し、薬理学を専攻した。

　1942年9月に卒業すると同時に、陸軍獣医学校に入隊し、タイ、ビルマ（現ミヤンマー）方面の戦線勤務に就いた。

従軍時代

　まさか前線に出ることはないと思っていたので、こんな筈ではなかったと戸惑い、複雑な気持ちになったが、「何事も御国のため」が第一主義の中で、危険な目に会うことにしばしば遭遇した。

友人と逃避行を続けていた最中に、後方から機関銃で撃たれ、友人は即死した。

　悲しくて、恐ろしい戦争体験は、その後もトラウマとなって、長らく脳裏から消え去ることはなかった。

　終戦で大尉となり、1946年に浦賀に帰還し、復員した。

　戦後の藺守は、GHQ*から公職追放命令を受けたので、公務員にはなれず、同年8月から武田薬品工業に入社して、細菌・血清製剤研究室の助手となった。

　その後、1949年9月に、広島の米国原爆障害調査研究所（ABCC）に移って、血清学の研究に従事した。

　公職追放が解けた1951年10月に、大国主命と因幡の白兎の物語にちなみ、「獣医療発祥の地」として、山陰の地に君臨する鳥取大学獣医学科で、外科学・産科学を担当する研究生活を始めた。

　戦後の日本の獣医学教育内容は、必然的に牛が中心となった。

　鳥取大学時代の藺守は、従来の馬を中心とした産科学や、外国（主としてドイツ）の家畜産科学書に準拠した内容を、10年1日の如く、受け売り的に講じるだけでは、適応できない分野が多くなってきたことを、実感する日々を送っていた。

　役畜から生産家畜への変換で、国をあげての産肉、産乳能力の向上が使命となった。そのため、産科学は、それのみに限定されず、広く畜産学を取り入れた生産科学を目指す、というジャンルの学問に、リニューアルされて再登場したのである。

　それまで、獣医産科学、繁殖学の範囲はもっぱら、家畜の生殖生理、妊娠および分娩の生理と衛生、分娩異常の処置、産科手術、産前産後の疾病、乳房疾患、初生子疾病、トリコモナス病*、そして人工授精などの分野について研究がなされ、それらを学生に教授していた。

「家畜臨床繁殖学」という言葉は、佐藤繁雄博士が1939年に命名したものであるが、まだ学術的伝統もなく、不毛の領域といわれていた。

新しい「臨床繁殖学」分野について、教育内容の充実を図るために、新進気鋭の研究者として、藺守はひたすら研究に邁進した。

若い頃の家族

鳥取は自然の豊かな街で、海岸には広大な砂丘が広がり、出湯の湧く城下町である。

しかし雨の日が多い山陰の気候は、藺守の気性に合わず、大阪での高校時代に、ラグビー部と水泳部に所属して活躍した頃の、澄み渡った青空が忘れられず、機会があれば大阪に転出したいと思うようになった。

そんな矢先に、長男を感染症で亡くすという、悲しいできごとに遭遇した。

解剖検査に立ち会ったところ、治療にサルファ剤を多用していたために、薬物が腎臓に蓄積して再結晶した結果、尿閉状態となり、尿毒症になっていたことが判明した。

そのことが分かっておれば、重曹を静脈に注射して、結晶化を防げることができたのにと、悲しみに暮れる日々を過ごした。

やがて、無念な思いを断ち切るように、友人や知人の多い大阪に転出した。

• 大阪府立大学

大阪府立大学獣医学科は、1883年に府立大阪医学校内に設置された、

大阪獣医学講習所に始まる。

1954年に大阪府立浪速大学となり、1955年に大阪府立大学に名称が変更された。

当時の獣医学科では、獣医病理学者の森田平治郎教授が農学部長を兼務中で、獣医学科陣容の充実を目指して、東奔西走していた最中であった。

そんな時期に、藺守は獣医外科学講師として着任したが、まだ臨床繁殖学の専門家はいなかった。

時あたかも、都市近郊酪農の発展初期だったので、当時の府大周辺に多くの酪農家が点在していた。

藺守は積極的に酪農現場に足を運んで、最も頻繁に発生している、繁殖障害の研究に取り組んだ。

故郷ともいうべき大阪の地で、水を得た魚の如く、病態生理の分析に力を注ぎ、臨床診断と治療の面に、数々の実用的な検討を加えて公表した。

繁殖障害、交配適期の確立、あるいは胎盤停滞*の研究など、学生時代に鍛えたラグビー精神を発揮しながら、日夜を問わぬ研究と、臨床に没頭した。

一方、研究室においては、分娩前の血清中黄体ホルモンの影響をみるために、バイオアッセイ*で、卵巣を切除したマウスの子宮内に牛血清を注入して、子宮内膜の組織学的な変化を観察しながら、黄体ホルモン濃度を測定するという研究に、邁進した。

藺守の研究は、酪農現場に直結した内容が多かった。

そのため、全国各地から講演の要請が相次ぎ、地方の獣医師たちの実地研修や、指導にあたる学外活動も、積極的に引き受けた。

このように、実用度の高い臨床の研究が、藺守の研究活動の前半期の

特徴となっている。

　農家が実際に困っている問題をとり上げ、その解決手段を見出すことを目的としたもので、それぞれに実績を上げる結果に結びついている。

　その内容は、「乳牛に多い、内分泌異常に基づく卵巣の機能異常の診断と治療の研究」と、「妊娠期、および分娩直後に発生する異常についての臨床的研究」に大別され、数多くの報告がある。

　その中で、乳牛の卵巣嚢腫＊の治療に、米国のアボット社から直接、治療薬 "ベトロフィン" を入手して、実際に臨床応用し、良好な成績を収めた研究がある。

　また、分娩直後に発生する胎盤停滞に対して、下垂体後葉製剤と、合成発情ホルモンの併用が、実際的かつ有用であるという報告をした。

　さらに、乳牛の乳熱＊（産褥麻痺）に対する濃厚カルシウム剤（ボログルコン酸カルシウム剤）の治療で、優れた治療成績を収めた。

　３年生のカリキュラムに、夏休み休暇中の臨床繁殖学実習として、山梨県清里高冷地農場（立教大学教授のポール・ラッシュ博士が創設）での牧場実習を組み入れ、夏休みの１週間、学生と寝食をともにした。

　毎朝５時に起床し、ジャージー牛の搾乳、放牧牛の監視、急性鼓脹症＊の処置などを、輪番制で実施した。

　この実習を４年間続け、毎年好評だったが、その後、他の大学の実習と重なり、多忙をきわめるようになったので、残念ながら惜しまれつつ中止になった。

　後年、臨床繁殖学実習に参加した卒業生たちから、あの頃の懐かしい思い出話が話題となることが多く、藺守の指導者としての企画力と手腕が、高く評価された。

　基礎的な研究では、海外の研究所との交流を通じて、当時の世界的な研究テーマの流れの中に身を置いて、研究を進めた。

その結果、黄体ホルモンを中心とした内分泌と代謝の研究で、国内の中心人物の一人として、認められるようになった。

これらの状況の下で、藺守門下から数多くの優秀な人材が育って、社会に送り出された。

主な人をあげると、元・神戸市衛生研究所細菌部長の仲西寿男博士、山口大学名誉教授の中間實德博士、日本動物病院協会第9代会長の是枝哲世氏、元大阪府人教授の野村紘一博士、摂南大学薬学部教授の宮田英明博士、北海道釧路NOSAIの柳谷源悦博士、元滋賀医科大学教授の鳥居隆三博士、東京農工大学名誉教授の加茂前秀夫博士、天王寺動物園名誉園長の宮下 実博士、東京農工大学教授の松田浩珍博士、トサキン保存会中部支部長で小動物開業の泉 憲明博士、宮崎大学医学部研究員の谷（木村）千賀子博士、鳥取大学教授の日笠喜明博士、医学・獣医学文献翻訳・Vetter Corporation 代表の岡（奥田）公代法学博士、大阪府立大学名誉教授の稲葉俊夫博士、明治大学教授の纐纈雄三博士などがいる。

しかし、この頃の寝食を忘れた超人的な研究に無理が生じ、胸部疾患を患うようになった。

それにもかかわらず、休暇を取ることなく、相変わらず研究・教育に活躍したため、その後、全治に2カ年余かかった。

1961年から2年間、米国のオクラホマ州立大学、コーネル大学およびミズーリ大学に留学した。

ところが、この時期の藺守は、まだ博士号を取得していなかったので、研究室のスタッフからは、ドクターではなくミスターと呼ばれ、悔しい思いをしながら研究に没頭した。

この時ほど研究者にとって、「博士号」の重さを身に沁みて味わったことはなかった。

　牛の胎盤停滞の原因は、妊娠末期のプロジェステロン*濃度が関与しているのではないかと考え、分娩前後の血液中プロジェテロンの生物学的測定法（フッカー・フォーベス法）で精力的に研究を進めた。

　この研究は学生の卒論テーマになり、中間實徳（現山口大学名誉教授）を助手にして、精力的にデータの集積に努めた。

　これまでの、府大における講義の多くは、実際の臨床よりも外国文献を参考にした講義が多かった。

　その点、藺守はそれとは異なり、実学を重んじて、近隣の酪農家へ毎週往診して、データを集積した。

　この間の研究が、東京大学に提出した学位論文「ウシの末梢血中のプロジェステロンおよびプロジェスチンの動向」の主体をなしている。

　永田正弘教授の停年後、1968年に教授に昇進し、研究室の主任として獣医外科学および臨床繁殖学の教育・研究に専念した。

・主な研究業績

　府大時代の研究業績として、単独や分担執筆した著書の主なものをあげると、「乳牛の後産停滞についての検討（日本獣医師会、1957）」、「乳牛の産褥麻痺（文永堂、1958）」、「分娩の生理機構（養賢堂、1959）」、「家畜繁殖学講座第3巻（朝倉書店、1959）」、「米国における家畜繁殖の研究（家畜繁殖研究会、1966）」、「家畜繁殖学—最近の歩み（文永堂、1978）」などがある。

　研究論文は、臨床における一連の繁殖障害をはじめ、妊娠・分娩・産褥期にわたる、末梢血中ステロイドホルモンの動態を調査し、各種ホルモン製剤や、プロスタグランジン製剤による治療効果など、また外科疾患など48編を専門学術雑誌に報告した。

　ここでは、主なものを紹介する。

乳牛の胎盤停滞：胎盤が一定時間以内に排出されない場合は、腐敗臭を放ち、不潔悪露（おろ）の長期間排出や、努責（どせき、いきみのこと）が続き、産道に損傷がある時は、膿毒敗血症を発生するおそれがある。

　その後は、子宮内膜炎となり、繁殖障害を生じるものが多い。

　乳牛では、泌乳量の増加が妨げられ、ケトーシス*を発症する例もある。

　しかし、当時のわが国ではブルセラ病*罹患牛に多発するという程度の知識で、本症についての詳細な研究はなされていなかった。

　そこで、乳牛における胎盤停滞の実態を把握するために、12時間以内に排出されないものを病的扱いとして、調査を行った。

　予防法として、合成発情ホルモンと下垂体後葉ホルモンの併用注射で好結果を得たため、実用化に近づける研究に努力した。

　乳熱：乳熱の原因について、世界中の研究者が長期にわたって研究を続けた結果、分娩直後の急性低カルシウム血症であることが判明した。

　しかし、臨床現場でカルシウム濃度を測ることは難しく、もっぱら特徴的な症状を把握する力が、名医と薮医を分けていた時代であった。

　治療内容について、血中のカルシウムが急激に乳汁へ移行することを妨げるという理論のもとに、乳房送風*が特効的な治療法といわれ、カルシウム製剤として、10％塩化カルシウムの静脈注射に限られた時代であった。

　そこで藺守らは、製薬会社から提供されたボログルコン酸カルシウム製剤が、新しい乳熱治療薬としての有効性を確かめるために、静脈内、筋肉内、皮下への注射を試み、いずれも良好な結果を得た。

　一部に乳房送風を併用し、カルシウム剤療法の効果が小さい時は、積極的に採用すべきであると考察している。しかし、乳熱の病態生理が明

らかとなった現在、乳房送風療法は消滅した。

卵巣嚢腫：繁殖障害において、卵巣嚢腫の病態は複雑で、最も治療困難であった。

卵巣に異常卵胞が存在するため、常に発情徴候がみられ、1965年代頃までは、絶えず咆哮して性質が狂暴となり、雄相を示す思牡狂（しぼきょう）がみられたが、現在は無発情型が、断然多くなっている。

藺守は、これまでに報告された国内の文献をピックアップして、卵巣嚢腫に対する考え方を検討し、治療の在り方、特にホルモン剤の種類や、投与方法などによる効果を研究した。

その結果、各々の治療法は、かなり有効であることが判明し、卵巣嚢腫の原因や誘因が、きわめて多岐にわたることを感じ取った。

それに加えて、アンチホルモンについても考慮しなければならず、薬剤の選択と、量および投与法を吟味することによって、さらに治療効果の向上が期待できることを報告した。

犬の椎間板ヘルニア：胴長の犬が罹患する傾向にある椎間板ヘルニアは、特にダックスフンドを飼育している愛犬家にとって、脅威的な疾病であった。

藺守は、講師の中間實徳博士（後に山口大学教授）に、ミズーリ大学獣医学部へ、8カ月余り、研究留学として派遣した。

中間は留学中に、ボジラブ教授から椎間板の造窓術を教授された。

帰国後に、椎間板ヘルニアで後躯が完全に麻痺した重症の犬に応用し、全例が歩行可能となり、再発もなかったという画期的な成績が得られ、症例を重ねて日本獣医師会雑誌に報告した。

乳牛の関節炎：1970年代、乳牛の関節炎はごくありふれた疾病でありながら、病態を詳細に記載した文献や、体系的な研究はなかった。

そのため、関節炎の真の姿を捕らえることができないままに、多頭飼

育、泌乳量増加対策が進むにつれて、いつの間にか疾病淘汰のトップを占める難病となった。

　中間や繭守らは、いち早く関節炎の発生状況、症状把握、起炎菌の分離・同定、さらに感染試験など、乳牛の関節炎の詳細な実態調査の結果を報告した。

　飛節（後肢の上部、足根関節）の腫脹と化膿例が多く、起炎菌としてコリネバクテリウム（現アクチノミセス）・ピオゲネス（化膿桿菌）を分離し、菌の接種試験で発症を確認した。

　この報告は、わが国における乳牛の関節炎（関節周囲炎）論文の草分け的な役目を担い、その後、多くの臨床家が症例を報告するようになった。

・学会活動

　1970年に、国際酪農学会の出席と、アジアの獣医学制度の調査を兼ねて、40日間にわたり、オーストラリア、インドネシア、フィリピンおよび台湾の各主要獣医大学を訪問し、学術交流を広めるための開拓を行った。

　家畜繁殖研究会（1986年より学会となる）の充実と発展に、全国の研究者を前にして、強いリーダーシップを発揮した。

　特に困難性が高い学生の実習教育に、地域農家との協力基盤を築いて、その克服を図るべきとする案を提唱し、推進した。

　そのため、府大動物病院に、全国に先駆けて、近隣農家の乳牛への臨床活動と、学生の実習の両目的用の、「家畜診療自動車」の導入を実現させた。

　この学外巡回診療の制度は、やがて全国の大学に次々と採用されて根付くことになり、この分野の関係者から大きく評価された。

　学生部長在任中の1972年のこと、府大農学部の緑地計画工学講座と、カリフォルニア大学バークレー校との間に、大学院修士院生交流の話が起こった。

　両大学の間に、修士学生の毎年の交流と、単位の互換を認める制度が取り決められた。

　この制度は、わが国の大学院として初めての、先進的な試みであった。

　人と動物の妊・不妊問題を広く扱う学会とし、「日本不妊学会」が1956年に設立された。

　藺守は、当初から獣医学・畜産学領域に貢献し、新しい学会の普及と充実、発展に努力し、教授となった1968年からは、同学会の監査幹事として活躍した。

　1971年に、日本で開催された「第7回国際不妊学会」で、実行委員に選ばれて会の運営にあたり、同学会の成功の原動力となる貢献を果たしたので、1988年に、同学会から、終身名誉理事の称号が授与された。

　1978年から、日本獣医畜産学会の会長を2期務めた。1980年および1983年の2度にわたり、アジア地区獣医師大会（東京、ソウル）で総括議長を担当し、国際的な貢献を果たした。

　1984年に大学を退職した後の3年間、国際協力事業団の科学技術専門家となった。

　チリ国との「政府間科学技術協力（ODA事業）」では、「家畜繁殖研究プロジェクト」の現地代表者となり、南チリ大学客員教授として、このプロジェクトを成功に導く国際的な貢献を果たした。

　藺守は英語が得意だったので、講義の時もいろいろな英単語を交えて話す習慣があった。

　たとえば「HandをSoapでWashし…」などで、学生たちも自然に英単語に馴染みができ、人気が良かった。

趣味として麻雀を楽しむことがあった。あまり強くなかったが、府大の宿直室に残されていた麻雀の記録ノートに、藺守の名前がかなりの頻度で書き記されていることから、かなりはまっていたのではないかと推測できる。

　藺守はおしゃれで、ダンスが得意だった。外科研究室の忘年会では「ホワイトクリスマス」を英語で歌う美声の持ち主だったので、さぞ女性に人気があっただろうと、学生間で噂された。

　このように、学生、院生との交流の中で、酒が入れば歌や踊りが出る陽気な人柄であった。

　学生時代に水泳選手として活躍（極東大会候補）した関係上、水泳部顧問として、また本人自身の美容と健康のために、泳ぐ機会が多かった。

　休日には愛車を使って、一家でドライブすることが多かった。

叙勲に感謝する夫婦

　晩年の生活は、カナダ人と結婚したお嬢さんが、アルバータ州に住んでいるので、藺守夫妻もバンクーバーの眺めの素晴らしい高級マンション（コンドミニアム）に移住した。

　冬になれば日本よりも寒くなるので、友人の紹介で大分県の別府にマンションを借りて、温泉を楽しむ生活をしながら、日本とカナダの往復生活をする時期があったが、高齢化が進むと、お嬢さんの住む家の近くに居を構えるようになった。

　1994年の秋に勲三等旭日中綬章を受けた。

参考資料

- 藺守龍雄ら：乳牛の後産停滞に対する脳下垂体後葉製剤の利用に関する臨床的研究（1）。日本獣医師会雑誌、13、6（1960）
- 藺守龍雄ら：乳牛の産褥麻痺（乳熱）に対する濃厚カルシウム剤（ボログルコン酸カルシウム主剤）の治療試験。獣医畜産新報、322（1962）
- 清水亮佑：プロフィール（臨床繁殖に研鑽）。家畜診療、97（1971）
- 中間實徳ら：乳牛の関節炎とその起炎菌について。日本獣医師会雑誌、23（1970）
- 中間實徳ら：我が国における牛の卵巣囊腫の治療法とその成績（上）、（下）。獣医畜産新報、617、618（1974）
- 中間實徳ら：犬の椎間板突出症に対する腹側椎間造窓術の臨床例。日本獣医師会雑誌、35（1982）
- 望月　宏：森田平治郎先生を偲ぶ。獣医畜産新報、506（1969）
- 山内　亮、橋本義之：臨床繁殖分科会。日本獣医学の進展、日本獣医学会（1985）

本項につき、資料および校閲を受けた山口大学の中間實徳名誉教授に感謝します。

15. 世界的な食中毒菌研究者
阪崎利一　SAKAZAKI Riichi（1920〜2002）

　刺身や握り寿司、牛肝臓の生食、あ
るいは運動会や祭りに予約注文した弁
当を食べた後や、学校給食で食中毒が
発生したというニュースに接すること
がある。

　重症の場合は、死者の出ることもあ
る。

　集団食中毒に対しては、病院や高齢
者介護施設の給食で、その発生予防が
重要課題となる。

　このような食中毒の病原菌をひたす

阪崎利一博士

ら研究し続け、数々の世界的な偉業をあげるとともに、食品の微生物衛
生検査法の開発に貢献したのが、「獣医学」出身の阪崎利一博士である。

　阪崎は1920年8月に、三重県四日市市の荷馬車運送業の家に生まれ
た。

　人の出入りが多い家だったので、自然といろんなことに興味を持ち、
早くから大人の世界に馴染んだ早熟な子供であった。

　父は馬を多数飼育して手広く仕事をし、三重県随一の運送業者になっ
ていた。しかし戦争が始まると馬は軍に徴発され、築いた財産を使い果
たしてしまった。

　1935年のこと、東京には中学2年を終了していれば、無試験で入学で

きる獣医学校があることを人づてに知ったので、東京へ行って獣医師になりたいと、父を口説き落とした。

　もちろん、当時の阪崎は獣医師になりたいと思っていたのではなく、ただ田舎を離れて、都会で暮らしたいという想いが募ったからであった。

　母が用意してくれた柳行李と布団を持って単身上京し、日本獣医学校獣医学部（現日本獣医生命科学大学）に入学した。

　学生となった阪崎は、大都会の東京に馴染むよりも前に、すぐに花柳界や芸能界に、馴染みができた。

　若い阪崎にとって、有楽町界隈が自分の憧れの世界となっていった。

　本来の授業はそっちのけで、もっぱら浅草のエノケン一座やロッパ一座の使い走りなどをしながら、有名な作家や歌手、俳優とも馴染みになり、映画や演劇評論家の代筆のアルバイトまで引き受けて、生活費用を稼いだ。

　この頃に観た２本の米国映画「科学者の道」、「偉人エールリッヒ」と、ドイツ映画「ロベルト・コッホ」は、３本とも芸術性を論じるものではなかったが、阪崎の心に大きな刺激を与え、終生忘れられない映画となった。

　たとえ生活費を稼ぐためとはいえ、放蕩者まがいのだらだらした生活は、卒業までと決めていたので、1938年春に卒業を迎えると、これまでの生活ときっぱり縁を切った。

●北里研究所

　この時代における巷の臨床獣医師は、まだ「けだものの医者」という程度の認識しかされていなかった。

　すでに日中戦争（1935～45年）が始まっていたので、大陸では活兵器

となる軍馬のために、獣医師を必要としていた。

　国内では獣医師の需要は少なく、約70名の卒業生のうち、就職が決まっていたのは、ほんの４〜５名に過ぎなかった。

　どうしたわけか、その４〜５名の中に、阪崎が入っていた。

　就職先は北里研究所であった。学生時代に血液や血清運搬のアルバイトをして顔を覚えられていたことが、採用理由の１つであったかもしれない。

　アルバイトをしている時に、ある先生と飲んだことがあった。

　その時に卒業後のことを尋ねられ、獣医臨床には興味がなかったので、「獣医師になるつもりはありません」と答えたところ、「それなら北里研究所へ来ないか」と言われたのである。

　とりたてて細菌学に興味を持っていたわけでもないのだが、これまでのだらだらした生活から抜け出したい一心だったので、１も２もなく「お願いします」と頭をさげた。

　この酒の場が、阪崎の一生を決めることになろうとは、その時は夢想だにしなかった。

　北里研究所に就職して数カ月が過ぎた。当時は北里研究所や伝染病研究所に入所すると、３カ月間は細菌学の講習を受け、その後、研究室に配属されるしきたりであった。

　講習内容が意外にも、阪崎の細菌学への興味をかきたてることになった。

　かつて感動した映画の影響もあり、細菌学で身を立てる決心をして、その後は俄然、勉学に身をいれるようになった。

　当時の細菌学の教科書といえば、慶応大学の小林六造博士の「簡明細菌学」と、北海道大学の中村　豊博士の「細菌学講本」くらいしかなかった。

とにかく、その2冊を購入して毎夜丸暗記するまで繰り返し、繰り返し読んで、内容を頭に叩き込んだ。おかげで睡眠時間は4時間足らずであった。

若い純真な気持ちで積極的に覚えた知識は、大成してからも、医学細菌学の阪崎の知識の礎になった。

しかし数カ月の研究生活の間に、自分の学歴不足を身に染みて感じるようになった。

なんとか研究の道に入れたものの、このままでは、いくら一生懸命に働いても、所詮は医学者の使い走りのような、惨めな生活から脱せないことに、嫌気がさし、われながら我慢ができなくなってしまった。

悩んだ末に一念奮起、もう一度、高等獣医学校に入ってやり直そうと決心して、研究所を辞め、1939年の春、以前に学んだ獣医学校の高等学部に再入学した。

すでに職場経験のある阪崎は、以前の怠惰な獣医学生の時とは、比較にならぬほど勉学意欲に燃えていた。

1学年が終わった時の試験成績は、トップであった。そのおかげで特待生として授業料が免除されることになった。

首席の成績は3年間、卒業するまでずっと続いた。

1941年の卒業に際して、阪崎としては当然のように、再び北里研究所においての研究生活を夢見ていたが、どうしてもと懇願され、獣医学校に残り、細菌学研究室の助手として働くことになった。

こんな時だった。かつて北里研究所の恩師であった三浦四郎博士に、馬から分離された菌が、サルモネラらしいから調べてみろと、検体を渡された。

これが阪崎のライフワークとなった、サルモネラとの最初の出会いであった。

そのサルモネラはサルモネラ・ティフィムリウム（ネズミチフス菌）であった。

　ネズミチフス菌は現在では珍しくない菌であるが、当時は馬から分離されるサルモネラはサルモネラ・アボルタスイクイ（馬パラチフス*、馬流産菌）のみと考えられていたので、研究室では大ニュースとなった。

　この時の阪崎はまだ卒業したばかりだったので、サルモネラをどうして同定していいのやら、型別はどうすればいいのかもわからず、渡された菌を、参考書を頼りに、ああでもない、こうでもないといじくり回しているうちに、招集令状が来て、軍隊に引っ張られてしまった。

• 軍隊での経験

　1942年に京都軽重兵連隊に入隊した。軍隊における馬は、活兵器であった。

　疝痛*（腹痛）で馬が死ぬことはまれではなかったが、もし死ねば、中隊長は処罰され、中隊全員は少なくとも1カ月の外出禁止となる。

　そのため自分の中隊の馬に疝痛が発症すれば、中隊総出の大事件となった。そして間もなく本当に疝痛馬が出た。

　「君は獣医出身だな。この馬をどう診断する？」

　「よく分かりませんが、鼓脹*がないようですから便秘疝*ではないかと思います」

　「うん、で…君ならどう処置する？」

　阪崎は臨床にまったく興味がなく、もちろん治療経験もなかった。しかしほんの少しではあるが、内科学の記憶が残っていたので、初めに下剤を与えると、胃破裂で死ぬことが多いということを覚えていた。

　「まず直腸検査で便秘部の糞塊をもみほぐし、浣腸と胃洗浄を交互に繰り返します。症状がなくなったら下剤を与え、迷走神経興奮剤*を注

射します」

「面白い。じゃあ、この馬の治療はすべて君に任すからやってみろ。心配するな。何かの時は俺が責任を持つ」

「特別の場合だ。下士官も兵隊も遠慮なく使え。俺からも全員にそう伝達する」と言われた。

こうなったら一か八かだ。やるしかない。覚悟を決めて治療に取りかかった。古参兵もクソもなかった。

彼らに馬の腹の皮膚が擦りむけるほど、ワラで15分間こすらせ、その後に塩酸ピロカルピン*の注射をしたところ、約１時間半後に馬は回復し、安静となった。

「よくやった！」獣医官と中隊長に褒められ、全員から安堵の声があがった。

１週間後に幹部候補生試験があり、甲種に合格した。さらに獣医幹部候補生試験にも合格し、陸軍獣医部甲種幹部候補生となり、星が１つ増えて一等兵。さらに１カ月後にはもう１つ増えて上等兵に進級した。

時あたかも、高峰三枝子の「湖畔の宿」や、灰田勝彦の「新雪」が、流行していた年であった。

６カ月間の陸軍獣医学校*では、軍馬について必要なことを、集中的に勉強することが主体であったので、それに対する苦労はいらなかった。

試験では専門的常識が出題されたので、秀才の阪崎にとっては特に試験勉強をすることもなく、比較的気楽だった。

６カ月の教育期間が過ぎ、卒業の数日前のこと。学生の時に世話になっていた北里研究所の三浦博士が面会に来た。三浦は陸軍獣医学校の嘱託も兼ねていたのだ。

「じつは君と東京帝大出の某君とが、同点で首席なんだそうだ。それで学校ではどちらを優先するか困って試験をやろうとしているが、どう

257

する？一番には恩賜の銀時計がついているらしいよ」

「譲りますよ。ここを一番で出たってどうってことはないし、第一、恩賜の銀時計なんてもらったら、現役に志願させられたり、あとがうるさいですよ。私は軍隊で飯を食いたくないですからね。

相手は帝大まで出ているので1番にふさわしいから、私のことは断ってください」

そして、その他一同の組で、陸軍獣医学校を卒業した。1942年11月のことであった。

軍隊で悩みの種は馬の伝染性貧血*（伝貧）というウイルス病であった。

その診断には一般に赤血球沈降速度*、いわゆる血沈と赤血球数の計測が行われていた。

阪崎は学生時代に北里研究所で習った、最新の診断法である、肝臓穿刺による肝臓の病理組織学的検査法を、野砲隊の馬で試してみた。

得られた組織片を、阪崎の考案した固定、包埋、染色の迅速法によって、3時間以内に診断できることを披露したところ、獣医部長にひどく気に入られた。

この診断法は中部軍の獣医部長会議でも講演させられ、わが部長は鼻高々であった。

ある時、軽重兵連隊で日曜日に外出した兵隊が、翌朝急死して大騒ぎになった。

外出した時に食べた何かの中毒ではないかと考えられたが、そのニュースを聞いた時、阪崎は何気なく「炭疽*みたいですね」と部長の前で言ったところ、部長はさっそく軍医部長に電話をした。

ただちに陸軍で調べたら、本当に炭疽だった。これでまた部長の鼻が

いっそう高くなった。

ビルマ（現ミャンマー）戦線のとき、インパールでは馬の熱帯性伝染病であるズルラ病が発生した。トリパノゾーマ*という血液寄生性の原虫が、水牛に健康保菌されており、アブによって馬に媒介される。

現地の馬は自然免疫を獲得しているが、日本から連れてきた300頭の軍馬は、急激に全身貧血を起こして、全頭死亡した。

そんな残酷な悲劇が繰り広げられるのを目の当たりにし、マラリア*やアメーバ赤痢*を恐れながら、飲まず食わずの逃避行が続いた。

1945年の終戦を迎えると、アーロン収容所において捕虜生活が始まった。

窮屈で暗い生活の中で、虜囚たちは劇団を作り、阪崎自身は監督兼脚本家となって、集団の活気づけに奮闘した。

その間に英国人幹部と親しくなり、幸運にも彼から最新の細菌培養技術を習うことができた。

2年後に日本に復員し、三重県技術吏員になって糊口をしのいだ。

法律によって、保健衛生所が設けられてから間もない頃であったが、伝染病隔離舎の細菌検査を引き受けてくれという、依頼が舞い込んだ。

夢がかなったというにはほど遠かったが、とにかく、ふたたび細菌がいじれるという喜びに、エネルギーのはけ口を求め、嬉々としてその仕事を引き受けた。

• サルモネラの研究をライフワークとする

帰国の挨拶や近況報告を兼ねて上京し、恩師である北里研究所部長の三浦博士を訪ねた時、偶然にも誰かの机の上にあった1冊の小冊子が目に入った。

エドワードとブルナー著「サルモネラの血清学的識別法」というモノ

クロの写真のコピーであった。

　内容は分からなかったが、「サルモネラ」の字が眼に飛び込んだ瞬間、７年前にわけも分からずこの菌をいじっていたことが頭によみがえり、「よし、サルモネラをやろう！」と決意した一瞬だった。

　三浦博士の口添えでそのコピーを借りて帰り、小遣いをはたいて写真コピーを作成した。

　阪崎の研究はその後、シトロバクター・フロインジ、大腸菌などの腸内細菌、ビブリオ（カンピロバクター）、アロエモナスにまで広がったが、生涯の研究の出発点は、今も机の奥深くに保存されている、この写真のコピーであった。

　わが国で初めてサルモネラが注目されたのは、1936年に浜松市で発生した大福餅による、血清型エンテリティディス（腸炎菌）中毒事件であった。

　これはゲルネル博士（1888）が、ドイツで、食中毒事例から分離した、細菌による食中毒を初めて明らかにした時の菌であった。

　それ以来、戦争中の細菌学会でブームになったが、終戦後はサルモネラの型別のような地道な仕事は嫌われたため、誰も手をつける人がいなかった。

　終戦直後までは、人の急性胃腸炎から分離されるサルモネラの90％以上は、1936年以来の血清型エンテリティディスであった。

　終戦と同時に、日本人の海外からの引き揚げ、外国軍隊の進駐、食料品の輸入などで、それまで日本になかった血清型が入り込んできた。その結果、予想もされなかった血清型が、面白いように分離されるようになった。

　ちなみに、現在わが国で分離されるサルモネラの血清型数は100を超

える。

　研究としてサルモネラを選び、もう１つ、金を稼ぐ手段として梅毒血清反応を取り上げた。

　当時、梅毒血清反応は、どの病院もお手上げの状態であった。阪崎はアーロン収容所時代に、カーン梅毒診断法を身につけていた。

　阪崎が研究にサルモネラを選んだ理由は、サルモネラしか経験がなかったことと、ほかに誰もこの菌を研究している人がいなかったからである。

　サルモネラの研究に欠かせないのが抗血清であるが、自製するしかなかった。

　そこで知人の動物商からウサギを20羽入手し、菌株は北里研究所からもらってきた。

　準備期間が過ぎて業務を始めると、今まで隔離舎以外はゼロだった検査依頼が、方々の施設から殺到し始めた。

　特に梅毒診断テストは三重県内一円から依頼があり、週に200件を超えた。

　１人では大変だと気を配ってくれたのか、保健所から保健婦を１人助手に回してくれたので、検査の方は楽になり、研究も少しずつ、できるようになった。

　しかし、サルモネラに関してはまだ定義がはっきりしていない頃だったので、苦労の末にDHL寒天培地＊を作ることに成功した。

　経験を積むにしたがって、ほとんどのサルモネラが硫化水素を生産することが分かり、同定がきわめて容易になった。いわゆるSIM培地＊を考案したのもこの頃であった。

　こうして1950年の春頃までに、数百株のサルモネラを下痢患者や動物から分離することができた。

当時、日本のサルモネラの大半は血清型エンテリティディスというのが定説であったが、収集された菌株の約半数は、まだ報告されたことのない血清型で、仕事が進めば進むほど、研究の面白さは増していった。

　1948年9月に結婚した。

　1949年の夏に、ある工場の社員寮で集団食中毒があり、その原因菌が血清型ティフィムリウムであることを確認した。

　ところが、県衛生部の予防課長から「日本にそんな血清型の菌は、あるはずがない。エンテリティディスかパラチフスBの間違いだろう」と文句をつけられた。

　日本のサルモネラの知識は、まだその程度の時代だった。

　この頃から、細菌学の道にはどうにか入れたが、何とかして東京に出たいという思いがつのり、悶々とする日が続いた。

　阪崎には、東京に出て研究者として成功したいという、大きな夢があった。

　1950年が明けた春先に、1通の手紙が届いた。

　少し前から、カーン梅毒診断抗原が市販されるようになったが、使用してみると阪崎の自製のものより反応が弱かった。

　そのことをしたためて、製造元の中村滝公衆衛生研究所に送ったところ、手紙の返事を兼ねた、所長からの招聘状が届いた。

　この部門の責任者が退職して困っているので、ぜひ来てほしいという要請であった。

　またとないチャンスの到来だ。この機会を逃したら、東京に出る機会は当分ないかもしれない。

　村松文三の漢詩「題壁」にある「男児立志出郷関　学若無成死不還　埋骨豈惟墳墓地　人間到処有青山」が、その時の阪崎の心境であった。

　まさに渡りに船の心境で、新しい研究所生活に入った阪崎の待遇は、

カーン梅毒診断研究室の室長で、業務に支障が出ないかぎり、他の研究
をやってもよいという条件までついていた。

　生涯に100編を超える阪崎の論文の第 1 報は、この職場で書いた、「熱
性患者より分離せるサルモネラ・シムスブリイとくに本菌とサルモネ
ラ・センフテンベルグとの関係」であった。

　1950～53年に発表した14編は、サルモネラと食中毒の研究で、特にサ
ルモネラの型別用血清を自製した、わが国で初めて、自然界における血
清型分布の広範な調査研究をした内容である。

　中村滝公衆衛生研究所の北野政次所長は、四七三部隊の部隊長を務め
た、元陸軍軍医総監（中将）であった。

　阪崎にとって、北野は細菌学の権威であり、実に面倒見のよい所長で
あった。

　阪崎がこの研究所でサルモネラの研究を続けられたのは、北野所長の
おかげであった。

　1951年のこと、北野は阪崎のために、無理をして高価な学術書を買っ
てくれた。

　それは「カウフマン著：腸内細菌、第 2 版」であった。カウフマンは
当時、腸内細菌の第一人者で、阪崎も喉から手が出るほど欲しい本だっ
たが、当時の生活では、とても買えるものではなかった。

　勤務が終わると、本を借り出して持ち帰り、翌朝またそれを研究所の
書庫に収める毎日で、夕食をすませると、夜中の 2 時まで写本すること
が約 6 カ月続いた。

　書き写している間に、本の内容の隅々までが自分の知識となり、何物
にも代えがたい、阪崎の一生の財産になった。

　そのノートに、阪崎夫人が記念のためといって、布張りの表紙をつけ
てくれた。

間もなく数人の助手がついたので、カーン診断液の他に、サルモネラ
の診断用血清や、ようやく日本でも使用され始めたSS寒天の乾燥培地*
を製造し、製品化した。

　1952年の5月頃から体がだるくなり、めまいがして起き上がれなく
なったので、医師に往診してもらったところ、肺結核であると診断され、
まさに青天の霹靂で、目の前が真っ暗になった。
　わずか3カ月間であるが、静養して胸水が消えたので、再び仕事を始
めた。

• ネズミ媒介説を覆す

　その頃には阪崎のサルモネラの研究は、学会で認められるようになっ
ていたため、三浦博士や田嶋嘉男博士（国立予防衛生研究所獣疫部長、
東大医科学研究所教授）らの世話で、1953年9月に農林省家畜衛生試験
場に就職できた。
　家畜衛生試験場時代に「家畜におけるサルモネラ分布調査研究班」が
組織されたので、当時、阪崎の下にいた浪岡茂郎（後に北海道大学教授）
と一緒に、土曜も日曜もなく、それこそ馬車馬のように研究に専念した。
　当時、サルモネラ症はネズミが媒介し、サルモネラ症にかかった家畜
の肉を食べて発病するというのが、定説になっていた。
　たしかにエンテリティディスはネズミのパラチフス菌であるから、ネ
ズミを媒介体と考えたことは一理ある。
　しかしエンテリティディス以外に、約10種類の血清型が人のサルモネ
ラ症の原因になっており、また多数のネズミを調べても、人に関係する
血清型は発見できなかった。
　当時のサルモネラ食中毒の予防に対する行政の指導は、ネズミの駆除

と食事前の手洗いの励行で、外国のように食肉や卵からの感染を考えに入れていなかった。

そのことに疑問をもった阪崎は、ことあるごとにこれを指摘し、今までの考えを改めることを力説したが、それが成果を得るまでに10年かかった。

1960年頃までの日本では、鶏卵が国民の重要なたんぱく源で、人のサルモネラ症は鶏卵によるものが多かった。

鶏の飼料にする輸入魚粉のサルモネラ汚染が国際的に大きな問題となっていた。飼料中のサルモネラは当然、鶏の糞便中に排泄される。

産卵時に母鶏の糞便が卵に付着し、その中にサルモネラが存在し、夏の温度で適当な湿度があれば、サルモネラは一夜で卵殻を通して卵の中に侵入する。

この事実は、北海道大学の浜田輔一教授によって明らかにされたが、阪崎も同じことを確認した。

問題は、一度ふ卵器に入れた卵は、サルモネラ汚染率が著しく高くなり、発育中止卵が、しばしば菓子や卵焼きの材料として、売られているということであった。

サルモネラはネズミが媒介するという定説をくつがえし、サルモネラに汚染された鶏卵や鶏肉が感染源であることを、学会で報告したところ、新聞が大きく書き立てた。

そのために卵の価格が大暴落し、養鶏業界に大騒ぎを巻き起こした。

その騒ぎのおかげで鶏卵の取り扱いが改善され、鶏糞を洗い落した鶏卵が1個1個ケースに入れられて、生鮮食品なみに扱われるようになった。

阪崎は、このような偉業を成し遂げた。

一難去ってまた一難の諺のごとく、1954年に阪崎の肺結核が再発し、自宅休養を余儀なくされた。

　はじめのうちは研究に対する焦りがあったが、それがやがて諦めにかわると、それまで暇がなくて読めなかった本や雑誌を読み、思わぬ息抜きの休養を6カ月間した。

　このような時に、田嶋博士から国立予防衛生研究所に移らないかという話がきた。

　1952年に三浦博士が北海道大学教授として札幌に移った時、「国立予防衛生研究所獣疫部長の田嶋博士のところに行け」と言われていた。

　田嶋は三浦と北海道大学の同期生だったので、さっそく訪問すると、「三浦君から君のことを頼まれた。これからは僕が話し相手になるから、遠慮せずに来たまえ」との言葉に感激し、それ以来、田嶋に相談するようになった。

　家畜衛生試験場は研究機関としては申し分なかったが、あくまでも家畜の感染症や病原菌の研究施設で、阪崎の研究には適切な施設といえなかった。

　家畜にもサルモネラによるパラチフスや雛の敗血症はあるが、阪崎の研究対象は家畜に対する病原性のみでなく、サルモネラ全般であったし、その頃は大腸菌や他の腸内細菌にも手を広げていたので、ますます家畜の病気とは無縁になって、研究がやりづらくなっていた。

　田嶋はそのことを気にかけて、国立予防衛生研究所がサルモネラの専門家として、阪崎を求めていると、声をかけてくれた。

　そこで肺結核の空洞切除手術を済ませて、1959年に転出を決意し、場長に挨拶に行った。

　その時、これまで阪崎にあまり好意的でなかった場長から、意外にも転出に反対された。

　「君の研究はこの試験場にふさわしいものではない。だから僕はよく君に文句を言った。君は僕の前では分かりましたと殊勝らしく返事をしていたが、決してその研究をやめようとしなかった。

　僕は場長として、決められた研究に沿わない研究は、やめろと言わざるを得ない。

　しかし研究というものは個人のもので、何と言われようとやった者の勝ちなんだ。

　君の研究に、僕は全然予算を割り当てなかった。しかし君はそれにへこたれずに、欲しいものはほかの部屋から貰い受けて、研究を続けていた。

　君の研究がここにふさわしいものでなくても、学会では高い評価を受け、それは結果的にこの試験場の評価を高めていることは、医学界の多くの学者から聞いている。

　試験場のほかの連中は僕の真意を知らず、僕が研究を中止しろと言えばすぐにやめてしまう、イエスマンばかりだ。

　そんな中で君のような存在は、この試験場にとって将来とも絶対必要だと、僕は信じている。だから君を手放したくないんだ。

　君はこの試験場にいれば、将来部長になれる男だよ。獣医師が医師の中に入れば、いかに惨めか、君も分かっているだろう。

　誰を見ても、ただ医師に利用されているに過ぎない。それを自分から医学の研究所に入って、苦労することはないんじゃないか」

　場長からこのような言葉が聞けるとは、夢にも思わなかった。この一瞬、この試験場における、人に言われぬ今までの苦労が、報われたと思った。

　「医学機関の中で医師と渡り合って研究するか、ただ利用されて終わるかは僕の覚悟次第で、自分の夢をそこに賭けてみたいんです」

こうして1959年3月に国立予防衛生研究所（現国立感染症研究所）に移った。

その前年の1958年に、阪崎は北海道大学に、「日本に分布するサルモネラおよびアリゾナの現況と、疫学上における犬の意義」と題する論文を提出し、獣医学博士の学位が授与された。

• 国立予防衛生研究所

高望みをせずに最初にサルモネラの血清型別に取り組んだことが、期せずして自分の将来を支配することになった。

参考書だけで習得したものは、初めに不安はあっても、何年も同じことを続ければ、本に記載された理論や技術上のニュアンスは、分かってくるものだ。

それに比べて、指導者について習得したものからは、それ以上のものが得られない。研究の道に入って、最初の5年間で阪崎が得たものは、この哲学であった。

サルモネラの血清型別はすべての病原菌の血清型別の基本といわれる。

阪崎が東京に出て間もなく、病原性大腸菌、アリゾナ・ベセスダ・バレラップなどという腸内細菌の新しい知見が、堰を切ったように日本に流れ込んできた。

サルモネラで経験を積んでいた阪崎は、容易にそれらの菌の知識を、自分のものにすることができた。

阪崎がEnterobacteriaceae,（腸内細菌科）の研究を、一生のものにしようと心に決めたのは、この頃である。

そしてもう1つ、培地があった。それはSS寒天培地*である。

この時の経験から得たのは、細菌学の研究に培地がいかに大きく影響

するかを、知ったことである。

　その時を機会に、数年かかって勉強した細菌生理学と培地についての知識が、その後の阪崎の進路に、大きな役割を果たすことになった。

● 無謀な人体実験

　ある時、懇意にしていた開業医師から、赤痢に似た腹痛と、発熱を示す姉妹の患者の、便の培養検査が依頼された。

　しかし2人とも赤痢菌は検出されず、同一性状の大腸菌が、純粋培養状に、分離された。

　この大腸菌は、既知のものとは一致しない、新しい血清型であることを確かめた。

　当時は日本細菌学会でも、日本伝染病学会でも、まさに大腸菌ブームの時代であり、そのほとんどが乳幼児の胃腸炎を対象としていた。

　現在のような腸管病原性大腸菌の研究で、赤痢由来の大腸菌は内外の報告が当時なく、阪崎の研究は、ここで行き詰まってしまった。

　というのは、その大腸菌は姉妹の赤痢菌と因果関係があるに違いないのに、それを証明する手段がなかったからである。

　現在では細胞培養や遺伝学的手法で、簡単に証明が可能であるが、当時は人体実験で確かめるより、方法がなかった。

　あれこれ考えた末に、数カ月後の朝10時に、阪崎は誰にも内緒で、ブイヨン培養液0.1mlを牛乳と一緒に飲んだ。

　日中は普通に過ごしたが、帰路の途中から急に腹痛症状が出現し、急いで三鷹駅のトイレに飛び込んだが、激しい渋り腹で身動きができなくなり、1時間以上もトイレにしゃがみ続けた。

　その後、なんとか家までたどり着いたものの、症状は一向に収まらず、体温は39度に上昇した。

万が一のことを考えて、カバンの中にストレプトマイシンを用意していたが、症状が出ても服用せずに、経過を記録するつもりだった。

　しかしあまりの苦しさに、我慢できなくなったので薬を飲んだところ、それ以上に症状が悪化することはなかったが、2日間は死ぬような苦しみを味わった。

　夫人には、昼食に食べた天ぷらにあたったとごまかしたが、あとでバレてコッテリ、油をしぼられた。若さにかまけた無謀な人体実験であった。

　この大腸菌をその後、コペンハーゲンの国際大腸菌センターに送ったところ、赤痢菌様病原性を持つ大腸菌で、新血清型O136：H-と決定された。

　すなわち腸管侵入性大腸菌の概念を確立した最初の報告となり、近年の赤痢菌の病原因子解明の基礎となった。

　後年のことであるが、1996年に大阪府堺市の学校給食における腸管出血性大腸菌O157による集団中毒事例が、社会的な問題となった。

　阪崎はすでにO26、O111なども含めたベロ毒素＊生産大腸菌の先駆的研究を行い、そのリスクを評価し、注意を喚起していた。この堺市の事例については、「かいわれ原因説」に納得しなかった。

　阪崎が国立予防衛生研究所を停年退職する頃になって、日本のサルモネラにふたたび大変動が起きた。

　1955年以来、食中毒原因血清型としてはほとんど姿を消していたエンテリティディスが再び現れ始め、今や食中毒の大半の原因になっており、しかもその感染源は鶏卵であった。

　家畜衛生試験場時代に膨大な数の鶏卵や鶏を調べたが、まったく検出されず、当時は米国でも同じ調査結果であった。

　それが今、なぜ鶏に？　今のエンテリティディスは1980年頃に、英国

からの種鶏の輸入とともに持ち込まれたもので、数年の間に日本全土に広がった。

種鶏の汚染が次の世代の鶏に、卵巣の保菌はその鶏の生涯に及ぶため、産卵された卵の内部に存在することになる。

現在の食中毒統計でも、この現象が続いている。

もう1つ忘れられないのは、ヘビのサルモネラの研究である。

爬虫類にサルモネラが多いことは、以前から文献で知っていたので、阪崎に指導を求めてきた学生に、卒業論文のテーマとして与えた。

彼は浅草のマムシ屋と交渉し、マムシの糞便からサルモネラの分離を始めたが、驚いたことに、80％以上のマムシからサルモネラが検出された。

そのサルモネラは、人や家畜から分離されるものと違って、4相の鞭毛を持っていた。

サルモネラの鞭毛はふつう2相であるが、人為的に変異を強制すると、最終的に4種類の鞭毛層が出現する。

このような鞭毛層の変異は、阪崎自身でも実験を試みていたが、太古には3相性、4相性であったものが、進化の過程で遺伝子が脱落し、現在のような2相性になったのであろう。

● 腸炎ビブリオの研究で朝日賞

1960年夏のことであった。太平洋沿岸の諸県にアジによる集団食中毒が多発した。

その原因菌は、1956年に国立横浜病院で発生したキュウリの浅漬けによる集団食中毒で、瀧川　巌博士が発見したシュードモナス・エンテリティス（病原性好塩菌）と命名したものと、同じ菌と推測された。

しかし新しい菌であるだけに、不明な点が多く、その類似菌がほとんどの魚介類や海水にもみられた。

　1950年に大阪府泉南地方で発生したシラス（透明な稚魚）集団食中毒の際、大阪大学の藤野恒三郎教授らがシラスから分離した菌、パスツレラ・パラヘモリティカ（腸炎ビブリオの1種）とも似ていた。

　厚生省は研究班を組織し、阪崎研究室がセンターの役目を持つことになったが、多数の学者が参加する調査研究に参加することに、阪崎は気が進まなかった。

　功をあせって仕事がずさんになりやすいからである。

　しかし国の仕事だから、そんな勝手なことは言っていられない。やるからにはほかの人たちに負けてはならないと、1年間をめどに、他の研究をすべて中止し、「病原性好塩菌」の研究に全力をあげた。

　ちょうどこの頃に、蚕糸試験場から研究生として派遣されていた岩波節夫を助手として、寝食を忘れて連日の調査研究に邁進した。

　阪崎の役割は、この菌の細菌学的性状を明らかにすることであった。

　奮闘の甲斐あって、1年間の研究期間が終わる頃には、一応の結論に達することができた。

　「病原性好塩菌」は海水細菌なので、沿岸海水中に生息し、夏になると増殖して海の魚を汚染する。

　分類学的にはビブリオ属であり、2種類あるが、そのうちの1種類が人の急性胃腸炎すなわち食中毒の原因となる。

　阪崎はこのビブリオをビブリオ・パラヘモリティクス（腸炎ビブリオ*）と呼ぶことにした。

　この腸炎ビブリオは、日本の夏に発生する食中毒の、70%を占めていることが明らかになった。

　刺身や寿司のような魚肉を生食する、日本人の食習慣によることは明

らかで、その後、寿司屋に冷凍ボックスが設置され、街頭での魚介類の行商禁止措置が取られた。

さらに神奈川県衛生研究所との共同研究で、耐熱性の溶血素を生産するもののみが病原性のあることを、溶血素を生産しない菌を使っての有志による人体実験で確かめた。

この研究は世界各国で大きな反響があり、東南アジアやインドでも発生することが分かった。

上下水道の発達している米国でも、ピクニックに出かけた集団にカニサラダによる集団発生があり、フロリダの遊覧船上で、千名を超える腸炎ビブリオ食中毒が出た。その原因食はボイルした小エビであった。

また英国航空機内では、バンコックで仕入れた機内食のカニサラダが原因の腸炎ビブリオ食中毒が発生した。

そのおかげで阪崎は、英国食品衛生学会啓蒙のため、英国航空からファーストクラスで招待を受けた。

それまで海水細菌が人の病気をおこすとは誰も考えなかったが、腸炎ビブリオの発見に刺激されて、食塩を加えた培地による感染症の検査が行われ始めた。

当時、コレラ菌および非凝固ビブリオと呼ばれた1群のコレラ類似菌について、まず国際微生物学会連合の定義で、非凝固ビブリオとされた菌株が2つのタイプに分けられた。

前者は生物学的性状、DNAのグアニン・シトシン含量がビブリオと一致するが、後者はアエロモナスに一致することを示した。

そして非凝固ビブリオは、いわゆる古典型コレラ菌といわれるエルトール型コレラ菌とともに、ビブリオ・コレラに属させるべきであることを明らかにした。

このように、阪崎の腸炎ビブリオの分類が契機となって、この分野の

研究が飛躍的に進展した。

阪崎は1965年に、日本のノーベル賞といわれる朝日賞を受賞した。

• デンマーク王立獣医農業大学名誉獣医学博士

1974年に、エルサレムで開かれた国際微生物学会での腸管病原菌のシンポジウムに、阪崎はシンポジストとして招かれた。

講演の中で、下痢をおこす大腸菌には、コレラ様の下痢をおこす毒素原性のもの、赤痢をおこす侵入性のもの、急性胃腸炎をおこすサルモネラ様のもの、があるという考えを述べ、それぞれに該当する血清型を紹介した。

現在のように、病原因子によって、大腸菌が整然と分類されていない時代に、大腸菌研究の世界的権威であるジョアン・テイラー博士から、すばらしい仕事だと賛辞をもらった。

その年は獣医学創始二百年祭が、創始国デンマークで企画され、最も貢献した学者4人が、国際的に選ばれた。

阪崎はその1人に選ばれ、デンマーク王立獣医農科大学名誉獣医学博士の称号を受けた。

国立予防衛生研究所を退職後、1985〜1990年の5年間、東海大学医学部客員教授となり、コレラ菌とその近縁菌アエロモナスなどの血清型別の論文を発表した。

• バージェイ賞の受賞

1990年に日本生物化学研究所の非常勤主任研究員となり、もっぱら後進の指導を生き甲斐とするようになった。

阪崎は細菌分類学研究者と思われているが、病原性の研究の第1歩は菌の正しい同定にあると思っていた。その方法を研究し始め、ごく自然

274

に分類学に足を踏み入れていったと、述懐している。

そしていつしか腸内細菌の分類学者として、国際的に名を知られるようになった。

1963年に国際腸内細菌分類委員会のメンバーに推薦され、それ以来、名を連ねている。

迷い込んだとはいえ、阪崎にとって、分類学は奥の深い学問で、興味は尽きなく、時代とともに新しい近代的技法を取り入れていった。しかし最終的な結論は、哲学であると、最近分かりかけてきた、とも言っている。

1980年頃から、下痢症の原因菌としてカンピロバクター（旧ビブリオ）が細菌学者の興味を集め、世界中で多くの研究が行われるようになった。

それとともにその分類が混乱してきた。そのため、阪崎は1970年頃から、国際細菌分類命名委員会の日本代議員となった。

多数の分類学者の中に混じって研究した範囲は、微々たるものであると、阪崎は謙遜しているが、細菌分類学に貢献したという理由で、1994年に第1回バージェイ賞を受けた。

バージェイは細菌分類学を樹立した米国の細菌学者で、1922年に発行された彼の著書「バージェイの細菌分類学手引き書」は彼の死後も版を重ねて、細菌分類学の最高権威書とされている。

その改訂、出版の任に当たる「バージェイ委員会」が1994年に設けた賞であり、その第1回に受賞者となったことは、阪崎にとってどの賞をもらった時よりも嬉しいものであった。

エンテロバクター属の細菌にエンテロバクター・サカザキ（現在はクロノバクター・サカザキ）がある。

この菌は人や動物の糞便から検出されるが、常在ではなく、外部から

一時的に侵入したものと考えられていた。

　従来はエンテロバクター・クロアカに分類されていたのだが、ファルマーら（1980）によるDNA-DNAハイブリダイゼーション法で違いが分かったので、発見者である阪崎に敬意を表して「サカザキ」の名前が付された。

　2004年にFAO*とWHO*の合同専門家会議で、乳児用の調製粉乳が、この菌に汚染され、敗血症、髄膜炎、壊死性腸炎など、重要な感染症を起こしていることが確認された。

•獣医界初の野口英世記念医学賞

　阪崎は1998年に野口英世記念医学賞を受賞した。

　日本人の誰もが知っている世界的な医学者、野口英世博士が生前行った研究に関係のある、優秀な医学研究に対し、その功績を表彰するもので、阪崎は第42回に初めての獣医学者として受賞した。

　ちなみに賞状の文面を紹介すると、「貴下は多年にわたり、腸管病原菌の先駆的研究を展開し、多くの成果をあげられ、臨床細菌学公衆衛生に多大の貢献をされました。特に赤痢菌病原因子の先端的研究の基礎となった、赤痢様病原を示す腸管侵入性大腸菌を発見された功績、非凝固ビブリオを含めたコレラ菌群の血清型群別を確立された功績は、まことに顕著であります。よって本会はここに第42回野口英世記念医学賞を贈呈して、その功績を表彰します」とある。

　すなわち、阪崎の研究は、腸管病原菌、腸管日和見病原菌を対象とし、菌側の要因を生化学的活性と抗原分析から追求し、それらと病原性との関連の解明を目指すという、一貫した独自の見地から行われたのである。

　研究は地味であるが、その成果は臨床細菌学、公衆衛生に大きく貢献

し、また腸管侵入性大腸菌の発見は、近年の感染症の先端的研究の重要な基礎を築いた研究であり、阪崎の研究は国際的にも高く評価されている、というものである。

　それらの研究は5つに大別される。

1．サルモネラの研究

2．下痢原性大腸菌の研究

3．ビブリオおよびその近縁菌の研究

4．エルシニアおよびカンピロバクター腸炎の研究

5．細菌分類学領域の研究

　阪崎は、一流大学出身の医師たちと共に研究を重ねながら、いつも自分は雑草であることを、自認していた。

　それはかつて恩師、田嶋博士から言われた言葉、「一流大学を出て、有名実力学者と親しい人たちを、花壇の花にたとえれば、君は雑草だ。

　しかし雑草は生存力が強く、摘んでも、摘んでも生えてくる。僕の知る限り、君という雑草は、日本の方々に根を張り、花を咲かせている」

　阪崎はいつも派手な服装で通した。あたかもグラム染色のような赤や青紫の服、あるいはネクタイを身に着け、レンズの大きな眼鏡をかけた男が、壇上で発表し、あるいはフロアから質問する姿は、目立たないはずはなく、一躍、有名になった。

　周囲の人とは少し変わった格好をして、わざと目立つ服装をしたのは、自分の存在を認めてもらう手段であった。

　こんな戦略をとるには、能力と勇気が必要だったはずである。

　「人生は演出だ」。これは阪崎が若い頃に芸能界と交わり、多くの有名スターを見ていた時に、得た得意技である。

　「その他大勢組」の人間が役を貰うには、どこか目立つ存在感のある

ことが有利で、たとえたんなる通行人で出る時でも、舞台を乱さない程度に、人よりも目立つ工夫をするものだと聞いたからである。

何百人もいる学会員の中で、有名な実力学者などの後ろ盾のない、得体の知れない一匹狼的な人間が演壇に上がっても、ほとんど注目を浴びることはない。

自分の存在を印象付けるのは先ず服装であると、阪崎は思いつき、鮮やかなブレザーを新調して、人目を引いたのである。

• リーチ会

細菌培養を受け持つ病院検査技師の間で、「英語の文献が読めるようになりたい」という話が、盛んになされるようになった。

そこでアスカ製薬の会議室を教室にして、阪崎を講師として英語文献抄読会を始めたい旨を相談した。そして、「検査技師でもせめて英語の論文くらいは読めなくては、進歩の激しいこの世界で、まともな検査ができるはずはない」ということで、快諾を得た。

1978年から月1回の開催ということでスタートした会である。阪崎は23年間、講師を続けた。

「リーチ（REACH）会」という名称は、「到達する会」であるが、もちろん「利一」に由来している。阪崎が選んだ英語文献のコピーを、解釈を加えながら翻訳していく会である。

阪崎が研究の道を志した頃、最も尊敬していた先生から、研究者の3条件なるものを聞かされた。

1. 外国の文献を読んで理解できること。2. 常に新しい情報を取り入れること。3. 実験室は戦場と心得ること。

その中でも、外国語の文献を読むことの厳しさは、日を経るにつれて、身に染みてきた。

当時の医学はドイツ語が中心だったので、毎日勉強し、戦争に引っ張られた時も、独和辞典と細菌学の教科書を持っていった。

戦争は何もかも一変させ、終戦後に医学からドイツ語は消えて、英語に代わった。

読むだけでなく、書けて話せなければならない、との思いから、講師を引き受けた。「語学の勉強は毎日の努力と馴れである。文学と違って、科学論文は馴れが読解力を左右する」ということを話して、会員を励ました。

この会を通じて英語力だけでなく、細菌学全般の知識の向上、あるいは会員の親睦にも大いに役立ち、今に至るまで、阪崎を慕い尊敬する検査技師や細菌学徒が多い。

生涯を通じて129編という膨大な原著論文を発表したが、それにとどまらず「腸内細菌検索法」、「細菌生理学の初歩」、「細菌培地学」など著書54冊、編集監訳書18冊を世に送り、この分野の細菌学徒必須の書として、重用されてきた。

阪崎は随筆を能くし、「ミクロの世界の開拓者達」、「旅ゆかば」、「花咲く雑草の記」（自伝）は専門を離れ、一般の人々を対象とした興味深いものである。

日水製薬は、阪崎の遺徳を偲び、本社ビル内に実績展示コーナーを開設している。

死後2010年に、食品衛生検査セミナー賞（阪崎利一賞）が創設された。

本賞は、食品の微生物検査領域にお

阪崎博士業績展示コーナー

いて、優れた検査方法、迅速検査法、新しい培地の考案など、検査技術の発展に貢献した研究者、または新しい食品由来感染症の起因菌の発見、検証に功績のあった研究者に贈られる。

参考資料

- 初出：動物臨床医学、26、1（2017）
- 阪崎利一：花咲く雑草の記（ある細菌学研究者の昭和史）。中央法規出版（1977）
- 仲西寿男：阪崎利一先生を偲んで。日本食品微生物学会雑誌、19、2（2002）
- 浪岡茂郎：日本獣医学人名事典。日本獣医史学会（2007）
- 林谷秀樹：獣医学領域における臨床微生物学の教育。モダンメディア、6、3（2014）

　本評伝の執筆は、山口大学の中間實徳名誉教授が大阪府立大学の同期で、阪崎博士に師事した元神戸市衛生研究所の仲西寿男博士に、阪崎の業績展示ロビーを紹介されたのがきっかけである。資料の提供と校閲を受けた中間名誉教授、仲西博士、および日水製薬の佐藤　勝氏に感謝します。

16. 獣医繁殖学の重鎮
三宅 勝 MIYAKE Masaru（1920〜2018）

家畜臨床繁殖学（獣医繁殖学）は、古くは家畜産科学の領域に含められ、生殖生理、妊娠および分娩生理、分娩の異常、産科手術、乳房疾患、および初生子疾患などを扱う学問である。

「家畜臨床繁殖学」という言葉は、東京帝大教授の佐藤繁雄博士が命名した。

一般用語は「生殖学」であるが、家畜の場合は、子の数が多いほどよいとの意味で、「繁殖学」とした。

三宅 勝博士

また、畜産分野の繁殖と区別するために、「臨床」を冠した。

家畜の繁殖生理、不妊症の診断と治療、受胎率の向上法、人工授精、妊娠鑑定などの技術に、産科学の領域を含めた、専門分野を著わす用語として、1939年に発刊した著書に、この名を付けたことに始まる。

終戦後、人工授精に関する研究が急速に進展し、1950年の家畜改良増殖法*の制定や、凍結精液の実用化に伴って、その普及に益々拍車がかけられた。

なお、日本獣医学会とは別なものであるが、1948年に発足した家畜繁殖研究会は、獣医学と畜産学の間の壁を取り除いて、家畜繁殖の幅広い分野における研究の推進に、きわめて大きな影響を与えた。

このように、家畜の繁殖障害は、産科学の領域にあった時代から、畜

産の振興に貢献する、生産科学へと発展を遂げた。

　その中で、帯広畜産大学に日本初の家畜臨床繁殖学研究室が設置され、初代の主任として、この分野の基礎を築き、さらに普及に努めたのが三宅　勝博士である

　1920年に鳥取市で生まれた三宅は、3歳の時に父母と死別し、伯父に引き取られて、北海道に移った。

　いつごろからであったろうか、三宅が馬を好きになったのは。

　あのつぶらな瞳がなんとも愛らしく、馬といつも一緒にいたいという気持ちが高じたことが、獣医師の道を目指した理由の1つであった。

　1941年に北海道帝国大学農学部畜産学科第2部（獣医学科）に、留学生1人を含む15名の同級生とともに入学した。

　その年の12月8日に太平洋戦争が勃発した。

　当時の繁殖学らしい授業は、外科学教授であった恩師の黒澤良助博士による、家畜産科学のみであった。

　2年半後の1943年に卒業すると、陸軍獣医将校（中尉）としてフィリピンを転戦し、終戦前には大尉になっていた。

陸軍獣医中尉の頃

　1946年8月に、ルソン島の収容所から日本に復員すると、十勝馬匹組合に馬伝染性貧血＊予防技術員兼馬生産増進技術員として採用された。

　見た目はまったく健康でも、ジデロチーテン＊陽性馬は伝貧感染馬として、殺処分される。

　その役目を担っていたので、三宅の苦衷は半端ではなかった。

また馬パラチフス*の治療にも当たった。

治療用血清は貴重だったので、これを持参した時は、生産農家から歓待され、めったに食べられないイナキビ入りご飯を、腹いっぱい御馳走になった。

この頃、音更町駒場にあった農林省十勝種畜牧場で、馬の人工授精業務に従事したことが、貴重な経験となった。

毎朝早くから、雌馬の発情検査を行い、発情の良好な馬に、人工膣で採取した精液を希釈して人工授精した。

馬の1回の射精精液量は100mℓを越え、特有の臭いがあるので、身体中が生臭くなったが、そんなことはお構いなく、多忙で楽しい日々を過ごした。

これらの経験が、その後の三宅の研究者生活に、大いに役立った。

・帯広畜産大学

1949年に、帯広農業専門学校の動物病院に講師として採用されると、猛者ぞろいの学生たちと、学内外の家畜の診療に当たった。

この年、学制改革によって帯広畜産大学に昇格したので、三宅は学者としての道を歩み始めた。

三宅の業績の多くは、地域を反映した、第一線臨床と密着した研究が主であった。

道内ほとんど隈なく足を踏み入れており、臨床獣医界への貢献度は大きい。

また数年来、北海道NOSAI損害評価会委員として、活躍した。

後年、教授になってからも変わることなく、ある時は地域の獣医師会から、またある時は人工授精師会や生産農家からの依頼によって、研修会に招かれる機会が、多くあった。

そんな時は学生を連れて、飼育規模の拡大や繁殖成績の向上対策を、またある時は人工授精の普及啓蒙を、さらに乳房炎の減少対策などに尽力した。

　生産性の向上と畜産の繁栄を願うための、具体的な力強い指導内容は好評を博した。そして、ことあるごとに道内全域からの依頼に応え、酪農現場の教育に余念がなかった。

　そのため、さらに勉強の必要に迫られ、次々と自分の体験から生まれた臨床研究の実例を話しながら、指導する日が続いた。

　このように、生産性の向上に賭ける情熱を持って、畜産現場での対話と指導、教育で、農家と共に歩んだ学者生活が、三宅の1番の業績ではなかろうか。

　1951年に、10カ月間の内地研究員資格を得たので、北大獣医学部病理学の山極三郎教授の紹介で、京都大学医学部病理学教室の天野重安教授の研究室で、血液学の勉強をすることになった。

　この時期は、北海道の胆振早北地区で、トリクロールエチレン処理大豆粕による、乳牛の再生不良性貧血（デューレン病＊）が発生して、大騒ぎの最中であった。

　この疾病に興味を持った三宅は、天野教授の下で、マウスを使ってトリクロールエチレンによる再生不良性貧血の再現試験に取り組んだ。

　しかし研究は遅々として進まず、成功しないままに、内地留学期間が過ぎてしまい、むなしく帯広に戻った。

　戦前の最盛期には、全国で150万頭いた馬は、終戦で軍馬の需要がなくなり、農業の機械化に伴って、急速に減少した。

　それでも1952年当時、北海道の畜産はまだ馬が中心であった。

　十勝の馬の数は6万頭で、馬なくして営農は成り立たなかった。

当然、獣医学の研究対象も馬が主となり、馬の伝染性貧血や伝染性流産＊の研究が盛んであった。

• 家畜臨床繁殖学講座を任される

内地留学からの帰学後、宮脇　冨学長から呼び出しがあった。

初代学長の宮脇博士は、畜産の重要性、とりわけ繁殖学の必要性を説き、わが国初の酪農学科を創設した人で、三宅は、「酪農学科に移って家畜繁殖学を担当せよ」との命を受けた。

以前から血液学に興味を持っていた三宅は、あまりにも唐突なことだったので、即答ができなく渋っていると、「いやなら君は本学にはいらないよ」と脅された。

長男が生まれたばかりなので、失職すれば困るが、とにかく自分の希望にかなわぬ講座を担当させられることについて、腹が立ってしかたがなかった。

そこで恩師の黒澤教授に相談したところ、「家畜繁殖学はこれからの学問で、君のような若い人がやらなければ誰もやる人がいない。引き受けなさい。講義は援助してあげるから」と諭され、担当を決意した。

後で分かったことだが、宮脇学長は若い頃の米国留学経験から、これから日本でも牛が増え、繁殖学が必要になることを見越した上での三宅の抜擢であり、その先見の明に恐れ入り、感謝した。

1952年に助教授になっていた三宅は、1954年にわが国に初めて設置された、家畜臨床繁殖学講座の初代主任となった。

新しい部署を任される立場になった場合、見果てぬ夢を描き、ファイトを燃やす者もいれば、重責に潰されてしまう者もいる。

おそらく三宅もその両者の板挟みになりながら、遮二無二前進を続ける日々が続いたことであろう。

とはいうものの、研究室は手狭で、大きな実験台の他に、器具といえば大動物用の膣鏡と助産器具数点、牛の人工膣があるだけであった。

　こんなことではいけないと思いながら、とにかくその日から付属農場へ牛の繁殖検診に出かけ、学生を助手代わりにして、自分自身に発破をかける日々が続いた。

　付属農場には、実にさまざまな雑種牛が飼育されていた。品質はあまり良くなかったので、学生の実習用には手頃であった。

　約２年間、黒澤教授に集中講義を担当してもらいながら、三宅はもっぱら実習を担当した。

　毎日のように牛舎へ行っては直腸検査*に励み、家に帰ると、体に染みついた牛の匂いで、妊婦の妻にツワリがひどくなるとぼやかれ、困ってしまった。

　冬になると、芽室町にある帝国臓器製薬（帝臓）に妊馬尿が集められ、卵胞ホルモンの抽出が行われていた。

　重種の馬は、妊娠後半期になると、胎盤で生産された卵胞ホルモンが、多量に尿中に排泄される。

　工場長は三宅の中学時代の先輩で、職員にも帯広農専の卒業生がいたので、毎年、学生を連れて見学に行った。

　工場内では多量の馬尿を煮詰めて濃縮し、結晶状にしていたので、異臭がプンプンとし、鼻持ちならなかった。

　工場長は大変話が上手で、「馬尿を煮詰めている部署に配置された女子職員は、月経が不順になることがあるので、男子職員に替えたところ、乳房が膨れて銭湯にも恥ずかしくて行けなくなった」と、面白おかしく話をしてくれ、大変人気があった。

　今まで捨てられていた馬尿がお金になるので、輓馬生産者は一生懸命馬尿を採集し、結構いい収入を得ていた。

　毎年晩秋から翌年２月頃まで、十勝の農村では、妊馬尿の入った樽を積んだ馬車や馬橇の行き交いが頻繁にみられ、十勝の風物詩となった。

　帝臓は、この馬尿採集工場から出発した、ホルモン関係の製薬会社である。やがて日本でも有数の、性ステロイドホルモン研究のメッカとして、名をあげるようになった。

　そこで、三宅の研究はステロイドホルモンの測定法を確立し、牛や馬の繁殖障害の診断と治療に用いる内容が多くなった。

　帝臓では、芽室工場の他に、盛岡にも工場があった。

　1957年頃から、メキシコ産のジャイアントヤムイモの根から、あらゆるステロイドホルモンが抽出できることが分かったため、妊馬尿の採取は中止された。

・**失火に泣く**

　臨床繁殖学研究室の担当教員は、助教授の三宅のみであった。

　官舎は狭く、子供が３人いたので、夕食後は毎晩のように研究室で勉強した。

　厳格な教授のいない三宅の研究室は、遠慮せずに夜も勉強に来る学生で賑やかだった。

　毎晩通ってくる学生の中に、後に北大教授となり、胚（旧受精卵）移植の権威となった、金川弘司がいた。

　三宅がスペイン語の論文の翻訳に難渋していた時、金川がその論文を家に持ち帰り、徹夜で辞書を引きながら翻訳して、持ってきた。

　それに驚き、大いに役立ったので、感謝した。

　どうにか研究体制が整い始めた1959年12月の夜明け前、突然の失火で、三宅の研究室が焼失し、隣接する生理学、薬理学の研究室まで灰と化してしまった。

十勝の冬はしばれる。毎夜のように数名の学生が居残りして、暖をとりながら、春の獣医師国家試験にそなえて、徹夜で勉強していた。

　そのため、ストーブの火の不始末ではないかと、警察で徹底的に調べられ、すっかりノイローゼになった学生もいた。

　当然、三宅も事情聴取を受けたが、ふ卵器付近のカーテンから燃え始めたことが判明した。

　軍隊から払い下げを受けた古い木製のふ卵器は、製造後20年は経過していた。

　時々サーモスタットの具合が悪くなるので、調整しながら使用していたが、そのオーバーワークが原因ではないかということになった。

　学長からのお叱りで、一件落着となった。

　しかし、博士論文のための馬の卵巣標本をはじめ、貴重な資料や文献等をすべて失った三宅は、茫然自失し、肩をうなだれて焼け跡を見つめるだけであった。

　そんな時、北大の山極教授から、「硬い馬の卵巣標本を作るのは時間がかかるから、軟らかい馬の下垂体を集め、組織標本を作ってみてはどうか」という示唆を受けた。

　1962年、教授に昇任した三宅は、この年に「馬下垂体前葉における進行性ならびに退行性組織変化」という論文で、北大から獣医学博士の学位が授与された。

　後日談になるが、三宅の集めた焼け残りの卵巣は、小野助手の博士論文の教材として役に立った。

・教育者としての三宅と学生運動

　1960年頃から、第一次日米安保条約反対の学生運動が激しくなり、東京で最高潮に達した時、国会議事堂前で樺美智子さんが犠牲となって亡

288

くなった。

　帯畜大でも、学生は連日、安保反対のデモに参加していた。

　1962年から大学事務局の学生課長を兼任していた三宅は、毎日のように、デモ参加の学生に付いて、帯広市内まで出向かなければならなかった。

　そのため、教育・研究の手に着かない時期が、2〜3年続いた。

　日本の大学における、第一次暗黒時代であったと、振り返っている。

　学生運動は、その後も治まるどころか、かえって激しくなり、1968年には東大の安田講堂が学生に占拠され、その年の東大入学生募集は中止となった。

　帯畜大でも、学生が学生会館を占拠し、講義、実習をボイコットするという事態になった。

　そんなこととは知らずに、珍しい病牛が学外から搬入されたので、三宅は4年生の実習を開始していたところへ、数名の学生会の役員がやって来た。

　三宅は「スト破りの教授」というレッテルを貼られ、運動家の学生から石を投げられたり、「研究室を壊してやる」と脅迫されたこともある。

　その学生らは三宅に、「階段教室に来い」と、凄みを効かせた様相で告げた。

　実習を早々に切り上げ、長い廊下を通って階段教室に行くと、多くの学生が集まっていた。

　三宅は彼らに取り巻かれて「なぜ、実習をしたのか」と糾弾された。

　三宅は緊張しながらも、「遠くから来たきわめて珍しい症例なので、学生を集めて実習を始めた」と、釈明した。

　この間、大学の学生部では、「三宅先生が拉致された」と大騒ぎになった。幸いにも三宅には、数名の研究室の学生が護衛役として付いて

来ていたので、事なきを得た。この状態は1年余に及んだ。

1970年卒業予定の学生は、このままの状態が続けば、獣医師免許取得の国家試験が、受けられなくなる恐れがある。

なんとしても1969年12月中に、ストを解除し、授業を再開しなければならないと、三宅は焦った。

その年、三宅は獣医学科主任代理を務めていた。

教授会の席で、強制的にでも学生会館を解放し、ストを解除して授業の再開をしたいと主張したところ、難航しながらもようやく同意された。

−20℃を下回る早朝3時に、警察機動隊がキャンパスに入り、学生会館に放水すると、学生は一斉に逃げ出し、学生会館の占拠はあっという間に解除され、ストも解決した。

• 体表無毛を主徴とする奇病の解明

1962年に三宅の研究室に、1人増員という内示があった。

さっそく人選に着手し、帯畜大の出身で、北農共連講習所で家畜診療に従事していた小野　斉獣医師を助手に迎え、研究室らしい体制が整った。

小野助手は、牛のエサと繁殖に大変興味を持つ、臨床繁殖学には最適の人材で、その第1回のヒット論文が、「北海道根室地方における、バイケイソウ摂取による牛の無毛奇形」であった。

1960年頃から、根室半島およびその近隣地域のホルスタイン

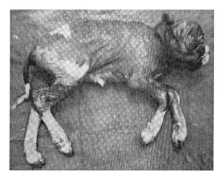

無毛子牛は脳水腫、単眼、心房中隔欠損などを伴っていた

種に、奇病が発生した。

　毎年5月末〜7月上旬に受胎したものが長期在胎となり、子牛は体表無毛を主徴とするほか、頭部奇形、単眼、四肢短小などの異常がみられた。

　放っておくと過大子となり、難産で母子ともに死亡するため、酪農家は不安に恐れおののいていた。

　当初は特定の種雄牛による遺伝性疾病が疑われたが、血統は多種多様で、遺伝性とは考えらなかった。

　感染要因も否定されたため、地元の酪農組合は原因の究明を三宅の研究室に依頼した。

　さっそくNOSAI診療所や家畜保健衛生所の協力を得ながら、種々な項目について調査が進められた。

　長期在胎と奇形は、すべて5〜7月の受胎牛に発生し、分娩された子牛は生存不能であった。

　調査の過程で小野は、米国アイダホ州の山岳地帯に、同じような状態の無毛奇形があり、バイケイソウ*を摂食したための中毒であるという論文を発見した。

　根室地区では春から自然林に放牧しており、早春の自然林に牛が食べられる草は、一番早く芽を出すバイケイソウのみなので、放牧牛の全頭が摂食したことが判明した。

　バイケイソウには3種のアルカロイドが含まれ、妊娠7〜14日の初期に摂食すると単眼奇形が発生すると報告されているので、再現試験をしたが、発生しなかった。

　しかしすべての調査内容から、バイケイソウの毒物質に起因することが濃厚となったため、以後、食草の少ない早春に自然林への放牧を禁じたところ、1〜2年で無毛奇形の発生はなくなった。

　1964〜75年に57頭の発生があった。この調査研究結果を、北海道地区

臨床獣医学会に発表する準備をしていた。

　ところが、ある農業団体から「根室地方の牛が売れなくなるので、発表は止めてほしい」とクレームがついた。

　しかし三宅らは、日本で初めての例であり、バイケイソウは日本の山のどこにでも生えている草なので、今後、他の地区でも犠牲が出る恐れがあるので、この際、全国に向かって知らせるべきであるとの考えから、発表に踏み切った。

　当時は畜産の発展途上であり、全国的に放牧が盛んに行われ始めていた。

　その初期は原野や自然林を利用した放牧であり、当然のごとく、各地で原因不明の奇病が発生し、風土病としてその地方の農家に恐れられていた。

　それらの原因は、ある時は植物中毒であり、栄養成分のアンバランス（欠乏・過剰・蓄積）であり、寄生虫であり、感染症であった。

　北海道苫小牧で大発生した乳牛の発熱性出血性の奇病は、北海道大学の活躍で、トリクロルエチレン処理大豆粕中毒（デユーレン病）であると解明された。

　東北地方の腰ふら病（馬のワラビ中毒）や、牛のワラビ中毒、グラステタニー（低マグネシウム血症）は岩手大学が解明した。また中国地方の山間部に発生する幻の放牧病といわれた霧酔病＊は、鳥取大学の努力で消滅した。

　その他、食わず病（コバルト欠乏症）や鹿児島の火山灰地帯における黒毛和種の銅欠乏症しかりである。

　根室地区の奇病の調査は、帯畜大の三宅研究室の努力に、凱歌が上がった。

　1967年、山極教授が第4代学長になると、「君の講座に助手をつける
よ」と連絡があった。

　さっそく北人農学部新冠付属牧場の広瀬可恒教授の下にいた、帯畜大
出身の佐藤邦忠助手を希望する旨をお願いした結果、教授、助教授、助
手の3人が揃った臨床繁殖学研究室が誕生した。

　北海道で酪農が盛んになったのは、1965年頃からであった。

　10年前に道内の乳牛は8万頭だったのが、1966年に32万頭となり、10
年後には60万頭に増加した。

　全国の大学では国際交流が盛んになり、帯畜大でも西独、韓国、フィ
リピンの大学と学生交流が始まった。

　フィリピン大学から来た女子学生を連れて乳房炎調査に行く車の中
で、突然「ミスター三宅は、フィリピン人を何人殺したか」と質問を受
けたのには驚いた。

　「私は獣医師だったので、戦闘には参加しなかった」と返事をしたが、
彼女の身内に戦争で亡くなった人がいたのかも知れないと思った。

　1970年の秋、某県で臨床獣医師として活躍中の卒業生が来訪した際、
「牛の直腸検査による妊娠鑑定は30日で確実に可能」と言い残して帰っ
た。

　それまでの教科書に記載されている直腸検査による早期妊娠鑑定は、
60～90日であった。

　そのことを聞いた三宅は、翌日から、大学の片隅にある付属農場へ足
繁く通い始めた。直腸検査をしていたのだ。

　その姿は今なお若々しさをみなぎらせて、臨床技術の研鑽に余念のな
い、看板に偽りなしの実践家であった。

　1975年に小野助教授は、西川義正学長の努力で、新設された肉畜増殖
学科の教授に昇任した。

このころから輓馬ブームが始まり、臨床繁殖学研究室は、輓馬の人工授精や繁殖障害馬の診療に忙殺されるようになった。

ある酪農家から乳牛の胚移植を依頼されたので、北大の金川教授に、帯畜大の学生に対するデモンストレーションも兼ねて、胚移植を依頼した。その結果、良い子牛が生まれた。

• 海外視察

1976年3月に、文部省の短期在外研究員として、2カ月間の海外出張を経験した。

語学の壁はあったが、千載一遇のチャンスなので、できるだけ多くの産業動物臨床繁殖教育の現場を訪問することにした。

欧州5カ所と米国2カ所、そしてカナダでは胚移植技術の普及に来ていた金川博士を訪問した。

英国では、ロスデール博士が自宅で晩餐会を開いてくれた時、「西川のアンブレラ（傘）が繁殖学会で有名だ」と紹介された。

これは西川義正博士が、馬のスタンプスメア*の器具を外国で紹介したものだが、馬の膣粘液採取の時、スタンプスメアの器具が、傘を開いたような恰好になるということであった。

ドイツのハノーバー大学では、朝早くから牛馬の病畜が集められ、学生が診療を手伝っていた。

フランスでは、日本の輓馬のルーツを探りたく、パリ郊外のノルマンデイー地方の種馬所を訪ねた。繁殖季節には種馬の出張交配が行われていた。

カナダで訪ねた金川博士は、最近商業ペースで胚移植を始めた会社の技術者たちと、移植手術を行っていた。

未経産牛の膁部を切開して子宮角に移植する方法であった。

　米国ではコロラド大学を訪ねた。帯畜大と同じような大平原の中にある大学で、キャンパスもよく似ていた。

　その後に訪ねたカリフォルニア大学のヒューズ博士は、自らもクオーターホースの繁殖を行っている馬好きであった。

　このように60日間の海外出張で、世界の臨床繁殖の状況をつぶさに視察できた。

　貴重な体験は、その後における三宅の大きな財産となった。

　帰国してすぐの５月は、ちょうど馬の繁殖シーズンであった。北海道では輓曳（ばんえい）競馬の人気が上昇中で、輓馬生産者の繁殖意欲は大変盛んであった。

　その中で、十勝の幕別町でタツマキという名前の種雄馬の所有者から、出張診療と繁殖指導の依頼があった。

　そこで週に２日、学生を連れて、人工授精と繁殖障害馬の診療が始まった。

　欧米視察で感銘を受け、夢にまで見たダイナミックな野外診療が実現したのである。この出張診療は10年間続いた。

　その間に、大阪府立大学から参加した先生が、１トン以上あるタツマキから精液を採取したり、多数の雌馬の直腸検査をしている光景を見て、驚いていた。

　1979年に八雲町で開催された第35回北海道家畜人工授精技術研修会の時、三宅は広瀬可恒教授の後の会長に、就任を要請された。

　三宅は千人に上る日本最大の協会を、社団法人にするとともに、東北６県との連絡協議会を発足させ、研究発表の助言者になるなど、日本の家畜人工授精の先達的役割を果たした。

　1981年の秋に海外酪農人工授精視察研修に団長として参加し、米加の

ブリーダーや人工授精所などを見学した。その後、中国にも視察に出かけた。

• 研究業績

　三宅の研究室は多くの業績を報告している。その概要を羅列する。

　馬・牛の繁殖障害：卵巣機能の野外での診断と治療法。ストレスと飼養管理法。内分泌環境を中心とした検査法の確立。

　雄畜の繁殖障害は淘汰されるものが多いが、感染症に対して精巣・精巣上体への抗生物質の直接投与法の検討。

　精巣機能を内分泌学的に検査する方法の確立、ならびに潜在生殖細胞の保存法と繁殖成績向上に関する試験。

　胚移植：野外例を用いた試験で、満足できる受胎成績の報告。

　連合大学院における岐阜大学博士課程の院生が、馬の初期胚の研究分野において、国際学会で高い評価を受けた。

　さらに胚凍結の手法を応用した繁殖障害誘因の解析。

　人工授精技術の普及：凍結精液の作成・保存・使用などの方法についての技術の向上。

　多頭飼育による有効な繁殖生理。発情と最適授精時期（子宮頸管粘液の結晶形成・精子受容性・発情徴候の発見法）。分娩後の生殖器回復を阻害する要因解明（搾乳ストレス・飼料給与失宜など）。

　子宮・卵巣系の機能調節因子を、ペプタイドやステロイドホルモンなどから、黄体機能の重要性とその局所調節機序を調査した。

　これらにより、家畜繁殖・産科学・人工授精に関しての教育研究・野外応用などの分野において、現在に至る基礎がつくられた。

　さらに、獣医畜産分野におけるホルモンの微量測定法の応用は、わが

国における先駆けとなった。

　新しい分野として、免疫学を中心とした胎盤機能の解明など、連綿と続けてきた研究業績の数々は、それぞれ国の内外を問わず、関係者から高い評価を受けた。またその間、多くの有為な人材を輩出してきた。

　"禿に悪人なし"の喩えがあるように、まったくの善人で、長身瘦躯、常にうつむきかげんに歩く姿は、三宅の性格を如実に表している。

　温厚・誠実で、大教育者の緒方洪庵よろしく、"激励あるが叱咤なし"。

　この人柄にひかれて、三宅の研究室を志望する学生が、一時は学年の3分の1を占めるという現象がみられた。

　1984年に停年退職して名誉教授となり、1987年に北海道

馬を愛でる夫妻

獣医師会会長に就任し、8年間務めた。

　馬をこよなく愛した三宅は、馬関係の獣医学術書の刊行がなくなってから久しい中、1992年に、後継者の佐藤邦忠教授とともに、馬を再び増殖させたいとの夢を凝縮した、「農用馬増産の手引き」という冊子を著わした。

　かつて畜産の中心であった馬について、三宅の研究業績を含めた獣医繁殖学の神髄が、網羅された手引書である。

　1997年に、日本獣医師会主催の日本産業動物獣医学会部門で、「牛馬の繁殖障害に関する臨床および内分泌学的研究」が評価され、学術功労賞が授与された。

2015年の年末に、教え子で岡山大学教授の奥田　潔博士が、帯畜大の次期学長になるというニュースに接した三宅は、大いに喜んだ。

新聞が報じる奥田新学長の所信の中に、「大学のグローバル化推進」とあり、教育者としての三宅は、奥田学長の手腕に、大いに期待した。

三宅の趣味は広く、囲碁、麻雀、スポーツでは野球、テニス、スキー、スケートと、なんでもござれであった。

極め付けは海釣りであった。帯広から根室への途中の海岸は、春にカレイやコマイがよく釣れるので、休日は釣り人の数が多い。

この光景を見ているうちに、自分も釣りがしたくなったのだ。海釣りの楽しさのおかげで、95歳まで元気に過ごせたことに感謝していた。

酒は晩酌を欠かさぬ強者に属した。気軽に自転車で買い物に出かける、模範的な亭主でもあった。

1995年に勲三等旭日中綬章を受けた。

参考資料

- 小野　斉：臨床繁殖の重鎮（プロフィール）。家畜診療、93（1971）
- 細川和久：北海道に発生している体表無毛を主徴とする先天性ウシ奇形の調査研究。帯広畜産大学学術研究報告第1部、10（1977）
- 三宅　勝：牛の無毛奇形（目で見る家畜の病気）。家畜診療、141（1975）
- 三宅　勝：古い話、思い出すままに（2015）
- 三宅　勝：人工授精通信。332～337、北海道家畜人工授精師協会（2018）
- 山内　亮：臨床繁殖分科会。日本獣医学の進展、日本獣医学会（1985）

本項につき、資料と校閲を受けた酪農学園大学の澤向　豊元教授、岩手大学と帯広畜産大学の三宅陽一元教授、ならびに三宅家のご遺族に感謝します。

17. 胚（受精卵）移植技術の先駆者
杉江　佶　SUGIE Tadashi（1923～2013）

　古来、家畜の改良は、能力の優れた雌雄の交配によって進められてきた。

　獣医学の発展の中で、人工授精技術の普及に尽力し、優秀な遺伝形質を持つ雄牛の精子を広範囲に配布して、多数の雌牛に授精することによって子牛を増産し、家畜改良の急速な促進に貢献した、西川義正博士の功績は大きい。

杉江　佶博士

　その一方で、雌牛の場合は、生涯を通じて数頭～10数頭の子牛を、生産するに過ぎない。

　しかし、卵巣には無数に近い卵子が包蔵されている。

　家畜繁殖の分野において、卵子に関する研究が進められる中で、過剰排卵、胚*の採取、胚の保存や培養、胚の移植など、卵子を子畜として生産するための技術開発に、主眼が置かれるようになると、一連の研究が急速に進展した。

　胚移植（受精卵移植）の試みは、生殖生理学的にも、産業的にも、きわめて大きい意義を持つ。

　どの科学分野においても、不可能と思われていた学界の常識をひっくり返し、可能にしてしまう研究者は、いつの世にも出現している。

　家畜繁殖学の分野において、世界で初めて、牛の非手術的な胚移植技

術の開発に成功するという、偉業を成し遂げたのが、農林水産省畜産試験場の杉江　佶博士である。

この技術は、その後、世界中に広まり、現在では、人の不妊治療にも欠かせない、医療技術に発展している。

1996年に、ロスリン研究所のイアン・ウイルムット博士らが、哺乳類で史上初めて人間が作り出した体細胞クローン羊の「ドリー」は、複数のノーベル賞に値すると評価されたが、杉江の業績がなかったら、生まれていなかったであろう。

• 農林省畜産試験場からの始まり

1923年に、栃木県吹上村で生まれた杉江は、1943年に、宇都宮高等農林学校（現宇都宮大学農学部）獣医学科を卒業した。

学生時代は、憧れの馬術部に属して汗をかき、青春を十二分に謳歌した。

ある日の授業で、馬事研究所の所長で、馬の繁殖生理や人工授精に関する大家であった、佐藤繁雄博士の講義を受ける機会があった。

その内容にいたく感化された杉江は、卒業後、農林省馬事研究所に奉職し、研究生活を開始した。

その後、馬事研究所は機構改革によって、畜産試験場（現農研機構畜産研究部門）に統合された。

国立の試験研究機関として、1916年に農商務省内に設置された畜産試験場は、常に日本国民の豊かな生活を願い、畜産業の発展に大きく貢献してきた研究機関である。

そのような点からみると、日本の畜産技術研究のすべてが、畜産試験場から始まったといっても、過言ではない。

畜産試験場において、杉江が携わった最初の仕事は、雌家畜の生殖生

理の研究で、卵巣嚢腫の新しい治療法や、過剰排卵誘起法の開発であった。

　研究の過程で、しだいに家畜卵子の生産に興味を持つようになり、1957年頃から、胚移植の技術開発に、研究目標を設定した。

　わが国における胚移植の研究は、第二次世界大戦後から始まった。

　上司で家畜人工授精研究の権威、西川義正博士が、1952年にヨーロッパで胚移植の研究を学んで、わが国に紹介し、杉江に受け継がれた。

　杉江は1960年6月から1年半、海外長期在外研究員として、米国ワシントン州立大学のE.S.E.ハーフェッツ教授の研究室に留学し、「牛を用いた胚生産のための過剰排卵誘起法の検討」という課題に取り組んだ。

　この当時、すでに胚移植の研究は、世界で多くの研究者が先陣争いを演じていたが、これまでの手法は、いずれも開腹手術によるものであった。

　杉江は、来る日も来る日も、牛の直腸に手を突っ込み、発情周期や妊娠による卵巣の変化を、指先に覚えさせる訓練を繰り返した。

　さらに、卵巣の経時的変化を、粘土細工で再現することに明け暮れながら、研究に没頭していた。

　その粘り強さの結果が、後に世界をあっといわせる非手術胚移植を、成功に導いたのである。

● 牛の過剰排卵誘起

　杉江は、1964年に「牛の過剰排卵誘起に関する研究」を論文にまとめ、京都大学に提出して、農学博士の学位を取得した。

　この時の論文審査員は、畜産試験場時代の上司である西川義正教授（主査）、上坂章次教授、内田敏郎教授であった。

　その論文内容の要旨を紹介する。

牛の胚移植に関する技術を発展させるためには、第一段階として、多数の胚を生産することが必要である。

　過剰排卵誘起に関する研究は、比較的多く行われているが、牛では他の家畜と異なり、いつでも一定して多数の胚を生産させる方法は、まだ見いだされていなかった。

　103頭の雌牛を下記の4群に分け、卵胞の過剰発育のために妊馬血清性性腺刺激ホルモン（PMSG、現在はウマ絨毛性性腺刺激ホルモン・eCG）、排卵誘起のためにヒト絨毛性性腺刺激ホルモン（hCG）を用い、卵胞の発育数、排卵率、排出卵子の受精能力、卵の下降状態などを調べた。

（1）発情周期の黄体期に、黄体を除去した群は、PMSG注射後一部の少数の卵胞が急速に発育し、これがhCGの注射に先立って排卵される例が、全例の半数以上に達し、排卵率、胚の採取成績は、ともに悪かった。

（2）黄体が退行する時期に、黄体を残したまま過剰排卵誘起処置を開始した群では、卵子の受精率は高いが、排卵数は少なく、旧黄体の退行が長引いたものでは、回収された卵子は、すべて未受精卵であった。

　以上の結果から、この群の方法では、多数の胚を一定して生産する域に、達することができなかった。

（3）PMSG処置後に、卵胞の急速な発育を防止し、卵胞が比較的そろって成熟して排卵することを目的として、PMSG注射に先立って安息香酸エストラジオール製剤を連続注射した群は、安息香酸エストラジオール製剤注射終了後、5日の間隔で過剰排卵誘起処置をしたものでは、排卵数は多く、排卵は比較的短期間内に起きることが観察された。

　しかし、卵管や子宮にエストロジェン過剰の影響が強く表れ、採取された卵子の大部分は、未受精卵であり、正常に発育した分割胚は130個のうち、わずか7個で、しかも分割胚を生産した牛は、12例中3例のみ

であった。

（4）過剰発育卵胞の成熟促進を目的として、PMSGの処置に安息香酸エストラジオール製剤注射を併用した群は、排卵数や胚数が多かった。

特にPMSG処置後、hCGの注射に先立って、安息香酸エストラジオール製剤を注射したものは、大多数の発育卵胞がhCG注射後24時間以内に排卵され、排卵数が多く、胚の数も多かった。

胚の分割程度は、排卵後の経過日数にしたがって、比較的近似したものであった。

なお、杉江は上記の4方法について、失敗と成功の原因についても、詳細な考察を行った。

この学位論文に対する審査員の意見は、「人工妊娠の技術過程については、いろいろと考えられるが、そのうちの最初の手段は、一時に多数の胚を生産させることにある。

著者は、この点に研究の焦点を合わせ、実験牛を4つの条件に分けて、卵胞の発育促進、ならびに排卵の誘起に必要なPMSGとhCGとを種々の量、種々の間隔で注射し、排卵の効果や受精の有無などについて検索を進めた。

その結果、比較的短時間に集中して多数の卵子が排出され、しかもこの場合、卵子の受精率が高いことを確かめている。

著者の得た成功例、失敗例は、いずれも卵胞の発育、排卵ならびに受精の機序に対し、内分泌学ならびに生殖生理学に寄与するところが大きかった。

また、著者が発見した、牛における過剰排卵の手技は、牛の人工妊娠に関する研究の進展に、貢献するところが大きい。

よって本論文は、農学博士の学位論文として価値あるものと認める」

というものであった。

• **胚移植技術**

　胚移植の研究は、1890年に英国のW. ヒープによって、兎で成功した
ことに始まる。

　しかし牛の場合、実験動物と異なり、採胚や移植にかなりの困難を伴
うため、成功に導くためには、特殊な技術や器具の開発が必要となり、
長期間、実験の域を脱していなかった。

　米国から帰国後の杉江は、これらの状況を踏まえ、熟考に熟考を重ね
た上、本格的に牛における胚移植の開発研究に取り組む、一大決心を固
めた。

　世界における牛の胚移植は、1931年にC. G. ハートマンらが、殺処分
された牛の卵管から胚を取り出したことに始まっている。

　杉江は、すでに米国留学で胚移植の知識を身に着けていたので、過剰
排卵誘起処置に関する論文を完成した。

　これをもって研究に携われば、成功に導けることは間違いないとの信
念を持った。

　胚移植を実施する過程において、いくつかの特殊な技術を用いるが、
これらの技術として、下記の項目があげられる。

（1）一度に多数の卵子を生産するための過剰排卵誘起処置

（2）母体から胚を取り出す採胚技術

（3）取り出した胚を長期に保存する技術

（4）胚を受け入れて育てる雌牛の生殖器内への移植技術

（5）受胎を成立させるために、胚を提供する母牛と、受け入れて育て
　　　る雌牛との発情同期化技術

　すなわち、性腺刺激ホルモンによる過剰排卵誘起で人工授精の後、子宮を洗浄して胚を回収し、あらかじめ発情周期を同期化しておいた別の牛の子宮角に、開腹手術をせずに移植するという、いかにも日本人的な、手先の器用さを活かす技術である。

　これらの項目について、過剰排卵誘起は、杉江の得意とするジャンルなので、数種類の性腺刺激ホルモンや、プロスタグランジン$F_2\alpha$を投与して、過剰排卵誘起に最適な条件を導き出した。

　採胚法は、殺処分後に卵管や子宮を灌流して採胚する方法と、生体のまま子宮を洗浄して採胚する方法がある。

　両者を比較すると、採胚率に著しい差がみられた。

　採胚のために供胚牛を殺処分してしまうと、再び供用することが不可能になるデメリットが生じる。

　開腹して、卵巣や卵管采を、下腹部あるいは側腹部に作った切開口まで引き出すことは、めん山羊では比較的容易であるが、牛のような大型動物の場合、きわめて高度な技術が必要となる。

　この方法は、産業的な利用価値からみても好ましくはなく、実際は応用し難い。

　このようなことから、わが国では、牛の開腹手術はなじまないと考え、非手術的採胚法や、移植法の技術開発に努力が注がれた。

　先進諸国では、すでに子宮頸管を経由して、牛胚を非外科的に移植する試みが、多数行われていた。

　しかし移植時の器具が、頸管に異常な刺激を与えるために、子宮の収縮運動を誘起し、その結果、注入した胚は、短時間のあいだにすべて腟内に排出され、いまだ子牛の作出に成功していない時代であった。

　人工授精の場合は、頸管を通して授精器具を子宮内に挿入することによって受胎するのに、胚移植の場合は、排出されてしまうのだ。

その後、頸管を麻酔して移植を試みた例においても、同様に腔内に排出され、失敗に終わった。

非手術的移植を成功させるためには、このような生殖器の複雑な生理条件の神秘に対し、幾重もの失敗を乗り越えて、不受胎の謎を解明しなければならなかった。

杉江たちはその成功を夢見ながら、ひたすら実験に明け暮れた。

● ついに非手術的胚移植に成功

牛の場合、胚が子宮に入った時期に、子宮角を洗浄して採胚することが、最も望ましい方法とされている。

胚が子宮角上部に入る状態の観察で、排卵後3日目は卵管内にあるが、4日目は75％のものが子宮に入り、5日目はほとんどのものが子宮内から発見された。

このことから、子宮洗浄による採胚は、時期的にみて、排卵後5日目以後に実施するのが適当と考えられた。

このように、いつの時点で子宮のどの部分を洗浄するのが最適であるかということを熟知するのに、1年半の期間を要した。

杉江は、英国の研究者が報告した採胚器具を入手して、牛胚が子宮内に下降する時間を特定し、追試を試みたが、ほとんど回収できないことが分かった。

そこで、洗浄液を全量採取できる採胚器具を試作し、洗浄液を吊るす高さ、洗浄方法、尾椎硬膜外麻酔などを繰り返し検討した結果、1頭当たり

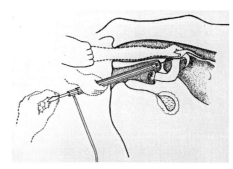

考案された胚移植器による子宮頸管迂回法

6.2個の胚を回収できた。

　さらに、加圧した液を、子宮上部にまで送るという方法に改善することによって、全例から採胚することに成功した。

　この技術を修得するまでに、3年かかった。

　当時は、子宮洗浄液の全量（1ℓ）を用いて胚の探索をしていたが、その後の改良で、フィルターを用いることにより、洗浄液量は減少できた（杉江が現役の頃、まだこのフィルターは使われていなかった）。

　ついで杉江は、子宮頸管への刺激によって、胚が排出されるのを避けるため、これまでの方法とまったく異なった着想から、組になった3本のプラスチック管と、2本の長い注射針を用いて、特殊な牛用の胚移植器を考案した。

　それは頸管を迂回して、注射針で腟壁を貫き、子宮に刺し入れるという、胚移植法であった。

　この器具を使用して、家兎胚を牛の子宮内に注入する予備試験で、移植の成否を検討しながら、器具や方法の改良を重ねた。

　試行錯誤を重ねた結果、改良器具の移植針の先から、子宮内に炭酸ガスを吹き入れながら、子宮腔内に移植針の先端が入ったのを確かめて、山羊に家兎胚を移植して、殺処分後に高率に回収することに成功した。

　そこで、この器具と方法を用いて、2頭の未経産牛に胚移植を実施し、2頭とも受胎に成功した。

　畜産試験場では、世界初の誕生となる日を、首を長くして待ち望んでいた。

　しかし、1頭は妊娠80日で流産してしまった。

　もう1頭の、排卵後5日目に日齢6日の桑実胚を移植した例は、順調に経過して、移植後268日目の1964年8月6日に、体重41.5kgの正常な雄子牛を分娩した。

この日は、当時千葉に
あった農林省畜産試験場に
おける、世界で初めて非手
術的な移植による子牛が誕
生した、記念すべき日で
あった（子宮頸管迂回法あ
るいは杉江方式）。

胚移植中の杉江博士（農研機構から転載）

　杉江にとっても、長年に
わたる超人的な努力が報われた晴れがましい日であった。

　この朗報が流れると、さっそく英国ケンブリッジ大学や、米国コロラ
ド大学をはじめ、多くの研究者が来訪し、成功を祝福するとともに、移
植技術についての研修がなされた。

　杉江の研究室には、優秀なパートナーの相馬　正主任研究員をはじめ、
気心の知れたスタッフが揃っていた。

　相馬は手先が器用で、若き日の杉江と同様に、直腸検査で卵巣を触診
しながら、反対の手に持った粘土で、そっくりな形と大きさの卵巣模型
を作ることに専念していた。

　作った卵巣模型を、水を満たしたシリンダーに入れ、溢れた水量から
過剰排卵によって肥大した卵巣容量を測るという、アルキメデスの原理
を応用したのである。

　さらに、杉江が移植に使用する拡張棒や、未経産牛用胚回収カテーテ
ルを試作し、製品化にこぎつけるという努力家であった。

　他にも、中国工程院院士の旭　日干（後に内蒙古大学学長）、体外受
精分野で、体外成熟卵子を用いて、世界で初めて体外受精由来の子牛を
成功させた花田　章（後に信州大学教授）、豚の胚移植の開発に取り組
み、杉江の後に室長になった小栗紀彦（後に帯広畜産大学教授）、細胞

308

工学研究室長になった角田幸雄（後に近畿大学教授）、そして若き日の小島敏之（後に鹿児島大学教授）など、錚々たるメンバーが、お互いに協力し合い、切磋琢磨しながら、胚移植の普及に向けて研究を進め、技術の練磨に励む日々を送った。

胚移植のスタッフ。前列右から旭　日干、杉江　佶（着帽）、相馬　正、劉　甦貴、後列右から花田　章、伊東寿夫（農研機構HPから転載）

　1966年に、胚移植の功績によって、杉江は家畜繁殖研究会（現日本繁殖生物学会）から佐藤賞を受賞した。

　1970年に繁殖部繁殖第4研究室長になった頃、世界の胚移植関連技術は目覚ましく進歩を遂げ、実際に多数の子牛が生産されるようになった。

　杉江の研究は世界中から注目された。

　このような高度な研究は、一朝一夕に成功するわけがない。

　多くの失敗を重ね、そのたびに教訓やヒントを得ながら、改善を重ねるという、血の滲むような研究が、日夜繰り返された結果の成功であった。

　その後、発情後7日以上経過すると、頸管刺激による子宮運動は弱くなり、頸管経由によって胚を注入しても、排除されないことが判明した。

　この成果によって、排卵後の適切な時期に、子宮洗浄によって採胚し、頸管経由による胚移植の技術開発が、急速に発展した。

　胚移植の技術が、家畜の繁殖技術として実用化されると、畜産の分野では、直接に子牛生産技術として利用でき、家畜改良の促進が可能とな

る。また日本で行われるようになった、乳牛の腹を借りて肉牛を生産することも可能で、期待される利益は大きい。

さらに、繁殖生理学や動物発生学、遺伝学、生物学あるいは医学などの研究分野で利用すると、未解決の問題解明に役立ち、間接的に学問の発展に寄与する効果が大きい。

1977年、「牛および山羊の人工妊娠に関する研究」で、杉江は日本農学会から日本農学賞を受賞した。

その後、人工授精の技術と同じく、1979年に、杉江は凍結胚の移植に成功した。

胚の長期保存が可能になると、国際貿易が可能とり、高価な種雄牛を、高い輸送費をかけて輸入する必要がなくなる。

消滅が危惧される特殊な品種や系統の動物を保存するために、有効に利用できるというメリットもある。

特に、大型動物を保存するための飼育に、多大な経費を要する場合に利用すると、経済的に著しい利益をもたらすなど、急速に技術普及の道が開かれた。

さらに、肉用家畜の増産対策として、多胎生産技術の開発が着目され、各国で多くの研究が行われるようになった。

1982年に、世界の13カ国に115の家畜胚移植事業所が開設され、運営されるようになり、個人的な開業数も、100余に及んでいることが報告された。

わが国では、10年以上にわたって、都道府県畜産試験場の研究員を主体にした胚移植技術の研修会が続けられ、研修の初日は、必ず杉江自身が作成したテキストを用いて講義をした。

愛煙家の杉江であったが、いつの日からか禁煙を始めた。

　しかし、喫煙所から流れて来る副流煙の香りを嗅ぐと、「俺はいつで
も好きな時にタバコを吸えるのだ」と、胸ポケットに入れたタバコケー
スを触って、未練気な表情をするのであった。

　1985年に畜産試験場で、杉江が育てた後継者たちにより、牛の試験官
ベビーが誕生した。

　杉江の努力が、わが国の胚移植技術を、世界のトップレベルに上昇さ
せた。

　日進月歩の勢いで進展する技術革命は、顕微操作技術を導入して、胚
の細胞分割による１卵性双子や、１卵性４子の生産技術に進んだ。

　そこで止まることはなく、核を除去した成熟卵子に、体細胞由来の核
を移植して生まれる、クローン動物の研究にまで発展した。

　こうなれば、将来、育種改良の方法が大きく変換され、次々と新しい
品種が出現する時代の到来も、まんざら夢物語ではなくなった。

　繁殖第３研究室（現細胞工学研究室）長になっていた杉江は、停年を
目前に控えた1984年に、畜産試験場における、自分の研究人生を、感慨
深げに振り返った。

　停年退職後は、家畜改良事業団家畜改良技術研究所（群馬県前橋市）
で、胚移植技術の研究にあたるとともに、宇都宮大学、日本獣医畜産大
学、東京農業大学、岩手県立農業短期大学などの非常勤講師を歴任した。

　胚移植師の養成講習会には、講師として気軽に出かけ、全国を駆け巡
り、母校の教壇にも立ち、後進の指導にあたった。

　杉江は、現在の哺乳動物卵子学会の前身である「哺乳動物卵子談話会」
（1960年発足）の創設メンバーの１人で、学生や新任の研究者が時間を
気にせず発表し、成長につながる場を設けた。

　1986年に、杉江の発案により、東日本家畜胚移植技術研究会（事務局

は、当時の農林水産省畜産試験場）が結成され、杉江は初代会長に推薦
された。

　この研究会に、「技術」という言葉が入っているのは、杉江の「研究
者だけでなく、技術者も参加する研究会にしたい」との熱い願いが受け
継がれたものである。

　東日本胚移植技術研究会は、2017年に日本胚移植研究会（事務局は京
都大学農学部）と統合され、日本胚移植技術研究会（事務局は京都大学
農学部）として再発足した。

　さらにその年、国際協力事業団の依頼を受け、チリ国南チリ大学で2
カ月間、胚移植の技術指導にあたった。

　晩年の杉江に、日本繁殖生物学会名誉会員、国際胚移植学会のパイオ
ニアアワード（1986）、紫綬褒章（1989）、勲四等瑞宝章（1996）、東日
本家畜胚移植技術研究会名誉会員などの名誉が加わった。

　特に、パイオニアアワードの受賞は、畜産界で有名な英国のポルジ博
士（精液の凍結保存に多用されているグリセリンの応用などの業績）よ
りも前の受賞だったので、世界中が驚いた。

　母校における杉江は、コシヒカリの生みの親である石黒敬一郎氏と、
日本雑草科学の父といわれた竹松哲夫氏とともに、宇都宮大学農学部が
輩出した偉大な「3巨人」として、学生たちの鑑となり崇拝されている。

　人医界では、体外受精児が世界中で生まれる時代である。さらに夫婦
間で行われた体外胚を、他人の子宮に移植する胚移植の時代になった。

　これに対して、人類に対する冒瀆だとか、医学や医師の思い上がりだ
とか、いろいろな批評がなされている。

　それに比べて、家畜は経済動物であり、胚移植の目的や意義付けは、
人医界とは異なっている。

　畜産、獣医界では、人間のように人道主義・道徳・宗教など、倫理上の制約をあまり受けることなく、自然の状態における動物の繁殖機能を、人為的手段によって、生理的な限度を超えて増進させることができる。

　すなわち、無用となる運命の無数の卵子を積極的に活用し、経済効果を高めようとする増殖・改良行為である。

　そのために、実験動物や家畜では、生殖や繁殖の多彩な研究が、神秘でもタブーでもなしに、世界中の数多くの研究者によって推し進められている。

野生動物の絶滅を救うための胚移植例（W.R.アレン）

　世界では、家畜の馬にシマウマや蒙古馬の胚を移植して成功するなど、野生の世界における絶滅危惧種の復活を目指している。

　わが国でも、イエネコにツシマヤマネコの胚を移植し、種の保存と増殖に、情熱をたぎらせている学者がいる。

　ここまで進展した胚移植技術の現況を、草葉の陰から見続けながら、杉江は自分の歩んできた足跡に満足し、微笑みを湛えていることであろう。

　2019年8月、和歌山市で日本胚移植技術研究会が開催された。

　そこには「杉江　佶先生の想い出」コーナーが設置され、杉江の資料が展示されていた。

　参会者はその1つ1つに見入りながら、改めて杉江の功績の偉大さを語りあい、懐かしがっていた。

参考資料

- W.R. アレン：Sex, science and satisfaction : A heady brew. Equine Reproduction, 10（2010）
- 宇都宮大学広報室：世界の頂点に立つ。宇都宮大学UU NOW、11（2007）
- 金川弘司：家畜における受精卵（胚）移植技術の進歩。日本獣医学の進展 （1985）
- 杉江　佶：牛の過剰排卵誘起に関する研究。京都大学学位論文要旨（1964）
- 杉江　佶ら：牛の受精卵（胚）移植に関する研究、特に非手術的方法による 受精卵（胚）移植成功例（速報）。家畜繁殖研究誌、10、4（1965）
- 杉江　佶：家畜の人工受胎。日本獣医師会雑誌、21、6（1968）
- 杉江　佶：牛の受精卵（胚）移植（1）（2）。日本獣医師会雑誌、37、7〜8 （1984）
- 杉江　佶：家畜胚の移植。養賢堂（1989）
- 西尾敏彦：世界を驚かせた手術ぬき人工妊娠牛の誕生。農業共済新聞（1997）

　本項は東京農工大学田谷一善名誉教授の勧めにより作成した。

　資料と校閲を受けた鹿児島大学の小島敏之元教授、酪農学園大学の澤向　豊元教授と杉浦智親助教に感謝します。

18. 風土病と分娩期代謝障害研究の先覚者
村上大蔵　MURAKAMI Daizo（1925～1996）

古来、東北地方は馬産地として知られていた。

「チャグチャグ馬ッコ」は、「南部駒」の産地の南部藩の、農耕馬に感謝する伝統行事として、今に伝えられている。

この地方に一戸～九戸と呼ばれる名称の地がある。

戸（へ）は“棚のある牧場”とのことで、平安・鎌倉時代から軍馬の生産地であった。

村上大蔵博士

さすがの馬産地も、1945年の終戦を契機に、軍馬供給の必要性がなくなったため、畜産の主体は馬から徐々に牛に移行した。

多くの牧野（自然林）では、牛馬の憩う優雅な牧歌的光景がみられていた。

そんなのどかな情景とは裏腹に、牧野で草を食む牛馬に原因不明の奇病が頻発した。

同一牧場の同じ時期に、まるで伝染病のように、多数の家畜が罹患して死亡するという、畜産農家の１大脅威になっていた時代があった。

そのような原因不明の風土病の解明に、果敢に挑戦したのが岩手大学獣医学科の研究スタッフである。

彼らの年余にわたる血の滲むような調査研究が功を奏し、さしもの奇

病の数々も少しずつベールが剥がされ、岩手大学は畜産農家の救世主的な存在として、地域の畜産振興に多大な功績を残した。

そんな研究陣の1人に、内科学教授の村上大蔵博士がいた。

● 盛岡高農生と敗戦

阿武隈山地の岩手県飯豊村で、1925年に、村民の信望が厚く、20代続いた篤農家、村上刑部氏の次男として、元気な赤ん坊が生まれた。

大安の日に生まれたことと、祖父の名の虎蔵にちなんで、大蔵と命名された。

小学生時代の大蔵少年は、馬の世話や夕食の炊事、葉タバコの葉のしなど、毎日のように率先して家事手伝いをする、親孝行な子供であった。

満蒙開拓青少年義勇隊の募集があった時、まだ見ぬ広い満州の地に憧れていた大蔵少年は、子供心に満州で一旗揚げようと決心した。

しかし、そう簡単に父母の同意が得られるはずがなく、少年の夢はあえなく散った。

1940年のこと、今度は海軍の少年航空兵に憧れるようになり、「1兵卒より海軍少佐まで」をうたい文句に、胸を膨らませ志願したところ、見事合格した。

翌年に霞ヶ浦海軍航空隊に入隊することに決まっていたが、叔父の家への養子縁組みという家庭の事情で、断念せざるを得ず、涙を流して悔しがった。

親の「1兵卒として入隊するよりも、農学校を卒業し、将校として奉公した方がよい」という言葉に、ようやく納得した大蔵少年は、1942年に、地元に新設された公立の農蚕学校に、第1回生として入学した。

質実剛健の校訓のもとに、入学式の翌日から校長先生を先頭に、教員と生徒が一丸となって学校造りに精を出し、荒れ地を開墾して農場を作

り、晴耕雨読の日々を過ごした。

　校長は常々、第1回卒業生の中から、上級学校へ進学する者が出ることを念願していた。

　1944年に、村上は校長の夢を裏切ることなく、競争倍率6倍の狭き門を見事に突破して、盛岡高等農林学校獣医学科に合格した。

　この年から、高等農林学校は農林専門学校に、名称が変更された。

　当時は太平洋戦争の真っ只中だったので、獣医師の需要は急増していた。

　しかし学生生活はまことに惨めなもので、入学早々から農林省種馬育成所、軍馬補充部、九戸村の暗渠排水工事、農作業などに勤労動員させられることが多く、落ち着いて本来の勉学に励むという環境からはほど遠いものであった。

　極端な食糧不足が続き、食べ盛りの学生たちは、とてもつらい苦しい生活を強いられた。

　盛岡農専には陸軍獣医部委託生が在校したため、獣医学科は軍から供給された120頭以上の馬を保有していた。

　これらの馬は農家に貸し付けられたり、必要に応じて解剖実習、臨床実習、乗馬に供用された。

盛岡農専2年生の頃

　獣医学科の学生には、週3回の乗馬訓練が義務付けられていた。

　上級生の中から乗馬教官が選ばれ、1年生を指導した。馬の飼養管理は学生が交代制で担当した。

　村上は1年生の秋に陸軍獣医部委託生試験に合格したので、卒業後は

陸軍獣医部の将校になることを夢見ていた。

　しかし敗戦色が日増しに濃厚になり、1945年に2年生に進級すると、駒場の陸軍獣医学校*に入学するために上京したが、度々のB29による空襲のために、東京は焼土と化し、陸軍獣医学校も焼失した。

　そこで、陸軍獣医学校は宮城県の軍馬補充部に移転した。宿舎がなかったため、厩舎を改造し、干し草を並べ、毛布を敷いて寝床を作った。

　軍事教練は東京での陸軍獣医学校以上に厳しく、連日実施された。

　東大の佐々木清綱、星冬四郎、北大の山極三郎、平戸勝七、盛岡農専の千葉喜一郎、陸獣の市川　収など、高名な学者による、すばらしい講義に感銘する、充実した日々であった。

　勉学に勤しむ中で、いちばん辛かったのは、やはり極度の空腹だった。

　どんぶりの飯の量が減るにしたがい、日毎に全員の体力が減退して、活力は衰える一方だった。

　とうとう敗戦を迎えてしまった8月15日のことであった。

　口惜しさと悲しみのあまり、友人の1人が切腹して果てようとしている姿を見つけた。

　驚いた村上は、とっさに彼の体にすがりついて、短刀を奪い取り、「死ぬのは待て。早まるな。冷静に時代の推移を見守ろうではないか」と、夢中になって説得し、やっと思いとどまらせるという経験をした。

　委託生隊は解散し、それぞれの母校に帰って、獣医学科の先生に帰学の報告をした。

　10月上旬になると、学校から授業を開始するので登校するようにとの通知が来た。

　村上は夜になって盛岡に到着し、懐かしい校庭に足を踏み入れた。

　たが、そこに見た光景は、米兵に荒らされた獣医標本室や、米兵の乗馬のための馬房に様変わりした厩舎であった。

　終戦後の生活は、衣食住とも極度の欠
乏をきたした。

　インフレで世情は騒然として困窮を究
めていたが、学生たちは空腹に耐え、ア
ルバイトをし、歯を食いしばって飢えを
しのぎながら、激動した3年間の学生生
活を終えて、ようやく卒業の日を迎える
ことができた。

助手時代（1951年）の村上

• 母校の教員になる

　1947年の盛岡農専卒業後は、農業をするために帰郷した。

　ところが4月下旬に、恩師、千葉喜一郎教授の突然の訪問を受け、「動
物病院の先生が退職されたので、君がその後継として学校に来てくれな
いか」と勧められた。

　承諾した村上は、動物病院担当の辞令を拝受し、1日に20〜30頭来院
する病馬の診療を始めた。

　歯牙疾患、疝痛*、腺疫*、伝染性貧血*などの診療が多く、時には去
勢や錯癖*（さくへき）手術などを体験した。

　教員室では、先輩の活躍ぶりや、馬臨床の大家であった小西　要教授
（1回生）の臨床教育と研究内容、あるいは病畜の診療所見などについ
て詳しく学ぶことができ、過ぎて行く1日1日が大変有意義な日々で
あった。

　そんな時、村上の実家では、兄の戦死についで、実父と祖父の死亡が
相次いだため、働き手がいなくなり、生活に難儀をきたすようになった
ので、1949年に学校を辞して帰郷した。

　郷里の畜産農業共同組合で臨床獣医師として、実家の生活を支え、馬

の繁殖障害や不妊症の治療、早期妊娠診断などに専念し、臨床の腕を磨いた。

　1年間の馬診療生活が終わった頃、千葉から「学制改革によって母校は新制大学となった。君を助手に採用したい」と、再度の誘いがあった。

　実家の生活もようやく持ち直した頃だったので、1950年7月に、岩手大学農学部助手として、再び校庭の土を踏むことになった。

　その頃の動物病院は、診療は従来通り行っていたものの、研究用の設備はほとんどなかった。

　病院経費は5万円位で、位相差顕微鏡を1台購入すると予算がなくなり、診療で注射器を破損すると、自費で購入しなければならない始末であった。

　恩師の千葉はすでに退職して非常勤講師になっており、替わって、陸軍獣医部切っての偉才と噂された元獣医大佐で盛岡高農の大先輩、安田純夫博士が内科学教授として赴任し、動物病院の院長を兼務した。

　安田は停年退職までの15年間、若い教員たちの教育や研究について指導し、その間、それぞれの進むべき道にレールを敷いた。

　当時まで、動物病院の研究用機器は皆無に等しかったが、村上が病院長になると、光電比色計、由布式血中ガス分析器、心電計、大動物用X線装置などを次々と導入し、精密検査が可能となり、より詳細な診断ができるようになった。

　臨床教員としての村上は、学生の臨床実習にあたり、診療する時はまず精神を集中して、動物の現症を詳細に捉えることを教えた。

　その後、必要な検査を実施し、総合的に診断することが大切であって、先入観で速断したり、動物を診ずに検査結果だけで診断することは厳に慎むべきことなど、言葉だけでなく、実際に診療する姿を学生に見せて教育した。

• 学術研究

　臨床学者の村上は、学会発表（127回、含共同研究）、特別講演（3回）、原著論文（44編）、総説（2編）、講座等（14編）、臨床ノート（30編）、著書（共著14冊）の業績を残した。そのうちの主な研究の概略を記す。

1）馬の簗川病*

　1922年以来、盛岡市近郊の簗川地方で、放牧馬に運動障害を主徴とし、起立不能に陥る奇病が断続的に発生し、馬農家は簗川病として恐れていた。

　1933〜39年頃が発生のピークとなり、調査研究に携わった病理学の菊池賢次郎教授は、末梢神経系に出血と変性を発見し、多発性神経炎と診断したが、真の原因はなお不明のまま、年月が経過した。

　1952年に、病理学研究室に新しく加わった三浦定夫助教授が中心的な存在となって、研究を引き継いだ。

　三浦はこれまでの研究成果ならびに綿密な現地調査の結果を総合して、ワラビの採食によるものと想定し、2頭の馬を用いてワラビの給与試験を開始した。

　1953年の秋、村上たちは簗川村飛鳥牧野から枯れたワラビを刈ってきて、1頭に給与を続けた結果、1週間後から特徴のある神経症状が現れ、21日目に起立不能となった。

　続いて2頭目に給与を続けたところ、24日目に起立不能となった。

　2頭の試験馬の一般症状、血液所見、病理所見は、簗川病の自然発生例の病態とまったく一致するものであり、この時点で、簗川病はワラビ中毒であると断定された。

　さらにワラビの給与開始とともに、血中ビタミンB_1含量は著明な減

少を示し、それらにビタミンB₁（アリナミン）を投与すると回復することが確認され、馬のワラビ中毒はビタミンB₁欠乏症であると、治療的に立証した。

　馬農家にこれらの研究成果を伝え、牧野の改善や放牧指導をした結果、この地から簗川病はまもなく姿を消した。

　給与試験に参加した29歳の村上は、三浦の原因究明に賭ける、執念にも似た気迫を横目に見ながら、刈り取って来たワラビの給与と、臨床所見の把握、血液検査、尿検査を担当した。

　この研究の過程で、村上が三浦の研究姿勢から得たものは大きく、まず国内外の文献を徹底的に調査し、綿密な研究計画を立てることに始まる。

　そして中毒の解明には、人工発症試験によって、自然発生例の病態を再現させることの大切さを学び取った。

　村上は、この成果を1954年の第37回日本獣医学会で報告した。

2）牛のワラビ中毒

　1960年頃から、人工草地の造成と重なるように、牛のワラビ中毒の発生が見られるようになった。

　現場の獣医師から、放牧場において高熱、可視粘膜の貧血と出血斑、血便、血尿、そして血液検査で白血球数の激減がみられる、重症の奇病が発生したとの知らせが入った。

　病理学研究室の三浦教授とともに現地に急行し、ワラビ中毒であると診断し、わが国最初の牛ワラビ中毒例として、日本獣医学雑誌に発表した。

　その後も同様な症例が散発したので、翌1961年に、ワラビ50％を含む乾草の給与で、人工発症試験を開始したが、2カ月経過しても、発現し

なかった。

　首をかしげながら、試験を断念しなければならないだろうかと、諦めの気持ちになって思案していた矢先、70日目頃から41℃の高熱が持続し、可視粘膜に出血斑が出現した。

　血液検査で、白血球数および顆粒球の激減、血小板が激減して血液凝固不全など、牛ワラビ中毒の特徴的所見が観察された。わが国最初の牛ワラビ中毒の人工発症試験として、日本臨床獣医学会に報告した。

　その後も次々と臨床例を経験し、病理解剖で、全身の貧血、皮下織や実質臓器の点状出血、肝臓の多発性壊死、骨髄の膠様髄が認められた。

　しかし現地の人々は、「ワラビは人も食べるし、牛がワラビを食べて中毒するとは、今まで聞いたことがない」と、納得しなかった。

　役所から、乳牛が放牧されている現地調査をしてほしいとの要請があったので、村上は現地に赴き、ワラビ中毒の実態調査を行った。

　採草地の25％にワラビが繁茂しており、乳牛たちは現時点で臨床的に異常は認められなかったが、血液検査で白血球、顆粒球の有意な減少がみられた。

　この現象は、ワラビ中に含まれる再生不良性貧血因子によって、骨髄機能が障害された結果であると、考察された。その結果に、現地の人々は得心した。

　先年まで発生していた放牧馬の奇病、簗川病はワラビ中毒で、ワラビ成分中のアノイリナーゼによるビタミンB_1欠乏症によって起立不能となるが、牛のワラビ中毒は高熱出血性症状を示す汎骨髄癆（はんこつずいろう）*であることが判明した。

3）牛のピロプラズマ病*

　村上が牛のピロプラズマ病と最初に遭遇したのは、1951年6月であっ

た。

　病理学の菊池賢次郎教授から、「小岩井農場で、原因不明の牛の疾病が発生しているから、往診してくれ」と頼まれた。

　不安な気持ちで往診すると、10数頭の育成牛が40℃以上の発熱、結膜蒼白、呼吸促迫などの症状を示し、すでに数頭が死亡していた。

　肺炎を疑ってペニシリンを注射した。貧血が顕著なために血液検査を実施したところ、赤血球数は100〜200万/mm³と激減していた。

　ギムザ染色標本でも貧血像は著明であった。

　しかしその頃の村上は、顕微鏡下に見る赤血球中の濃染されたコンマ状のものが、小型ピロプラズマ原虫であることを、まだ知らなかった。

　そこで染色標本を持ち帰り、菊池に鏡検してもらったところ、小型ピロであることが判明した。

　さっそく小岩井農場に連絡して、トロポヒン（マラリアの特効薬）50錠の内服を指示した。

　ところが、新参者の村上が報告した診断名は信用されなかったらしく、あらためて小岩井農場は農林省家畜衛生試験場の石井　進博士に診断を依頼した。そして石井博士の診断も、小型ピロであった。

　トロポヒンの投与で全例とも治癒したが、農場の信用上、この事例を公表することは許されなかった。

　村上としてはピロ病についての貴重な経験となり、その後、小岩井農場の信頼を得て、関係は緊密となった。

　ピロ病との2回目の出会いは、1958年から放牧利用模範施設事業を開始した、県営牧場での発生例であった。

　造成3年目の1960年6月に、245頭の乳用育成牛の放牧が開始された。ところが1カ月後から高熱、食欲不振、貧血を主徴とする病牛が多発し、治療を要するものは50頭を数え、死亡牛も続出した。

　そこで県畜産課長からの要請で、岩手大学の安田、大島、村上の３名が現地に急行し、村上は血液検査を担当した。

　病牛は著明な貧血を示し、血液塗抹標本で、以前に菊池から教わった小型ピロ原虫（タイレリア）の重度寄生が判明した。

　ここで注目すべきは、検査牛の１例に、大型ピロが発見されたことであった。

　赤血球内に小型ピロとともに、双梨状、ラッキョウ状、楕円形をした大型の原虫が、高率に寄生していた。

　ダニ熱の病原体であるバベシア・ビゲミナではないかと思われたが、この株を家衛試の石原忠雄博士が持ち帰って調べた結果、いわゆる大型ピロ（後になってバベシア・オバータ）であることが判明した。

　大型ピロの発見はわが国最初のものと思われる。トロポヒンが不足していたため、治療は困難をきたし、空前の大惨事を招いた。

　その後、内科学研究室ではピロ病の病態に関する研究が主となり、診断、治療、予防法の確立が、緊急の課題となった。

　血液学的研究、人工感染牛の長期間観察、輸血療法など、精力的に研究が進められ、免疫学的研究の着手にまで至った。その結果、小型ピロには、免疫性のあることが立証された。

　このように、初めて遭遇した原因不明の放牧病を、ピロ病であると診断し、その後、村上らの献身的な研究努力のおかげで、ピロ病の全容が明らかにされ、大きな成果が収められた。

4）牛のグラステタニー*

　1971年の春であった。岩手県外山牧野で、人工草地に放牧した肉用牛（日本短角種）の群れの中で、約１カ月後に、今まで何の病状もなく草を食べていた２頭が、突然頭を挙げて吠え、盲目状に疾駆し、ついで転

倒し、強直性痙攣を間欠的に繰り返して、病性不明のまま2〜3時間後に死亡した。

外山牧野の県担当者からの診療依頼があり、村上は研究室員を総動員して現地に赴き、県職員と共に牧草地の土壌や草種、放牧牛の臨床症状ならびに血液や尿などを詳細に調べた。

発症牛は、興奮、痙攣などの神経症状が主徴で、眼光は鋭く、少しの刺激に対しても不安や興奮を示した。

口角からの泡沫性流涎が著しく、水様性下痢や頻尿が認められた。

そこで村上は、破傷風、神経型ケトーシス*、乳熱*、各種中毒（有毒植物、尿素中毒*、硝酸塩中毒*など）を疑い、各種の検査を行っているうちに、頭の中にはもう1つの病名が浮かび上がってきた。

それはグラステタニーである。種々な原因で低マグネシウム血症となり、神経症状を示す疾病である。

1930年にオランダで初めて報告されたが、わが国の放牧牛になぜ発生しないのだろうと、不思議に思っていた矢先のことであった。

血液は岩手大学と盛岡家畜保健衛生所で2分し、それぞれ同時に分析された。

家畜保健衛生所は日立分光光度計を用いた比色分析法で、健康牛のマグネシウム値は1.89〜2.00mg/dℓであるが、病牛では0.35〜0.4mg/dℓと、著明な低下を示した。

村上はこの数値を聞いた瞬間に、「やっぱりそうだろう！やっぱり間違いないんだ！」と大きな声で繰り返し、してやったりという得意な笑顔になった。

続いて岩手大学の検査も、原子吸光法で0.68mg/dℓという、著しい低マグネシウム値が得られた。

そこで村上は、低マグネシウム血症が主因のグラステタニーであると

説いた。

　さっそく25％硫酸マグネシウム溶液100〜200mℓを連日3回皮下注射するとともに、初回にボログルコン酸カルシウム剤200mℓの静脈注射を行った。

　その結果、血清マグネシウム値の上昇に伴って神経症状は軽減し、1週間後に正常に回復した。

　それだけでなく、岩手県内の放牧地には、歩様が強拘あるいは不安定となり、ついで知覚過敏となり、ふるえ、眼球振盪（しんとう）、四肢強直や痙攣などの神経症状を示す牛が次々と出現し、その後に起立不能となる奇病が5年間で169頭発生した。

　それらの全例がグラステタニーであり、的確な治療によって血液マグネシウムおよびカルシウム値の上昇がみられた。それに伴って臨床症状が軽減し、加療後6〜9日の経過で、ほぼ正常に復した。

　自然草地での発生は、見られなかった。

　過去に北海道の乳牛や、マグネシウムの欠乏している鹿児島県、宮崎県のシラス地帯の黒毛和種牛に発生したが、それらはいずれも舎飼いであり、放牧牛において集団的に発生したのは岩手県が初めてであった。

　その後の調査で、低温多湿の初春や秋に、窒素やカリウム過多の酸性土壌で、マグネシウムやカルシウムが欠乏した、オーチャードグラス主体の人工草地に発生していたことが分かった。

　その理由は、火山灰土壌でマグネシウム含量が少ないこと。それに加えて人工草地造成後は、化成肥料が多量に施肥され、マグネシウムやカルシウムはまったく施用されていなかったことが判明した。

　ついで青森、秋田、山形、福島の各県および北海道にも発生し、「グラステタニー」は、新しい放牧病として注目されるようになった。

　村上は低マグネシウム血症がみられても、神経症状が現れない場合は

グラステタニーとは言わず、低マグネシウム血症と呼称することを提唱した。

　村上はその後も学会や、講習会、ジャーナルなどで精力的に啓蒙し、人工草地にマグネシウムやカルシウムを含む、成分的にバランスのとれた肥料を施す必要性を強調した。

　そのおかげで本病についての全容が、第一線の獣医師や畜産農家に理解され、人工草地の改良がなされた結果、グラステタニーは姿を消した。

　その他、子牛の発作性血色素尿（血）症の原因が、急激、過度の飲水により、腸管毛細血管内の血漿浸透圧の低下をきたした血管内溶血、すなわち水中毒であることを解明し、高張食塩液（10％）の静脈注射が、卓効を示すことを明らかにした。

　牛が釘や針金、針などの金属性異物を食べて、外傷性の胃炎、横隔膜炎、心膜炎などを引き起こすことは、古くから知られていた。

　1953年頃から、牛の飼養頭数の増加に伴い、本病が急増の傾向を示し、その予防、診断、治療が重要な課題となった。

　そこで村上は、病牛の臨床症状や血液所見の把握、あるいは人工発症試験を実施して、外傷性疾患の実態を詳細に調査し、その結果を広く臨床獣医師や農家に公表して、診断技術の向上や予防の徹底に尽力した。

・「カルシウム代謝の岩大」への起点

　酪農家が増えるに従い、和牛では見られなかった病態を示す疾病が多くなった。

　その１つが、分娩前後に低い皮温と後躯麻痺を起こして、起立不能となる"乳熱"である。

本病は、現在では"急性低カルシュウム血症"が原因であることが定説で、治療薬も開発されている。

しかし古来、100年もの長期間にわたって原因が定まらず、幾多の学説があげられ、論争が続けられた本病は、1930年にロンドンで開催された世界獣医学会でも、大きな問題として討論がなされた。

その間に、現在の獣医師が決して経験することのない、"乳房送風*療法"が考案され、最も効果のある治療法として、世界中で行われていた時代があった。

その原理は、分娩とともに大量の血液が乳房に集まるために、脳貧血を起こすという説であった。

血管運動神経が虚脱状態になると、乳房の静脈は高度のうっ血をきたすため、乳頭口から空気を挿入して、その圧力により再び血液を他臓器に戻す効果がある治療法として、推奨された。

実際に乳房送風器を使用した臨床家や酪農家たちは、それぞれに効果を認めていた。

その後、血液生化学的検査法が普及し始めると、乳房送風療法は、決して完全な理論的なものではないことが判明した。

本法は乳房炎をひき起こす危険性もあり、常用されなくなったことは、臨床獣医界における一大進歩であるが、乳房送風器はあまりにも有名な歴史的治療器具であった。

時代を経るごとに、さらなる高泌乳を求め続けられる乳牛たちに、濃厚飼料の多給が開始され、そのギャップで生じる生産病が多発する時代になると、病態はさらに複雑に変化した。

その挙句に、乳熱に似て非なる、"産前産後起立不能症（ダウナー症候群*)"が多発する時代を迎えた。

村上は、乳熱を含めた起立不能症候群の病態の把握と、原因の究明や、

治療法開発の先駆けとなって、多くの業績を残した。

　村上の指導を受けて育った岩大獣医内科学研究室の、村上一門が築き上げた膨大な研究の足跡は、現代まで脈々と受け継がれている。

　安田の紹介で、北大の中村良一教授の指導を受けることとなった村上は、乳牛の分娩前後における血液性状の変化に関する研究に着手した。

　乳牛の分娩前後には、乳熱をはじめ、起立不能症、ケトーシス、産褥性血色素尿（血）症など、多くの代謝病が発生するが、その原因について数多くの研究報告があるにも関わらず、なお解決に至っていなかった。

　このことは乳牛の妊娠、分娩、泌乳に伴う、生理的代謝に関する詳細な基礎的研究が、少ないためと考えられる。

　まず、当時すでに懇意になっていた、小岩井農場の牛を試験牛とする許可を得た。

　29頭の正常分娩牛を使用し、分娩前1カ月から分娩後50日にわたり、特に分娩を中心とする1週間前後を重点的に、血液の理学的および細胞学的検査、ならびに生化学的成分の検査を行った。

　さらに、乳熱と診断された4頭についても同様の検査を行い、その結果を比較し検討した。

　正常分娩牛では、それぞれの成分は生理的範囲内で同じパターンの変化を示したが、分娩直後に血糖値とマグネシウム（Mg）の上昇、無機リン（P）とカルシウム（Ca）の減少が特徴的であった。

　一方、乳熱罹患牛では、特にCa、PおよびMgの変化は、正常分娩牛の変化と本質的には異ならなかった。しかし、その増減の程度は、乳熱牛のCaの減少が顕著であった。

　このことは、分娩についで起こる初乳の生産に伴い、大きなストレスが働くため、血中Ca値の恒常性を維持する調節因子が、うまく作動し

ない場合に低Ca血症に陥り、乳熱が発生するという結論を導き出すに至った。

この成果を1959年の第47回と第48回日本獣医学会で発表し、その論文を北大に提出して、獣医学博士の学位が授与された。

乳熱の治療にはCa剤の注射が行われる。しかし大量のCa剤を急速に静脈注射すると、徐脈、不整脈、呼吸促拍やふるえがみられ、心ブロックのために死亡することがあるので、心ブロック予防が重要な課題となる。

試験を重ねた結果、ゆっくりと静脈注射した場合の不整脈は軽度で、皮下に分注した場合は、さらに軽度であった。

そこで、注射の前に必ず心機能を検査し、要すれば強心剤を併用すること、Ca剤は最少必要量を用い、時間をかけてゆっくり行い、心音に著しい不規則を認めた場合は直ちに中止し、十分に時間をおいて、心音が回復してから再び注射すること、副作用の少ないボログルコン酸カルシウム剤を静脈内と皮下に分注することが、最良の方法であると発表した。

乳熱の予防法については、乾乳期に高P・低Ca飼料による予防、分娩前5〜7日に大量のビタミンD_3の投与による予防が報告されている。

そこで6頭のジャージー牛を用いて分娩前に1日 1,000万IU（国際単位）のビタミンD_3を5〜7日間投与し、乳熱の予防効果を観察したところ、4頭が発生しなかった。

しかし他の2頭は分娩が延びたためか、軽度の乳熱症状を示したので、ビタミンD_3投与終了後1〜2日以内に分娩することが必要であると分かった。

1975年頃になると、乳牛の産前産後起立不能症（ダウナー症候群）が、全国的に多発するようになった。

研究の進歩も著しく、特に生化学の進歩によって、ホルモンやビタミンの定量が可能となったことは特筆すべきで、原因の究明に大きな武器となった。

岩大獣医内科学研究室でも、Ca代謝およびビタミンD代謝について、血中無機成分とともに上皮小体ホルモン（PTH）やビタミンD類を測定し、多くの成果を収めた。

村上の後を継いだ内藤善久教授（現名誉教授）は、米国アイオワ州の国際獣医疾病センターに留学した後、「Ca代謝の岩大」の名を、さらに高める多くの業績を残した。

• 動物病院専任教授の配置

従来、全国大学の動物病院に専任教授は配置されていなかった。

獣医学教育が6年制に改正され、病畜の急増に伴う病院運営の円滑化を図るためには、専任教授の配置が緊急の課題となった。

そこで村上は、まず全国大学動物病院運営協議会に取り上げてもらうために提案した。

しかし、ある大学の病院長から、動物病院に教授を配置することは運営上問題があるとの発言があり、採択されなかった。

それでも諦めることなく、岩大では農学部長はじめ学内関係者の賛同を得て、文部省に強く要求した。

その結果、文部省の理解により、1979年に岩大にわが国最初の動物病院専任教授が誕生した。

そして次々と全国の大学動物病院に、専任教授が配置されるに至った。

岩大は産業動物、特に牛の臨床に重点を置いているため、積極的に学外へ出て、家畜の診療に取り組むことが大切な仕事だったので、そのために診療用自動車が必須であった。

　村上は農学部長はじめ大学当局や文部当局に強く要望し、1979年の病院専任教授配置と同時期に、移動診療車（930万円）が配備された。

　その後に診療用ワゴン車も導入され、それらを駆使して、農学部付属牧場および県内畜産農家や、国および県の畜産関係施設の牛の巡回診療が可能となった。

　教育、研究の充足が図られるようになると、農協（JA）やNOSAIと提携して牛の集団検診を実施し、学生の臨床教育にも予想以上の成果を収めたため、各大学から注目を浴びるようになった。

・臨床教員としての村上の姿勢

　臨床系教員は学生に対する講義や実習の他に、動物病院における診療に従事する任務がある。

　大学付属の病院なので、常に高いレベルの診療が社会から期待されており、これに対応しなければならない。そして1つの事故も失敗も許されない。

　村上は、幅広い知識を基礎に培われた経験と直感から、火急を要する疾病や難病を速やかに診断し、治療と予防を指示した。

　その姿は、長年、家畜の診療を通して研究し、教育に携わってきた、ある種の年輪を感じさせた。

　村上の研究は臨床面から外れたものはなく、野外での不明な疾病に対しては、率先して往診に赴くとともに、常に臨床獣医師が一番解明を望んでいる疾病を研究対象として取り上げ、その実態や原因

万里の長城にて

究明に努力した。

　明解な診断を下し得た時、重症病畜が治癒した時、生前診断と病理解剖所見が一致した時などの快感は格別であり、臨床教員のみが味わえる喜びであると、常々学生に語っていた。

　各種講習会の依頼には、時間の許す限り応じ、第一線の臨床獣医師の良き相談相手となり、社会に貢献することが任務の一端であると考え、学内外ともに多忙を極めた。

　海外出張としては、1978年の米国およびヨーロッパの獣医大学視察で、各大学の診療研究施設や研究業績、研究者たちとの交流だけでなく、その国の歴史文化にも触れ、大いに見聞を広めた。

　1986年に学術交流のために中国吉林農業大学を訪問し、牛の代謝病の講義をした。

　世界獣医学会やアジア獣医師会大会にも積極的に参加して、アジア領域における獣医師の現況、獣医師の役割り、獣医学研究の動向などの情報を入手した。

参考資料

- 初出：動物臨床医学。26、3（2017）
- 金野慎一郎：いわての伝染病・中毒症をひもとく、（その18）グラステタニー。岩手県獣医師会報、32、1（2006）
- 内藤善久：プロフィール、臨床教育に情熱。家畜診療、158（1976）
- 北海道大学獣医学部家畜外科学講座論文集。（1963）
- 村上大蔵：牛のグラステタニー。家畜診療、133（1974）
- 村上大蔵教授、奉職42年の回顧。村上大蔵教授停年退職記念事業会（1991）

　本項につき、資料を受けた岩手大学の内藤善久名誉教授に感謝します。

19. ボツリヌス中毒研究の世界的権威
阪口玄二　SAKAGUCHI Genji（1927〜2011）

　人の食中毒の中で、最も恐ろしいと
いわれているボツリヌス中毒は、かつ
て熊本で発生したカラシレンコン事
件、あるいは離乳食の蜂蜜摂取で生じ
る乳児ボツリヌス症として、多くの
人々の記憶に新しい中毒である。

　ボツリヌス中毒の研究をライフワー
クとして、数々の優れた業績を残した
のが、大阪府立大学獣医公衆衛生学教
授の阪口玄二博士である。

阪口玄二博士
（日本細菌学雑誌、67から転載）

　阪口は1927年9月17日、神戸市に生
まれ、1950年に北海道大学を卒業した。

　国立予防衛生研究所（現国立感染症研究所）に入所し、食品衛生部で
食中毒起因菌の研究に従事した。

　1970年に大阪府立大学の獣医公衆衛生学教授に就任して以来、1991年
の停年退職までの21年間を、一貫して細菌性中毒、特にボツリヌス中毒
の研究に捧げた。

　1975年頃は、細菌毒素の研究が、世界的に著しい進展を遂げつつある
時期であった。

　そんな中で、日本の毒素研究は、世界の最先端を走っていた。

　阪口の研究業績をたどってみると、それはそのまま、世界のボツリヌ

ス毒素研究の足跡をたどることになるという、阪口の独壇場であった。

• ボツリヌス中毒

ボツリヌス中毒とは一体どんな疾病なのだろうか。

名前だけは知っているが、一般的にはカラシレンコン事件を思い浮かべる程度の知識ではなかろうか。

ボツリヌス菌を経口摂取したために生じる中毒であり、語源はボツルス（botulus、腸詰め、ソーセージ）から取られている。

ヨーロッパでは千年以上前から、ソーセージやハムを食べた人の間で起きる食中毒だったので、このような病名が付けられた。

破傷風菌と同じクロストリジウム属の、グラム陽性の偏性嫌気性菌で、自然界に芽胞*の形で広く分布している。

ボツリヌス菌は毒素の抗原性の違いにより、A～G型の7種類に分類され、人の中毒はA、B、E、F型で起こり、鳥類や家畜はC、D型で起こる。

A、B型の菌は土壌中に分布し、C、E型は海底や湖沼に分布している。

肉製品や缶詰等の食品中で、菌が増殖する際に生産される菌体外毒素*によって起こる、毒素型食中毒である。

経口的に摂取された毒素が神経終末に作用すると、神経伝達物質（アセチルコリン）の放出を阻害し、副交感神経遮断症状を引き起こし、激しい神経症状を示すため、四肢や呼吸筋の麻痺を起こし、致死率が著しく高い。

ボツリヌス菌は芽胞となって高温に耐えるが、毒素は過熱で不活化される。

A、B、F型菌（第1菌群）の耐熱性は高く、毒素は100℃1～2分

で失活するので、完全に滅菌する120℃、4分の加熱が必要とされている。

ボツリヌス菌が作り出す神経毒素の毒性は、最強毒である。

0.5kgで世界人口が致死量に達するといわれている。かつて生物兵器として研究開発が行われたことがあり、自然界に存在する毒素として、最も強力である。

1995年、イラクにおいてボツリヌス毒素を含んだ2万リットルの溶液が見つかったので廃棄させたという、世界を震撼させた報道は、まだ記憶に強く残っているのではなかろうか。

毒素の作用で呼吸筋は麻痺する。しかし意識は最後まであるので、体が動かず呼吸もできない状態に置かれる。

考えただけでぞっとするような、これ以上はない苦痛と恐怖にさらされながら死んでいくのだから、悲惨なものである。

わが国初の中毒例は、北海道での「いずし」を食べた症例であった。

"ボツリヌス"という名称が有名になったのは、1984年、A型菌に起因する熊本のカラシレンコン中毒によって、11名が死亡したことに端を発する。

ボツリヌス菌は嫌気性なので、真空パック内で繁殖したことが、原因であると判明した。

この事件の特徴は、（1）カラシレンコンは土産品として販売されているので、不特定多数の人が購入して食べ、患者が全国にまたがった、（2）原因食品の購入期日が異なるため、患者の発症日時が大きく異なった、（3）同一製造所で、6月5日から6月25日の製造停止直前までの間に製造された製品の多くに、ボツリヌス菌の汚染がみられた、ことであった。

ボツリヌス中毒は、従来、家族内の中毒の形態をとるのが普通であっ

たが、しだいに集団中毒の形態をとるようになった。

　しかも、わが国には分布がないと考えられてきた、A型、B型菌の毒素による集団中毒の発生が多くなった。

　その理由は（1）外食の機会が増え、（2）外食が産業化し1つの施設で莫大な数量の弁当や惣菜を製造するようになった、（3）真空包装、冷蔵、冷凍などの貯蔵方法が進歩し、これまでは貯蔵できなかったものまで、貯蔵または長途輸送が可能になった、（4）原料、製品の輸入量が増大した、（5）防腐剤などの添加物を敬遠する傾向が強くなった、などが考えられる。

　離乳食の蜂蜜中に混在していた毒素により、乳児の死亡事例が起きたため、1987年に厚生省（現厚生労働省）から、1歳未満の乳児に蜂蜜を与えないようにという通知が出された。

　乳児の腸内は、成人のように大腸菌などの腸内細菌がまだ存在していない時期なので、蜂蜜に混在するボツリヌス菌を死滅させる抵抗力を持っていなかったからである。

　米国の症例が低腸管病原性であったのに対して、日本国内の乳児ボツリヌス症は、例外なく高腸管病原性であった。

　近年報告されるようになった犬の中毒例は、C型菌で、腐敗食品に起因し、牛の中毒例はB、C、D型で、魚類や動物由来の飼料、あるいは腐敗サイレージに起因している。

• ボツリヌスE型毒素の活性化機構の解明

　それでは国内初の中毒例を紹介しよう。

　1951年5月に北海道岩内郡で54歳の女性が急死した。

　この時の葬儀に参列した近隣者たちは、急死した女性が作って残した

ニシンの「いずし」を23人が食べ、そのうちの13人が発病し、3人が死亡した。

検死の結果、死者の臓器から毒物は検出されなかった。そして「いずし」の食塩液抽出液中に、易熱性のマウス致死毒が検出された。

これが本邦初のE型ボツリヌス中毒であることが判明したのは、事件後1年3カ月を経過してからであった。

原因究明までに、なぜこんなに時間を要したのであろうか。

当時のわが国には、A型以外の菌株や、抗毒素＊がなかった。

そこで、急遽カリフォルニア大学からB、E型菌の分与を受けることになったため、岩内での中毒がE型菌であることが判明するまで、時間がかかったのである。

当時、E型中毒の発生例は世界でも稀で、米国で2症例、カナダで2症例のみが、報告されていたに過ぎなかった。

それまで、わが国でのボツリヌス中毒の報告がなかったので、わが国では発生しないと考えられていた。

「いずし」は生魚、米飯、生野菜を樽に漬け込み、3～4週間発酵させたものである。

生魚は血出しのため水に晒される。ボツリヌス菌の増殖は、水晒しの時に起きたと考えられた。

これを契機に、阪口は発生メカニズムに関する研究に着手した。

E型中毒が、高い毒素生産量で知られるA型やB型食中毒と同程度に発生するのは何故なのかという疑問は、この頃はまだ解明されていなかった。

1953年に秋田県天王町で発生したE型中毒の疫学調査の過程で、頭の中に湧いてきた、「なんでこんなちょっとの毒素で食中毒なんか起こしよるんや？」との疑問が研究の出発点となった。

欧米に発生しているＡ型やＢ型とは異なり、Ｅ型菌は未活性の形でも毒素を生産し、腸管内で活性化されるたんぱく分解酵素によって、毒素の１部のペプチド結合が切断されると毒素活性が著しく上昇するという、「毒素の活性化現象」を、世界で初めて発見した。

この画期的な業績で、北海道大学から獣医学博士の学位が授与された。

毒素の活性化現象は、研究が進んだ現在では、ボツリヌス毒素以外の多くの細菌毒素でも認められるようになった。

• **血清療法の有効性の実証**

ついでＥ型治療用馬抗毒素血清の研究に着手した。

1962年に北海道豊富町で大規模Ｅ型ボツリヌス中毒事件が発生した。

この時、患者55名にＥ型抗毒素が投与された。その結果、投与前に死亡した１名を除き、重篤な患者も含めて全員が完治したという、画期的な効果が発揮された。

このことは、抗毒素の実用性を実証するとともに、ボツリヌス中毒では効果がないといわれていた重篤患者に対する抗毒素治療が、有効であることを見事に実証した。

本症例を契機に、ボツリヌス中毒患者に抗毒素投与が推奨され、わが国におけるＥ型ボツリヌス中毒による死亡例は皆無となった。

ついで、「いずし」から分離したＥ型菌と、同時に分離したある種のクロストリジウム属菌を混合すると、毒素の活性が数百倍に上昇するという、驚異的な発見をした。

この現象は、クロストリジウム属菌の生産するたんぱく分解酵素によると推測された。

この研究の報告後に、トリプシンにより、毒素が活性化されることが報告された。

さらにＥ型毒素の精製方法を確立し、後述するように、毒素は神経毒素と無毒成分から構成される、複合体毒素であることを明らかにした。

これらの一連の業績により、阪口は1969年に「Ｅ型ボツリヌス毒素の精製と、活性化機構に関する研究」で、小島三郎記念文化賞の栄誉に輝いた。

この賞は国立予防衛生研究所の小島三郎元所長の遺徳を永く記念するために設けられた。病原微生物、感染症、公衆衛生学に対する優れた研究、技術に対して贈られる、水準の高い賞である。

• すべての型の毒素精製方法の確立

Ａ型毒素は、1946年に結晶化が報告されたのを契機に、Ｂ〜Ｇ型毒素も精製が行われた。その結果、毒素活性や分子量について、食い違いのみられることが分った。

1970年に阪口は、大阪府立大学に着任するや、これまでのボツリヌス毒素の研究をさらに発展させた。

手始めに食品や培地に生産される毒素を、Ｅ型菌から精製することに成功した。

得られた毒素は、毒成分（神経毒素、分子量15万）と、無毒成分が組み合わされて、構成されていることを明らかにした。

その後、他の型の毒素も相次いで精製し、全型の複合体毒素の活性と分子構造の比較解析を進めた。

その結果、すべての型の毒素が、毒成分と無毒素成分から構成され、そのうちのＡ型菌は３種類、Ｂ、Ｃ、Ｄ型菌は２種類、Ｅ、Ｆ、Ｇ型菌は１種類の毒素を生産することが分かった。

毒成分は同じ分子量であることから、毒素の分子サイズの違いは、結合している無毒成分の大きさが決定することを明らかにした。

　このように、現在までに知られているＡ〜Ｇ型のボツリヌス毒素の精製、生物活性および分子構造を調べ、すべての型のボツリヌス毒素は毒素活性を持つ神経毒素（Ｅ型のみ未活性化神経毒素）と、分子量の異なる無毒成分で構成された複合体毒素であることを明らかにするという、大きな仕事をなし遂げた。

　さらに神経毒に結合している無毒成分は、胃内の酸性条件、消化酵素などから神経毒素を保護していることから、ボツリヌス毒素が経口毒素として作用する際に、必須の成分であることを実証した。

　たんぱく分解性のＡ、Ｂ、Ｆ型菌が生産する毒素は、すでに活性化された状態で食品内に存在するのに対して、Ｅ型毒素の活性化現象は、菌が生産する未活性の毒素が摂取されると、体内で活性化されることを容易に想像させる。

• ドメイン構造とその機能の解明

　阪口の研究意欲は留まるところを知らず、さらに神経毒素の活性は、２つのフラグメント（重鎖と軽鎖）の相補的な働きによるものであることを明らかにした。

　すなわち毒性成分を還元すると毒性を消失すること、また各フラグメント単独では毒素活性を示さないこと、しかし両フラグメントを混合し、再酸化して神経毒素を再構成すると、毒素活性が回復することを実証した。

　このことは、２つのフラグメントが相補的に機能することにより、毒性を発現していることを示している。

　神経毒素が毒素活性の最小単位であり、各フラグメントに特異的に反

応するモノクローナル抗体を利用することにより、重鎖が神経細胞膜に存在する受容体と結合し、軽鎖が神経伝達物質遊離阻害に作用することを明らかにした。

　この研究は、今日におけるボツリヌス毒素の作用機序解明の、科学的な基礎となっている。

　1986年に、「ボツリヌス菌毒素に関する獣医公衆衛生学的研究」に対し、日本農学賞が授与された。

　続いて1988年に、「ボツリヌス毒素の構造と機能に関する研究」で、日本細菌学会賞である浅川賞を受賞した。

　浅川賞はその分野で創造的かつ主導的な優れた研究を行い、学会の発展に顕著な貢献をした研究者を顕彰する、最高の賞である。

　阪口の研究の多くは、日本学術振興会の科学研究費（KAKEN）を受けており、1985〜90年の間、連続して下記の研究をしている。

- ボツリヌス菌毒素の神経膜内への侵入機構
- 細菌性食中毒に対する毒素の役割と中毒防止
- ボツリヌス菌毒素の活性ドメインと機能
- 乳児ボツリヌス症の発症に及ぼす原因菌の病原因子

　1990年に日本獣医師会学術功労賞を受け、学内では農学部教務委員長や国際交流委員長などの要職につき、1991年の停年退職まで、一貫して大学教育、特に獣医公衆衛生学分野の充実と発展に貢献した。

　学外においては、文部科学省学術審議会専門委員、厚生省食品衛生調査会委員、農水省獣医師免許審議会委員、大阪府衛生対策審議会中毒部委員、世界保健機構（WHO）食品衛生専門会委員など、学会、教育界の発展はもとより、世界の公衆衛生行政に貢献した。

それらの功績に対し、1993年に紫綬褒章を受章し、1999年に勲三等旭日中綬章を受章した。

さらに日本食品微生物学会設立に尽力し、理事長としてその発展に多大な功績のあったことから、日本細菌学会、および日本食品微生物学会から名誉会員に推薦された。

• 牛ボツリヌス症の発生

1994年に北海道の酪農家の飼育乳牛58頭中の52頭が、特徴的な神経症状と呼吸不全を示して、死亡または淘汰処分になるという、大惨事が起こった。

症状から硝酸塩中毒*、リステリア症*、変敗飼料中毒などが疑われたが、原因はサイレージ中のボツリヌスC型毒素ということになり、日本における初の牛ボツリヌス症となった。

その後、全国的に散発がみられたが、家畜・家禽のボツリヌス症は家畜伝染病の対象となる疾病ではなかったので、それまでに発生状況の把握はできていなかった。

そこで、ボツリヌス症の研究で世界の最先端を走っていた大阪府立大学では、阪口の直弟子である小崎俊司教授らが、分離菌が生産する毒素の性状、遺伝学的な背景および毒素遺伝子の検出を試みた。

その結果、毒素源は飼料などから検出されず、乳児ボツリヌス症に似て、生体内で菌が増殖した結果、生産された毒素による発病と考えられた。

近年は、牛飼育場にカラスが群がる環境で発生が多くなっており、カラスの糞便からボツリヌス菌が検出された。

カラスなどの野生動物は、幼時から腐敗肉の摂取を常としているので、ボツリヌス毒素に慣れているものが多く、発病しないのではないか

と推測されている。

　今後も牛ボツリヌス症の発生は増加すると推測されるので、現在、牛舎に防鳥ネットの設置が叫ばれている。

　実際、発生農場で生き残った見かけ上健康な牛から、長期間にわたって毒素と菌の排泄が確認された。

　現在わが国で発生している牛ボツリヌス症は、これまでに病原性が不確定であった、D／C型モザイク毒素に起因することが明らかとなった。

・人間　阪口玄二

　阪口にまつわるエピソードを少々紹介してみよう。

　阪口の机の引き出しの中には、いつも辞表の入った封筒があったとのうわさが知られている。

　超危険な菌と接するために、万一、発病者が出た時は責任をとるという覚悟と緊張心で、研究に臨んでいたのである。

　もちろん研究室の学生たちには、抗毒素血清が接種されていた。

　英語が堪能であった阪口は、論文であれ、手紙であれ、正しく分かりやすい英文を書くことに、並々ならぬ情熱を持っていた。

　国立感染症研究所の逢坂　昭博士との共著、「科学者のための英文手紙・メール文例集」は、異例のベストセラーとなった。

　国際会議や論文審査などで交渉がこじれた時、あるいは注文をつけられた時などに、どう駆け引きして目的を達成するか、微妙な英文のニュアンスを伝授する、即効文例集である。

　阪口は国立感染症研究所時代に、世界のトップクラスの研究者、研究所との熾烈な先陣争いに参加した、数少ない日本人研究者の１人である。

　フルブライト留学生として、食品衛生関連の研究で世界をリードして

いたマディソンの食品衛生研究所に留学し、多くの俊英たちとしのぎを削った。

阪口の研究機関と研究者の在り方や、研究方法（テーマの設定、実験準備の仕方、実験記録の記載とその保存法、研究成果のまとめ方、研究成果の公表法、アイデア秘匿の意義とその方法、等々…）は、その時に習得したものであった。

研究機関（の管理運営技術）と研究者（の研究能力）は別物であるが、両者がともに優れていて、かつ、バランスのとれた車の両輪として、双方の異なった能力が全開することで、一流の研究成果が生まれると信じていた。

研究室における事務処理作業の仕方も紹介した。現在では常識になっているが、スチールキャビネットをフルに活用して、文献整理、研究者と交わした手紙類の整理、会計処理、英文による公文書の書き方…など、一流の秘書システムを大阪府大に導入し、研究体制を整備した。その上で、「スタッフは自分のエネルギーを研究に集中せよ」、という阪口流理論である。

自身の習得した優れた研究手法を若い研究者に伝授し、国内外で多くの一流研究者を育て上げた。

一流の研究者としての阪口の戦場は、もっぱら「毒素シンポジウム」であった。

この研究会は、自他ともに一流を認める多くの「尖ったサムライ」が集まり、自由闊達に研究成果を議論する場であった。

たとえば、夏休みに泊りがけの研究集会を開催し、昼間は激論の修羅場となるが、夜は和気あいあいの仲良し会に変身した。

他の伝統的な諸学会とは雰囲気の異なった、ユニークな集会であっ

た。

　阪口は、このシンポジウムの花形プレイヤーの１人として、実に生き生きとして輝くとともに、若手研究者の才能を引き出し、活躍の機会を与え、日本の生物科学研究レベルの向上に、大いに貢献した。

　阪口が弟子に指導した、具体的な研究精神の一端を述べてみる。

○実験記録の準備、記録、整理、保存の完璧性

　鉛筆の使用は厳禁、前日にタイプ印字による実験ノートを作成し、ボールペンで空欄に書き込みを入れる方式を採用した。

　修正液の使用は厳禁。実験途中で別のメモ用紙を使用した場合は、それを実験記録に糊付けする。記録はテーマごと、年度ごとに整理し、無期限に保存する。

○無駄な実験はない

　阪口は、自分の留学期間中に、ポジティブな研究成果を得ることはなかったが、恩師は自分を評価してくれたという思い出を持っていた。

　きちっとした具体的な実験記録を残すことによって、後日、後輩がそれを参考にしながら、別のアプローチを選択することで、無駄が省ける。

　ネガティブなデータもりっぱな研究業績であることを教えた。

　後輩、弟子たちには、「思惑と異なった実験結果でも、その中に何か新発見がないか探してみなさい。小さくても構わない。何か見つかれば、オリジナル論文が仕上げられる。転んでも只では起きない精神が、一流の仕事師である」と指導した。

○一流の気持ちと一流の資材が一流の仕事を成し遂げる

　ゴールを設定したら、そこへの最短距離を最速で向かうこと。よそ見しないこと。無駄を省くこと。最新の技術と資材を使用すること。これらが揃えば、よい結果が得られる。

「一流」が口癖の阪口は、研究においても、私生活においても、2番では承服できなかった。

　言に違わず、よそ事に気を取られず、風評に惑わされず、良い子でありたいとも思わず、自分を信じて、ひたすらわが道を前進し続けた阪口であった。

　敬虔なカソリック信徒で、日曜日は欠かすことなく、夫婦で教会に通っていた。

　周囲があきれるほどのヘビースモーカーであった阪口は、「禁煙」を言われても、あっけらかんとした顔で、「喫煙は自分の心の健康に役立っています」と、諫言を完全に無視した。

　当然、教授室は不透明な空気が充満した、燻煙室と化していた。

　次の教授に引き継がれた時、新教授の最初の仕事は、タバコの臭いとヤニが染みついた、教授室の壁と天井の塗り替えであったという、エピソードが残っている。

　もう1つ。マツダのカペラ（ロータリーエンジン）の性能に満悦し、東京出張時も愛車を多用していた。

　ある時、「速度オーバーで捕まったよ」と、ニコニコ顔で研究室に入ってきた。それを聞いた室員は、「今後は十分に注意して運転してくださいよ」と、ハラハラ顔であった。

　案の定、その後、東名高速道路で大型トラックの横腹に追突して、カペラは大破した。九死に一生を得て、その後〝大人の運転〟になったという。

参考資料

- 初出：動物臨床医学。27、1（2018）

- 小崎俊司ら：わが国で発生している牛ボツリヌス症由来菌の特徴。家畜診療、585（2012）

- 小崎俊司：坂口玄二先生を偲んで。大阪府大獣医学友会会報、55（2012）

- 小崎俊司：坂口玄二先生とボツリヌス毒素研究。日本食品微生物学会雑誌、32、2（2015）

- 阪口玄二：ボツリヌス中毒。日本獣医学の進展、日本獣医学会（1985）

- 田原鈴子ら：2009〜2014年に岡山県で流行した牛ボツリヌス症の解析と対策。日本獣医師会雑誌、68、10（2015）

- 中島義之ら：北海道の一酪農家で集団発生した牛のボツリヌス症。家畜診療、390（1995）

- 堀口安彦：故阪口玄二先生を偲んで。日本細菌学会誌、67、2（2012）

　本項につき、阪口玄二博士の人となりの教示および校閲を受けた大阪府立大学の植村　興名誉教授に感謝します。

20. エルシニア研究の第一人者
坪倉　操　TSUBOKURA Misao（1930〜2013）

　かつて全国にあった旧制農林学校
（高農、農専）獣医学科の教員は、近
代獣医学発展の母体となった東京帝国
大学と北海道帝国大学出身者が、その
大半を占めていた。

　1949年の学制改革で、旧制高校は統
廃合され、新制大学へと昇格した際、
1920年に創立された鳥取農専は、鳥取
大学農学部となった。

　古事記に記された神話の「大国主命
と因幡の白兎」は、有名なお伽話とし
て、現代まで語り伝えられている。

坪倉　操博士

　この地に建つ農林専門学校に獣医学科が創設されて以来、鳥取は獣医
療発祥の地といわれるようになった。

　1939年に創設された獣医学科に、弱冠29歳で微生物学の教授として迎
えられた板垣啓三郎博士は、獣医学科の存続と発展に情熱を傾け、東奔
西走し、後年「天皇」と畏敬されながら、長期間君臨した。

　板垣教授の後任となり、ライフワークとしたエルシニアの研究で、日
本獣医学会越智賞に輝いたのが坪倉　操博士である。

• 桓武天皇の子孫？
　ある時、家系図作りが流行り、坪倉家にも案内が来たので、大枚をは

たいて依頼した。

　入手した系図を見ると、坪倉一族の先祖は、文武に秀でたことで名高い、第50代桓武天皇までさかのぼっていた。

　やはり自分は由緒ある高貴な血筋の末裔なのだ。世が世なれば東京の千代田区辺りに住んでいたかもしれないと、指先で鼻をこすりながら、秘かにほくそ笑んだ。

　系図にしたがって桓武天皇から下っていくと、途中で繋がらなくなり、おまけに坪内家と藤倉家が一緒になって坪倉家になったとか、さらに下がると、自ら検案すべしで終わっているという、散々ないかさま系図だった。

　「なんだ、こりゃー？！」、優越感に浸った天狗の鼻は、時の間に折れた。

　桓武天皇の末裔という、つかのまの夢は、無残にも破れ去ったが、上流社会の生まれ、育ちであることは、紛れもない事実であった。

　なるほど、坪倉の生家は鳥取県の3大河川の1つ、日野川の支流の野上川という上流地域にある。

　伯耆、出雲、備中、備後の国が互いに接して一大コスモポリスが形成された、海抜500mの日野郡山上村（現日南町）で、1930年3月14日に生まれたのは間違いなかった。

　一夜にして雪が40〜50cm積もるのも珍しくない豪雪地帯として知られ、作家の井上　靖が、天体の植民地と呼んだ、星に近い桃源郷である。

　400戸の約半数が坪倉姓だったので、お互いは「ミサオ」などと、名前で呼び合っていた。

　山上小学校に入学する時、本校まで4kmあり、幼児の足では遠いので、2kmほどの分校に通うことになった。この分校で、夏は川で水浴び、冬は山でスキーを楽しんだ。

操少年は3年生から本校に通い始めた。小学校生活で一番印象に残ったのは、6年生の学芸会で剣舞を演じたことであった。

学芸会の華といわれ、大変名誉な役で、全校を代表して舞台に立ったことは、非常に晴れがましいことであった。

生徒と先生と家族で作り上げた、1年に1回の学芸会は、坪倉の心の中に、忘れ得ない貴重な1頁として、生涯の思い出となった。

鳥取県では、小学校卒業時、最優秀成績の生徒に池田侯爵賞が与えられた。

選ばれる対象は、品行方正、学力優等に適う生徒に与える名誉な賞で、家族にとっても大きな慶事で、おおげさに言えば末代まで言い伝えられる、画期的なことであった。

あろうことか、その賞を坪倉が受賞した。しかし当の本人は、しきりに首をひねっていた。

そして日野農林学校に入学し、学力と体力の育成に励んだ。

• 学生時代

1947年に、鳥取農林専門学校獣医学科に入学した。

戦時中に配給されたよれよれの国防色の服を着て、豚革の軍靴を履いての入学式であった。

このころの新入生は1年間、学生寮（啓成寮）での共同生活が、義務付けられていた。

当時の校長が述べた式辞の中に、「本学は皆さんを紳士として処遇します。もちろん、酒もタバコも自由です。しかし紳士としての自覚を忘れないように」という意味の言葉があった。

まだ17歳であったし、実際にはタバコが手に入らなかった時代なので、喫煙は不可能であった。

　教科書がなかったので、教える側の教員が大変なら、教わる側の学生も、ノート取りが大変だった。

　再生紙のザラ紙にペンで筆記するため、ノート数冊を小脇に抱え、インク瓶、ペン軸を持った下駄ばき姿が、当時の学生の一般的なスタイルであった。

　着物や袴姿も珍しくなく、坪倉も実家から持って来て愛用していた。

　食糧が乏しい時代だったので、ヤミ物資を買うことを潔しとせず、餓死した裁判官の記事が、新聞に掲載されたこともあった。

　当時は学生寮の食事も当然ひどいものであった。そこで、空腹とスリルを満たすために、学校農場への夜襲が横行した。

　しかし坪倉は1度も夜襲をすることなく、自給自足の精神で、寮入り口の空き地や中庭を耕し、イモやナスを作って糊口をしのいだ。

　夜襲の習慣は、食糧事情が改善された後も長年にわたり、先輩から後輩へと学生寮の古き良き伝統？として受け継がれた。

　農場夜襲を首尾よく成功させて帰寮した新入生は、上級生から褒められ頭を撫でられると、瞬間的ではあるが、大仕事を成し遂げ、人命を救った英雄のような気分を味わったのである。

　山陰海岸に沿って東西に長く展開する鳥取砂丘は、現代のような観光施設はまだない時代で、素朴な自然美のみが広がっていた。

　落日に映える砂の起伏が広がり、その肌は風紋砂簾（すだれ）の様をなし、この場を訪ねる人影はまばらながら、少なくはなかった。

　この砂の丘で、かつての先輩たちが軍事教練で夏日に焼け付く砂土に足を取られ、満身に汗してあえいでいた様を想像したこともあった。

　後年の坪倉は、鳥取大学教授として研究生活に勤しみ、1995年に退職して名誉教授になるまでの45年の研究生活の中で、細菌、原虫、および

ウイルスなどの病原微生物を対象とした123編の論文を書いた。

想い出に残る論文第1号は、3年生の時に居候を決め込んでいた生理学の研究室でのことだった。

わけの分からないまま、有馬教授の手伝いをした実験で、「昆虫に対する兎尿の殺虫成分」と題する小論文が、鳥取農学会報に掲載され、著者に坪倉の名前も掲載された。

続いて第2号「和牛の繁殖障害、とくに細菌学的観察」が、恩師の板垣教授と、助手の秋葉和温先輩（後に農林省家畜衛生試験場九州支場長、ロイコチトゾーン研究の権威）との3人の名前で掲載された。

• **新制鳥取大学獣医学科**

坪倉の学生時代、板垣研究室の卒業生は、農林省家畜衛生試験場や畜産試験場に就職する者が多かった。さらに帝大の獣医学科や医学部に進学する者も多かった。

学制改革で、鳥取農専が大学農学部に昇格した翌年の1950年に、坪倉は卒業した。

板垣研究室の秋葉が農林省へ転出するため、その後任として声をかけられたので、大学に残ることになった。

当時、板垣は出張中の岩手大学で、胃潰瘍が悪化して現地の病院に入院中だった。

板垣から留守中の研究室を預かっている秋葉に届いた手紙に、「有能な助手がいれば、すばらしい研究ができる」と記された一文を読まされ、これは大変なことになったと、大いに緊張した。

板垣は厳しいことで有名だったので、果たして勤まるだろうかと恐れをなし、とにかく献身的に仕えながら、2年半の実験実習指導員を経て助手となった。

　板垣は、ライフワークの鶏コクシジウム*の研究を精力的に進めていた時だったので、当然その手伝いをするようになった。

　当時は石鹸もないという貧しい時代で、冬の暖房に使用していた火鉢から取り出した灰で、ガラス器具を洗浄した。

　本は家で読むものであるという板垣の指導で、実験室ではもっぱら体を動かし、夜は家で文献の書き写しをした。

　図書館に返却する期限内に書き写すことは、大変な仕事であった。

　多くの論文を書き写すという修行を経験したが、最も長編のものは114頁の論文で、原色の組織標本の図も模写した。

　助手になってからの数年間、酒はまだ貴重品であった。

　いたずら心も手伝って、学生たちが教授に内緒で、実験用のアルコールを薄めて飲むことがあった。

　30％くらいに希釈したアルコールはノド越しがよく、その中にカラメルを入れて着色したり、割りばしを入れて樽の風味を出したりと、製作者によって個性のある逸品が作られ、夜の更けた実験室で怪気炎を上げていた。

　教員になったといっても、まだ学生の延長線上をさまよっていた坪倉も、当然のようにこの輪の中にいた。

　このころは物質的に貧しさの最底辺時代であったが、汗臭いバンカラ学生たちは、どこまでも遠慮のない朗らかさで、束の間の青春気分を味わった。

・炭疽菌騒動

　1957年のある日曜日の朝、いつものように実験室の戸を開けた途端、異様な光景にわが目を疑った。

　実験台の上に天井板が落ちていたのだ。そして天井から水が流れ落

ち、床全面に水が溜まっていた。

　何はともあれ、2階の病理学研究室から落ちる水を止めなければならない。

　日曜日のため、2階には誰もいない。守衛に鍵を開けてもらうと、流し台で水洗していた印画紙が排水口をふさぎ、あふれた水が床上に流れ出ていた。

　下の実験室では、菌を培養した数白本の試験管と、明日の学生実習に使用する細菌を培養したシャーレ（ペトリ皿）が水浸しになっていた。

　その光景に坪倉は真っ青になった。それもその筈、このシャーレには猛毒の炭疽菌＊が培養されていた。

　シャーレは通常、蓋を下にして、培地の部分が蓋に重なるように伏せて置く。もし培地が水に触れていれば一巻の終わりであった。

　しかし神様はいたのだ。幸運にも培地は水に触れていなかった。

　坪倉は緊張で震える手で空の缶にそっとシャーレを移した。素手であった。

　その後、板垣に電話で事の子細を報告すると、教授の第一声、「炭疽菌を培養したシャーレを、実験台の上に出して置くとはなんという非常識であるか。シャーレに培養することも間違いである。君は大変なことをしでかした。

　もし炭疽菌が流れていて、実験室や建物の周囲が汚染でもしていれば、人が寄り付けなくなるのだぞ。徹底的に消毒すること。実験室にある消毒薬ではホルマリンがよい」と、大変な怒り様であった。

　細菌学のいろはも知らない、初心者の大失敗であった。

　ホルマリンを撒く前に、床に溜まった水、実験台のふき取り、シャーレの蓋の水などについて、炭疽菌の検出をするための培養をした。

　建物の外にロープを張り、騒動を聞きつけてやってきた新聞記者に

356

帰ってもらい、炭疽の治療血清を注文して、実験室を２日間閉鎖した。

　もっとも、ホルマリンの刺激臭で入室できる状態ではなかった。

　５日間ほどは大わらわで、生きた心地がしなかった。ありがたいことに、床の水や実験台のふき取り培養の結果は、陰性だったので、大惨事を免れ、なんとか一件落着となった。

　首を洗って神妙な態度で沙汰を待っていた坪倉は、首がつながったのでホッと胸を撫で下ろした。

　しかし研究用の菌が入った数百本の試験管は、当然のごとく、すべて廃棄された。

　当時の学会発表には、墨で書いた図表を用いていた。大きい表ほどデータが豊富であるという単純な考えで、模造紙30枚ばかりを貼り合わせた、超特大の表を作ったこともあった。

　これを大風呂敷に包んで、長時間満員列車に揺られながら、上京したこともあった。

　微生物学と病理学は同じ発表会場で、越智勇一、平戸勝七、中村稕二、石井　進、山極三郎、山本脩太郎、市川　収ら、重鎮の先生方が最前列に陣取り、演者に片っ端から質問をしていた。

　緊張のあまり、答弁に窮した演者は立ち往生し、それに助け舟を出した大先生と、質問者の大先生が華々しくやりあう光景が、しばしば見られた。

　1952年以降のコクシジウム研究論文は、板垣・坪倉コンビとなり、1954年からはエルシニアの研究も始めた。

　その他、鶏マラリア、牛の流行性感冒の細菌学的検索、牛乳の汚染に関する研究など、板垣の薫陶を受けながら、多岐にわたる研究を続け、微生物学者として頭角をあらわした坪倉は、多くの論文を発表した。

教授が3人のみという状況でスタートした獣医学科は、板垣の心血を注いだ尽力のおかげで、次々と北大から助教授クラスが派遣されてきた。

　講座の掛け持ちがなくなった1955年代になると、助教授たちは母校の北大に国内留学し、学位取得後に教授に昇任する人が多くなった。

　一方、以前から在籍している鳥取高農出身の教員たちに、北大が紹介されることはなかった。

板垣教授（前列左）と坪倉（同右）、研究室の学生（後列）（1966年）

　そこで、各教員は学位審査権を持つ大学に在籍し、医学博士や獣医学博士、あるいは農学博士を取得した。

　こんな中で、農専出身の坪倉は、実力者の板垣の世話で北大を紹介され、1963年に「ひな白痢菌＊ファージに関する研究」で、北大から獣医学博士を授与され、講師に昇任した。時に33歳。

　1967年に同研究に対して、鳥取大学学術表彰規定により、鳥取県の大手バス会社からの支援金「日の丸賞」を受賞した。

　上流社会の山上村に里帰りした時、川柳をよくする姉が次の句を作って祝ってくれた。「錦着て帰る故郷のやせ蛙」文枝。

　北大閥の鳥取大学獣医学科において、1975年に農林専門学校出身者の坪倉が、初めて教授に昇任した。鳥取大学出身者の教授第1号が誕生したのである。

　「天皇」と畏敬された板垣の直弟子として懸命に仕え、多くの業績を

あげ、いっぱしの微生物学者として教授になる実力が備わったと判断した板垣は、退職時に自分の後継者を北大から呼ぶことなく、坪倉を推挙した。

これに対して他の教授たちからも、異論は出なかった。

板垣からのはなむけに、喜びと大きな責任を感じながら、坪倉はさらに新しい研究に邁進した。

• エルシニアをライフワークに

板垣時代から、研究室のメインテーマであった鶏コクシジウムの研究が、一区切りできるところまで進んだので、坪倉は教授になったのを機会に、研究室の看板となる研究テーマをエルシニア（仮性結核菌）の研究に替えた。

以前のエルシニアは、齧歯類にみられる仮性結核症の病原菌という程度の認識であった。その後、小児の腸管感染症、あるいは食中毒の原因菌として注目されるようになった。

本菌は齧歯類をはじめ、サルやシカ、あるいは野鳥など、健康な動物に保有（保菌）されていることが明らかになり、人への感染源として重要性が確認された人獣共通感染症の病原体である。

現在は腸内細菌科に属し、8菌種があり、保菌動物の糞に濃厚に存在する。野鳥が糞とともに菌をまき散らし、野菜や植物を汚染する。

人では異型猩紅熱や川崎病などに似た症状を示すことが多いので、診断には菌の検出か、本菌に対する抗体の検出が必要となる。

坪倉は、研究室に配属された若い頃から、保存されていた家兎由来の菌株の性状を調べ、パスツレラ・シュードチュバークローシス（現在のエルシニア・シュードチュバークローシス）と同定し、日本細菌学会雑誌に3編の報告をした。

この菌は秋葉が兎から分離したもので、坪倉が研究室で、最初に手を染めた仕事が、この菌の種継ぎであった。

　それから45年、中断した時もあったが、停年まで研究を続けた。

　エルシニアの研究が進展したのは、増菌培養法の開発に負うところが大きい。

　この方法により様々な動物から多くの菌株を分離し、新たな血清群とO抗原を決定するなど、疫学的研究を飛躍的に進展させた。

　坪倉の研究は、エルシニアの生態、血清学、細菌学、病原性など多岐にわたった。

　1993年に発表した、健康な豚がエルシニア・エンテロコリティカを保有していることを報告した論文は、その年に世界の研究者から最も多く引用された論文となったことを、米国の科学情報研究所（ISI）が承認した。

　これは大変名誉なことであり、細菌学者としての坪倉の名を世界に広めた。

　それに先立って、坪倉は有志と図って、「エルシニアの生態学研究会」を立ち上げ、初代会長に推されていた。

　この会には医学の高名な細菌学者や、小児科医も参加し、研究会は観光も兼ねて各地で開催された。

　1990年に会長として第5回国際エルシニアシンポジウムを箱根で開催した時、研究発表中に、富士山が雲間から顔を出したので、発表を中止して、全員が会場の屋上に出て富士山の写真を撮るなど、和やかな会で好評を博した。

　エルシニアの研究で功績をあげた坪倉は、1994年に、「仮性結核菌およびその他のエルシニア属菌に関する一連の研究」で、日本獣医学会越

智賞を受賞した。

　文部省科学研究費による研究報告の一端を紹介する。

　エルシニア・シュードチュバークローシスの生態および疫学的な研究ならびに人における感染源について、文献展望により解説を行った。日本における本菌の検出は1970年以降急に高くなり、ヨーロッパ諸国に比べて必ずしも低率ではない。

　日本における本菌の分布および人の感染症には、いくつかの特徴がある。

　由来および血清型の分布に違いがあり、また小児の感染症の症状はきわめて多彩である。

　1981年に倉敷市の小学校で、535人の児童に泉熱*の集団発生があった。

　原因菌としてエルシニアを分離し、分離菌の確認と血清型の検査を依頼された坪倉は、直ちにエルシニア5a型と同定した。

　このように、泉熱の原因であることが明らかになったほか、川崎病の診断基準を満たす症状を示す例もあり、その後、集団発生例は少なくとも12件が確認された。

　人への感染源として重要視されている飲用水の汚染源として、ノネズミの役割につき研究を行った。

　鳥取県および岡山県で捕獲したノネズミ275匹について、エルシニアの検出を行った。

　エルシニア・シュードチュバークローシスを30匹より31株分離した。鳥取、岡山両県における検出率に差はないが、小範囲の地区について比較すれば、検出率に明らかな差があった。

12〜4月における寒冷の季節に捕獲されたネズミからの検出率が高いが、7月にも高率に検出された。

　同一厩舎内で捕獲されたネズミ（ドブネズミとハツカネズミ）の中に、本菌の感染があったと思われる例があった。

　一方、菌の検出が陽性であった地域において、繰り返して捕獲されたネズミが、必ずしも保菌しているとはいえなかった。

　血清型は3型が圧倒的に多く（90.3%）、46型（6.5%）および5a型（3.2%）が少数検出された。

　3型の菌株の中に、メリビオース非分解株はなかった。

　分離菌株の中には、血清型に関係なくカルシウム非依存性で、マウスに対し弱または非病原性菌株があった。

　ネズミが高率に保菌していることが判明したが、糞中の菌による直接的な環境汚染のほかに、ネズミを捕食する種々の動物を介して、さらに広がりを示す可能性が考えられた。

　1995年に停年を迎えた時、「白金耳の孔から観た世界」と題した最終講義を行った。

　内容は、終戦後の不便で貧しい時代から、45年間にわたる研究生活の今昔物語に始まり、主な研究として、鶏コクシジウムの培養、ひな白痢菌ファージ、鶏伝染性気管支炎ウイルス、インフルエンザウイルス、エルシニアの5つの業績を述べた。

　次に、印象に残ったこととして、大学紛争、大学移転、炭疽菌騒動を取り上げ、インフルエンザ研究の一環として、県警のヘリコプターに乗って、渡り鳥の飛来状況を調査した時のことなどを懐かしく語った。

　最後に、学生諸君へは、目標を持つこと、医師と共通な土俵の上で仕事ができること、特に一番嫌いなことは、「医学で利用されている技術

や器具などが、獣医界でも応用できる」という講話であった。

それは逆で、「獣医学でルーチン（標準）化していることを、医学が応用する」のが本来であること。

スペシャリストであると同時に、スマートな獣医師であること。そして国際性豊かであることなどを滔滔と語り、学生たちに感銘と興奮を与えた。

坪倉の信条は、「しつこいことは良いことで、辛抱強くやって出し惜しみをしないこと」、「話す時は10倍の、書く時は100倍の知識がなくてはならない」で、厳しさの中に優しさを湛えた眼差しに、学生の多くが引き付けられた。

特に「学生の試験成績が悪いのは、教え方が悪いから」が口癖で、分かりやすい講義が学生に好評であった。

・鳥インフルエンザ

わが国で、高病原性鳥インフルエンザのことが問題視されるようになってから久しい。

1997年に香港において、鳥インフルエンザウイルス（H5N1亜型）の人への致死的な感染被害が確認されるや、鳥のインフルエンザウイルスが変異してヒトに伝染するというニュースが、日本中を駆け巡った。

わが国は島国という地理的条件に加えて、輸入食品の検疫に並々ならぬ努力を払ってきた。

その甲斐があって、1925年の発生を最後に、長く本病に対する清浄性を保ってきたが、どうしたことか2004年1月に、79年ぶりとなる発生が確認された。

冬に大陸からウイルスを持った渡り鳥が飛来して、ウイルスをばらまくのでは、という疑いが濃厚になった。

これまでは対岸の火事的に無関心であった世間は、急転直下、まるでわがことのように騒ぎ始めた。

坪倉たち微生物学研究室のスタッフは、それ以前から地元鳥取の賀露漁港や島根県の中海へ出かけては、大陸から日本海沿岸に飛来したコハクチョウ、カモ、ウミネコなどの糞を、毎年1500羽分集めて調べ続けていた。

その結果、1983年と1984年の冬にコハクチョウの糞から、1957〜68年まで猛威をふるい、以後ぷっつり途絶えたアジア型インフルエンザウイルスを検出していた。

さらに鳥インフルエンザウイルスと豚のウイルスの混じった"あいの子"の型を、渡り鳥から検出した。

日本ではまだ高病原性鳥インフルエンザ*の脅威は問題視されていなかった頃なので、この発見は新聞に小さな記事として掲載される程度であった。

坪倉は、「鳥の体内で生き残れるウイルスだけが生きのび、変異するなどして人に感染するのではないか。このウイルスの遺伝子を研究し、人や家畜への感染経路を探りたい」と、取材に来た新聞記者に語った。

近い将来、わが国にも鳥インフルエンザが侵入することを見越したこの調査は、後年、不幸にも現実のものとなってしまった。

その時点から、鳥インフルエンザの鳥取大学といわれながら、独断先行の形で、坪倉の研究室ではさらに精力的に鳥インフルエンザの研究を進めた。

その結果、この研究室から鳥インフルエンザ学者として、大槻公一教授（京都産業大学）や、河岡義裕教授（東大医科学研究所）が育った。

このような経過を経て、現在、鳥取大学に、わが国で唯一の、「鳥由来人獣共通感染症疫学研究センター」が設立されるに至った。

- **教え子の追憶談**

　坪倉は学生に対してどのような指導をしていたのだろうか。

　教え子の1人である平山紀夫博士（元農水省動物医薬品検査所所長、麻布大学客員教授）は次のように思い出話を語った。

　「私の学生時代、微生物学研究室では鶏マラリアを継代しており、私は死亡したヒナの臓器塗抹のギムザ染色標本を作る仕事に携わっていました。

　11月23日の勤労感謝の日に、たまたまスライドグラスがなかったことから、『今日はできません』と言ったところ、坪倉先生が自らスライドグラスを準備されました。

　仕方なく私はヒナを解剖し、ギムザ染色して標本を乾燥させるラックに並べました。

　先生からラックの横に書いてある日付を見せられ、『この標本は君の先輩が勤労感謝の日に出てきて作ったものだよ』と教えられました。

　研究するのに日曜・祭日の休みはなく、労力を惜しむなということを教えられた1日でした。

　休みもなく、労力を惜しまないで研究するためには、研究の目的や目標を正しく理解し、その研究が成功する日を夢見ていなければ、続けられるものではありません。

　これは『研究の楽しみ・喜び』という言葉で表せると思いますが、この研究の楽しみや喜びを教えてくれたのが坪倉先生です。

　私は修士課程に入り、『鶏コクシジウムの組織培養』というテーマをもらいました。

　当時、組織培養で鶏コクシジウムのライフサイクルを1巡させた研究者はまだおらず、鳥取の片田舎で、世界初を目指して、それこそ『オーシスト*』を夢にまでみて、研究に没頭したものです。

結果は、米国・英国の研究者に先を越されましたが、組織培養でオーシストを見つけ、坪倉先生と手を握り合った時のあの感動は、今も鮮明に残っています。

　研究成果を学会に発表する段になると、『分かりやすく発表すること』と『発表する研究については、世界の誰よりも詳しく知っていなければならないこと』の2点について、教えを受けました。

　そして『研究者は、良い研究者を育てなければならない』ことも教えられました。

　先生の口癖として、『学生が試験で100点を取れないのは、教え方が悪い』でした。先生の教えは私の人生を支える基本的な信条となりました」と、懐かしく述懐した。

•「微生物の世界」を出版

　微生物関連の著書は多い。教科書として広く微生物学全般を網羅したもの、特定の微生物や現象などを深く掘り下げたもの、記念出版として同学の志が執筆したものなど、それぞれ特徴ある本が毎年のように刊行されている。

　坪倉の夢の1つに、教え子や、研究活動の中で知り合った微生物学の研究者仲間とともに、それぞれの多岐にわたる研究内容を1冊にまとめた、同門会誌のような学術書を、いつか作りたいという思いがあった。

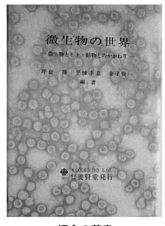

坪倉の著書

　停年退職して時間的な余裕ができたので、賛同者を得て1997年にその夢を実現した。

　「微生物の世界（微生物とヒト・動物とのかかわり）」に携わった21名の著者は、いずれも第一線で微生物学に取り組んでいる熟達した研究者ばかりであり、内容は、細菌、クラミジア、ウイルス、ワクチン、実験動物等と多岐にわたっている。

　各自がそれぞれの分野で、自らの研究成果について、最新の知見や、長年の研究生活で構築された思想を、あますところなく述べているのが特色である。

　先端的な情報を提供する文献として、講義の教材として、また若い研究者や医学・獣医学の学生諸君の参考書として、十分に役だつという確信を持って発刊された。

地方大学から、学士院賞や農学賞受賞者が出ることはまれである。

　獣医学科に限定すれば、さらに少ないのが現状である。

　比較的おとなしい鳥取大学獣医学科から、坪倉は初めて獣医学会の最高賞「越智賞」を受賞した。

叙勲記念で晶子夫人とともに

　この朗報は「地方大学もやればできる」ことを証明した。

　そして2009年に瑞宝中綬章を授章した。

　坪倉は感情豊かで、詩的感覚を多分に持ち合わせた博学の人であった。

　出生から始まる少年時代の思い出、家族や故郷のこと、依頼講演のこと、あるいは時代の流れなど、人生の折目に見たり、訪ねたり、感じたり、経験した悲喜こもごもを、ユーモアを交え、流麗な文体で書きつづ

り、上流社会の故郷、山上村で最も愛着のある懐かしい峠の名前をタイトルにした「大入峠（だいにゅうとうげ）」（2011）にまとめて出版している。

　このエッセイは人間坪倉のエッセンス（精髄）であり、知識の泉であり、本評伝中に多くを引用した。

参考資料

- 佐々木　綾ら：リスザルにおけるYersinia pseudotuberculosis血清群6自然感染例の病変。日本獣医師会雑誌、49、11（1996）
- 坪倉　操：仮性結核菌とその感染症。日本獣医師会雑誌、40、（1987）
- 坪倉　操ら：エルシニア感染症。獣医畜産新報、796（1987）
- 坪倉　操：戦後の獣医学科・学生と教官の目で見た。創立50周年誌、鳥取大学農学部獣医学科（1989）
- 坪倉　操教授停年退職記念：鳥取大学家畜微生物学教室のあゆみ（1995）
- 坪倉　操ら：微生物の世界（微生物とヒト・動物とのかかわり）。養賢堂（1997）
- 坪倉　操：大入峠。矢谷印刷所（2011）
- 平山紀夫：坪倉　操先生の教え。鳥取大学獣医学科同窓会報、33（1995）
- 平山紀夫：坪倉　操（くまざさ　日本獣医学人名事典・追補版）。日本獣医史学雑誌、55（2018）

　本項につき、資料を受けた住友化学の平　靖元部長、校閲を受けた酪農学園大学の平棟孝志名誉教授、ならびに農水省動物医薬品検査所の平山紀夫元所長に感謝します。

用語解説

　本文中の耳慣れない用語については、各項の初出時に右肩に＊を付しており、以下に説明する。

＜ア行＞

アジソン病：慢性の副腎皮質機能低下症。犬でまれにみられ、自己免疫疾患と考えられる。特発性の副腎皮質萎縮が多い。無力、抑うつ、虚弱化、食欲不振などがみられる。血中コルチゾールの測定、副腎皮質刺激ホルモン刺激試験による確定診断が必要。

アジュバント：主剤の有効作用を補助したり、増強する物質。ワクチンと一緒に投与して、その効果（免疫原性）を高めるために使用されるので、抗病原性補強剤ともいわれる。

アメーバ赤痢：赤痢アメーバによる、下痢を主徴とする人獣共通感染症。寄生部位は大腸が主。

異常発酵サイレージ：サイロに詰められた牧草は、嫌気性発酵により、乳酸や酢酸が増加し、pHが低くなるのが良質サイレージである。しかし開封後に起こる好気性発酵で、酪酸濃度が高くなり、たんぱく質を分解して、アンモニアを生産した変敗したものを牛に与えると、ケトーシスや肝機能障害を起こす。

泉熱：猩紅熱に似た全身性の発疹と、発熱を伴う小児の急性感染症。金沢大学医学部の泉　仙助教授が1929年に報告したので、その名が付けられた。エルシニア感染とみられ、これを伝播するネズミの糞尿で汚染された食品や水を摂ると、感染する。環境改善で小児の死亡は、激減した。

馬伝染性貧血：伝貧。馬伝染性貧血ウイルスによる、馬固有の慢性伝染病。40～41℃の反復する熱と貧血が特徴。病馬の血液や分泌物により伝播され、吸血昆虫により媒介される。わが国でも、かつては病馬に用いた注射針を通して健康馬に感染し、多発したことがある。ワクチンは開発されていない。

馬パラチフス：馬流産菌に起因する感染症の総称。届出伝染病。妊娠後期流産、精嚢炎、多発性関節炎、子馬が罹患すれば臍帯炎や下痢で予後不良。

馬伝染性流産：細菌、ウイルス、原虫による伝染病の1症状として起こる流産のこと。馬では馬パラチフス、馬鼻肺炎があげられる。

SIM培地：腸内細菌の鑑別、確定に用いられる半流動培地。インドールの生産、硫化水素の生産、および運動性を試験できる多目的な高層培地。

SS培地：サルモネラ属や赤痢菌属を糞便検体から分離する、優れた選択分離培地。

FAO：国際連合食糧農業機構。人類の栄養および生活水準を向上し、食糧および農産物の、生産および分配の能率を改善し、農業者の生活条件を改善する機構。

オーシスト：嚢胞体。卵嚢子。胞子虫（スポロゾア）綱に属する原虫の接合体が膜に包まれたもの。

＜カ行＞

回帰熱：発熱の発作が反復する熱型。発熱の持続期間は２〜３日あるいはそれ以上で、発作と発作の間隔は一定せず、比較的長引く有熱期と、長い無熱期がある。馬の伝染性貧血などにみられる。

家禽コレラ：家禽コレラ菌による鳥類の急性出血性敗血症。菌を含む飼料や、水の摂取による経口感染が多い。現在、わが国での発生はない。

額段：犬の額と鼻の付け根あたりのややくぼんだ部位。ストップ。

家畜改良増殖法：家畜の改良増殖を計画的に行う措置。種畜の確保、登録制度、人工授精、胚移植などで、畜産の振興を図り、農業経営の改善に資する。

芽胞：バシラス属、クロストリジウム属の菌において、一定条件下で細胞内に形成される小体。物理・化学的感作に対して抵抗力が強く、長期間生存できるため、長年にわたり土中に生存し、感染源となる。

肝蛭（かんてつ）：牛、めん羊などの肝臓、胆管に寄生し、肝障害を与える木葉状の吸虫。中間宿主のヒメモノアラ貝の体内で発育したセルカリアが体外へ出て、稲わらや水辺の草に付着して被嚢したメタセルカリアを、経口摂取することで感染する。臨床的には食欲不振、下痢、貧血、黄疸、削痩がみられ、慢性疾患や繁殖障害になりやすい。糞便の虫卵検査で診断可能。

カンピロバクター：以前はビブリオと呼ばれた。ジェジュニーは人の食中毒（大腸炎）、鶏のビブリオ肝炎。フィータスは反芻家畜の交配時感染で流産や不妊の原因となる。

肝膿瘍：種々の化膿菌の感染により、肝臓に大小の膿瘍を形成する。肥育中の牛、豚に多発する。

気腫疽：反芻動物で、急性敗血性の筋肉に気腫性の腫脹を起こす疾病。気腫疽菌の経口感染で大腿、肩前など、筋肉の厚い部位に病巣を作り、毒素を生産する。激烈な症状を示し、2〜3日で死亡する例が多い。

牛疫：牛疫ウイルスによる偶蹄類の急性熱性伝染病。高熱、下痢。史上最大の伝染病といわれたが、現在は天然痘についで、世界中から根絶された。

急性鼓脹症：第一胃と第二胃内に、発酵によって生じたガスが、急速に貯留し、腹腔内の諸臓器を圧迫するため、急激な循環障害と呼吸困難を生じる反芻類の疾病。発酵抑制剤や消泡剤の投与、経口的にカテーテルの挿入や、套管針による第一胃穿刺でガスの排除を行う。

牛肺疫：牛伝染性胸膜肺炎。牛肺疫菌による牛と水牛の伝染病。急性症では発熱、沈うつ、食欲不振、湿性の咳、鼻汁。家畜法定伝染病であるが、現在わが国には発生なし。

霧酔病：主に中国地方の山間部における初放牧牛が、霧の深い春先に罹患する。眠るような姿勢で死亡しているのが発見されるので、名付けられた風土病。「放牧ストレス症候群」と考えられ、現在は発生なし。

菌体外毒素：細菌が菌体外に産出するたんぱく性の易熱性毒素で、毒性はきわめて強い。致死毒、溶血毒、壊死毒、出血毒、神経毒、腸管毒、白血球毒、心臓毒に分類される。無毒化（トキソイド）すると、ワクチンとして用いることができる。

グラステタニー：放牧中の牛、めん羊に発生する、マグネシウム欠乏の牧草が原因の低マグネシウム血症。興奮、痙攣などの神経症状を示し、過敏、強直、起立不能などがみられ、放置すると死亡する。

鶏卵痘苗：発育鶏卵内に病原ウイルスを注入し、胎子体内で増殖したものを何代も鶏卵内の胎子に植えついで培養を繰り返す（鶏胎子継代）。これによってウイルスは弱毒化され、対象動物に接種しても発病しなくなった時点で、ワクチンとして利用される。比較的簡単で安価で、一時に大量製造できる。

ケトーシス：体内にケトン体（アセトン、アセト酢酸、β-ヒドロキシ酪酸）が異常に増量し、動物に臨床症状が現れた状態。高能力の乳牛における分娩後3週間以内に発生率が高い。病型により消化器型、神経型、乳熱型、および随伴型に分けられる。

ケトン体：アセトン、アセト酢酸、β-ヒドロキシ酪酸の総称。糖質利用の低下、脂質の過剰動員などで血中に異常増加し、臨床症状を生じた場合をケトーシス

という。

剣歯虎：漸新世後期から更新世にかけて栄えた、ライオンほどの大きさの食肉獣
　　　　で、上顎犬歯が短剣状になったグループ。スミロドンやサーベルタイガーとも
　　　　いわれる。化石で発見される。

口蹄疫：口蹄疫ウイルスによる偶蹄類の急性伝染病。口部、蹄部の皮膚や粘膜に水
　　　　泡形成、発熱、流涎、歩行障害を生じ、生産性の低下をきたす。2010年に宮崎
　　　　県で発生し、約30万頭の牛豚が殺処分された。

抗毒素：細菌の外毒素や蛇毒などの毒素に対する抗体のこと。毒素を生体内または
　　　　試験官内で中和し、ジフテリア、破傷風などの毒素が原因となる感染症の予防、
　　　　治療に用いる。

高病原性鳥インフルエンザ：鳥インフルエンザの原因となるＡ型インフルエンザウ
　　　　イルスの宿主は、野生のカモ類であり、水禽の間で感染を繰り返すうちに、鶏
　　　　に対して高い病原性を示すウイルスに変異し、高率に死滅させてしまうインフ
　　　　ルエンザ。

鼓室胞：外耳道と鼓膜で境された中耳の一部で、側頭骨の岩様部に含まれる骨腔。
　　　　3個の耳骨がある。

鼓脹症：消化管内に多量のガスが貯留して、腹部膨隆をきたし、著しく消化機能を
　　　　障害した状態。牛の第一胃急性鼓脹症が多い。また腸鼓脹もある。

＜サ行＞
齰癖：さくへき。馬の悪癖の1つ。馬栓棒や手綱などに上顎切歯をかけ、これを支
　　　点として、頭部を屈して空気を飲み込む癖。慢性消化不良の原因となる。

GHQ：連合国軍最高司令官総司令部のこと。第二次世界大戦終結に伴う、ポツダ
　　　ム宣言を執行するために、日本で占領政策を実施した機関。連合軍占領下の日
　　　本は、対外関係を一切断たれた。

ジデロチーテン：担鉄細胞。ヘモジデリン（血鉄素）を取り込んだ白血球。溶血性
　　　　貧血時に出現する。馬伝染性貧血の診断に応用。

出血性敗血症：パスツレラ・ムルトシダによって起こる家畜の伝染病。病因が血中
　　　　に存在することによって敗血症を起こし、皮下組織、漿膜、筋肉、内臓諸臓器
　　　　に出血がみられる。海外悪性伝染病。

硝酸塩中毒：ダイコン、ビート、カブなど硝酸塩を多く含む飼料を、牛が多食して中毒する場合が多い。メトヘモグロビン血症による低酸素血症によるもので、チアノーゼ、血液の暗色化と凝固不全、呼吸困難が必発する。メチレンブルー液の静脈注射が著効を示す。

神経型ケトーシス：乳牛のエネルギー出納の不均衡によって起こる代謝病であるケトーシスの一種で、興奮、痙攣、麻痺、異常運動などの脳炎様症状を示す。

スタンプスメア：馬の子宮腟部を、腟垢採取器に装着したスライドガラスに押捺し、粘液の付着状況を、肉眼および顕微鏡下で観察し、妊娠や発情診断を行う。

生殖的隔離：複数の個体群が同じ場所に生息していても、互いの間で交雑が起きないような仕組みで、「異所的種分化」のこと。人工授精などの手段によって、強制的に交配させた場合は、この仕組みを越えて雑種が生まれる場合がある。

赤血球沈降速度：赤沈。血沈。抗凝固剤を加えた血液を細いガラス管に入れて、垂直に立てて放置すると、しだいに血液成分は沈降し血漿成分と分離してくる。この時の速度のこと。炎症や組織崩壊のある疾病では沈降速度が増す。

腺疫：腺疫菌による馬特有の急性伝染病。子馬に多発する。咽喉頭リンパ節が化膿し、化膿性鼻汁、発熱、発咳。ペニシリンが有効。

鮮新世：地質時代の1つで、5千万〜258万年前までの期間。

疝痛：胃腸に原因するあらゆる疼痛症状を伴うもの。馬に多発するのは、馬の胃腸の解剖学的および機能的特徴にある。

<タ行>

胎盤停滞：分娩後、胎子胎盤が母胎盤から剥離しないで、子宮内に残存し、一定時間以内に排出されない状態のこと。宮阜性胎盤をもつ反芻家畜、特に乳牛に多発する。12時間以上排出されない場合は胎盤停滞とみなす。通常3〜4日後に用手除去する。

タイプ標本：ある種の生物の新種記載を行う際に、その生物を定義するための、記述のより所となった標本や図解。模式標本、基準標本とも呼ばれる。

第四胃変位：主に乳牛にみられ、分娩前後に第四胃が正常の位置から左方または右方に位置を変え、第四胃本来の胃液分泌が損なわれ、消化障害や通過障害を起こす。罹患牛は、食欲不振、代謝障害、乳量減少、削痩を生じる。

ダウナー症候群：産前産後起立不能症。分娩前後に起立不能となり、乳熱に似るが皮温低下や意識障害はない。カルシウム療法に反応しない。後躯筋肉の弛緩脱力がみられる。

WHO（世界保健機構）：国連の専門機関の１つ。人類の健康の維持、増進を目的とした、国際的な保健活動において、指導面などで中心的な役割をはたしている。具体的には、栄養、環境衛生、各種伝染病などに関して、調査、情報の収集を行う一方、出版活動などを通じて知識の普及に努めている。

炭疽：炭疽菌の創傷感染や消化器感染による急性敗血性疾病で、家畜法定伝染病。脾臓の急性腫脹を示し、烈しい腹痛、天然孔からの出血、血液凝固不全などを生じる。

腸炎ビブリオ：わが国で最も発生頻度の高い食中毒の原因菌。好塩性のため、温暖な地域の近海水域に高率に分布し、新鮮な海産魚介類からも高率に検出される。カンピロバクター。

ツツガムシ病：ツツガムシ類の幼虫の刺咬の際に感染するリケッチャによる人の疾病。高熱を発し、リンパ節が腫れ、全身に発疹が生じる。ダニによって媒介される。

直腸検査：牛、馬、豚の腹腔臓器の異常、疾病を診断する１つの方法。片手を直腸に挿入し、直腸壁を隔てて指先、または掌で、目的臓器の形状を触診する。雌畜では子宮、卵管、卵巣などを検査する。特に卵巣疾病診断に広く応用され、妊娠鑑定にも用いられる。

DHL寒天培地：病原性腸内細菌の選択培地。サルモネラ菌、赤痢菌、エルシニア属菌などの分離に用いられる。乳糖、白糖分解菌は赤色から桃色の不透明なコロニーを形成する。

低脂肪乳：生乳中の乳脂肪が3.0％以上のものを牛乳、0.5％以上1.5％以下のものを低脂肪乳、0.5％未満のものを無脂肪乳に分類している。
エネルギーと脂肪量を抑えたい人が飲む牛乳で、「成分調整牛乳」という。

蹄葉炎：牛馬に発生する蹄真皮炎で、蹄充血と全身性徴候を伴う。原因は食餌性と長期起立による負重性がある。急性症では歩様強拘で、起立不能になる。牛では第一胃内の発酵によって過剰に乳酸が生産され、胃内のpHが下がる、慢性のルーメンアシドーシスが原因の１つで、蹄形の異常を起こす。

デユーレン病：トリクロールエチレンで大豆油を抽出する際に形成される骨髄毒、血管毒に汚染された大豆粕の給与で発生する高熱性、出血性疾病。ドイツのデ

374

ユーレン地方で発生したので、この病名がある。日本でも北海道で発生したことがある。

トリパノゾーマ：血液中に寄生するべん毛虫綱の原虫で引き起こされる疾病で、種々の吸血昆虫によって媒介される。人、馬に対する意義が大きい。アフリカ睡眠病、媾疫、ズルラ病、ナガナ病などが知られている。

トリコモナス病：トリコモナス・フィータスの感染による牛の生殖器伝染病。自然交配によって伝播し、雌では妊娠早期の流産、膣炎、子宮内膜炎などを起こし、雄では陰茎および包皮粘膜に炎症を起こす。人工授精の普及によって消滅した。

豚丹毒：豚丹毒菌による豚の熱性伝染病。健康豚の扁桃に保菌することが多い。敗血症型、蕁麻疹型、心内膜炎型、関節炎型がある。

＜ナ行＞

ニューカッスル病：鶏をはじめ、家禽や野鳥が罹患する致死性のウイルス性急性伝染病で、法定伝染病。異常呼吸、下痢、神経症状、結膜出血などがみられる。わが国では軽症型のアメリカ型が発生するが、アジア型が最も強く急性経過を示す。

乳熱（産褥麻痺）：産後（まれに産前）の乳牛に突発し、体温の下降と運動麻痺（起立不能）を主徴とする疾病。低カルシウム血症が主原因。高泌乳の経産牛に多い。ボログルコン酸カルシウムの注射が有効である。

乳房送風：かつて乳熱の効果的治療法の１つといわれた。乳房送風器を用いて清浄な空気を乳房内に充満させ、乳汁の分泌抑制と乳房内のカルシウムの血中への移行を図るのが目的であった。本法は乳房炎の誘発や皮下気腫の恐れがあるので、行われなくなった。

尿素中毒：アンモニア中毒。反芻家畜に尿素を多給したり、胃内微生物がアンモニアを利用しにくい飼料を与えると、痙攣、起立不能、鼓脹などで苦悶死する。

鶏コクシジウム症：アイメリア属の原虫寄生による下痢症で、病原虫は９種類ある。種類によって寄生部位や病変、病害の程度が異なり、治療はサルファ剤が有効。

鶏胚：鶏卵の卵黄表面上にある胚盤。ニワトリ胚は他の脊椎動物に比べて大きく、哺乳類と同じ羊膜類に属し、体のつくりや仕組みが似ているという利点がある。

NOSAI：ノーサイ。農業共済組合の略語。1947年の法律によって設置された農林

水産省に属する組織。その中に、全国の畜産地帯に分布する家畜診療所があり、数千人に及ぶ産業動物獣医師が勤務している。これらNOSAI獣医師に対して、個人または複数で動物病院を運営している者を開業獣医師と呼んでいる。

<ハ行>

胚：家畜の個体発生における初期の段階。卵割開始以降、胚葉分化を経て、各器官の原基の形成期までのものを指す。それ以降を胎子と呼ぶ。牛では受精翌日の2細胞期から6週までを胚、6週から分娩までを胎子と区分している。

バイオアッセイ：生物学的定量。生体の反応を利用して物質を定量する方法。微量で作用するホルモンの定量や、抗生物質を含む抗菌性物質の定量などに利用される。

バイケイソウ：深山の林に群生する多年草。茎の高さは1～1.5m。葉は互生、長楕円形で20～30cm。夏に白い花穂をつける。ギボウシに似ているので、誤食されることがある。アルカロイドを含む有毒植物。

伯楽：中国周代にいた馬の良否を見分ける名人。馬や牛の病気を治す人。

汎骨髄癆：骨髄の多能性幹細胞の異常により、全血球の生産能が低下する疾病の病理学的用語。牛のワラビ中毒、デユーレン病などでみられる。

鼻疽：海外悪性伝染病の1つ。馬鼻疽菌の感染により馬の鼻腔、気管粘膜、肺、脾臓、肝臓、皮膚、リンパ節などに結節を形成する。

ひな白痢：ひな白痢菌の感染によって起こる鳥類の疾病。介卵伝染により広がり、幼雛が白色下痢を伴い、敗血症死する急性疾患で、家畜法定伝染病。

ピロカルピン：心抑制、血圧下降、血管以外の平滑筋緊張、腺分泌促進、縮瞳、眼圧低下、中枢神経興奮などの作用があるアルカロイド。
臨床的には、点眼で散瞳薬として用いられる。

ピロプラズマ病：バベシア科とタイレリア科の原虫をダニが媒介することによって起こる疾病。貧血、発熱、黄疸、血色素尿を主徴とする。タイレリア科は宿主が反芻動物に限定される。

フリーストール：牛を繋ぎ飼い（ストール飼い）せず、自由に歩き回れ、休息できるスペースをもった牛舎の形態。

ブルセラ病：ブルセラ属細菌による家畜法定伝染病。本菌は生殖器や細網内皮系組

織で増殖し、妊娠牛はしばしば流産や子牛の出生直後死を起こす。

プロジェステロン（黄体ホルモン）：主な生理作用は、子宮内膜の着床性増殖、子宮筋の自発運動の抑制、妊娠維持、乳房腺胞系の発育などである。

プロトゾア：反芻類の第一胃内に生息する30種類以上の原生動物の繊毛虫類。細菌とたくみに依存しあって調和のとれた微生物社会を形成している。セルロース、でんぷん、たんぱく質を分解するだけでなく、プロトゾアそのものが、栄養源となる。

プローライト・ワクチン：英国の獣医病理学者プローライトが1960年代に完成した牛疫ワクチン。子牛の腎臓培養細胞に牛疫ウイルスを接種し、90代以上継代した細胞培養ワクチン。製造コストが安価で10年間は免疫を維持できる。

ベロ毒素：一部の腸管出血性大腸菌が生産し、菌体外に分泌する毒素たんぱく質で、O157が有名。

便秘疝：腸内容の硬結停滞、腫瘍などによって、その部の腸管の拡張または閉塞をきたす。主に馬の疾病。原因により、単純性便秘疝、砂疝および結石疝痛などがある。直腸検査によって、便秘部を蝕知し、糞塊の細砕、浣腸、下剤、副交感神経興奮剤などの処置、開腹手術などで治療する。

頬弓：頬骨弓のこと。頭蓋を正面から見ると、顔面は頬骨の所が最も広く、眼鏡のつるのような骨の橋が、耳の孔の近くまで達している。

ポリグラフ：医学、理工学関係の電気現象を観測記録する装置で、医学、生物学領域では、生体内における複数の情報を同時に記録するため、増幅度の高い生体電気用前置増幅器を付けた多目的電気記録装置。心電図、脳波、筋電図など。

＜マ行＞

マイコトキシン（カビ毒）：カビ類が生成する低分子の2次代謝産物で、中毒を起こす有害物質群の総称。その結果、繁殖障害、流産、痙攣、悪性腫瘍、免疫不全などの疾病を引き起こす。

マラリア：プラスモジウム属の原虫の感染によって起こる疾病で、蚊が媒介する。人のマラリアが重要である。

迷走神経興奮剤：副交感神経を興奮させる薬剤。汗、唾液、涙、鼻汁が増加し、消化管においては蠕動運動が亢進する。馬の疝痛に用いる。

<ヤ行>

薬剤耐性菌：病原菌に対して、薬剤を反復適用した場合、その薬物に対して感受性が低下して効果がなくなった状態の病原菌。

梁川病（腰フラ病。馬のワラビ中毒）：北海道十勝地方の放牧馬に多発した、起立不能を主徴とする疾病。ワラビ中のアノイリナーゼによるビタミンB_1欠乏症が主因。

翼状骨：頭蓋骨を構成する骨の1つで、脳および感覚器を囲む。後鼻孔側面に位置し、後腹角に翼突起をもつ。

<ラ行>

卵巣嚢腫（卵胞嚢腫）：卵胞が排卵することなく、長く存続し、質的に異常卵胞で、大きさ、個数および変性の程度もまちまちである。症状として思牡狂型と無発情型がある。泌乳量の多い牛に発生する傾向がある。卵胞刺激ホルモンと黄体形成ホルモンの不均衡に起因する。

陸軍獣医学校：日清・日露の戦争を通じ、欧米列強と比較して、軍馬の資質改良が喫緊の課題となり、明治天皇の勅令により、馬政局が設置された。本校は1893年に創立され、獣医部将校の養成が目的である。軍馬の健康維持や病傷馬の治療以外に戦没軍馬の慰霊をし、他の軍用動物（犬、鳩、牛など）も扱った。

リステリア症：めん羊、山羊、牛に好発する伝染病。リステリア菌の感染により脳炎症状を示す。

ルミノロジー：第一胃（ルーメン）に由来する用語。反芻動物特有の消化機構および栄養と、単胃動物の消化および栄養を、比較研究する学問。

ルーメンアシドーシス（第一胃過酸症）：発酵しやすい炭水化物に富む穀類の飽食で起こる牛の第一胃発酵異常。胃内微生物叢が乱れ、乳酸菌の急激な増殖で、乳酸の生成が著しく高まるため、胃内容pHは5以下になる。

レプトスピラ症：トレポネーマ科のレプトスピラ属の細菌で起きる、犬に最も多い人獣共通感染症。主な症状は腎炎であり、致死率の高い亜急性型、慢性型、不顕性型がある。出血性黄疸の場合は短い経過で死亡する。齧歯類に保菌が多い。予防法として多価死菌ワクチンがある。

■著者紹介

大竹　修（おおたけ　おさむ）

　1945年兵庫県生まれ。1968年に鳥取大学農学部獣医学科を卒業し、NOSAI岡山家畜診療所に勤務した。1987年から2000年まで同家畜臨床研修所所長。1989年に「牛の秋期結膜炎の研究」で獣医学博士。

　豊富な臨床経験に基づいて学術論文105編を著し、軽妙洒脱な文体で随筆等を163篇書き、学術的な講演は125回を数える。また、各種学会や役所関係の役員や委員を多く務め、学会や農水省からの受賞歴も多い。

　これらの功績に対して、2010年に日本獣医師会から学術功労賞が授与された。

　1969年に青年獣医師の自発的な勉強会「牛歩会」が発足し、大竹は常にその中心的な存在として、皆を引っ張ってきた。新人獣医師の教育や既卒獣医師の卒後教育にも熱心であった。

　私的には、動植物の飼育栽培、読書、料理、尺八演奏、詩吟など多彩な趣味を持つ。

　近年はさらに随筆、絵画、彫刻（特に仏像作り）の腕をあげている。他方、日本の自然と季節を愛し、各地に旅し、酒を酌み交わす風雅な面を備えている。津山市内に居を構え、子ども2人はすでに独立し、奥さんと2人でドライブやガーデニングを楽しむ円満家庭である。　　　（文責：浜名　克己）

OMUPの由来
大阪公立大学共同出版会（略称OMUP）は新たな千年紀のスタートとともに大阪南部に位置する5公立大学、すなわち大阪市立大学、大阪府立大学、大阪女子大学、大阪府立看護大学ならびに大阪府立看護大学医療技術短期大学部を構成する教授を中心に設立された学術出版会である。なお府立関係の大学は2005年4月に統合され、本出版会も大阪市立、大阪府立両大学から構成されることになった。また、2006年からは特定非営利活動法人（NPO）として活動している。

Osaka Municipal Universities Press (OMUP) was established in new millennium as an association for academic publications by professors of five municipal universities, namely Osaka City University, Osaka Prefecture University, Osaka Women's University, Osaka Prefectural College of Nursing and Osaka Prefectural College of Health Sciences that all located in southern part of Osaka. Above prefectural Universities united into OPU on April in 2005. Therefore OMUP is consisted of two Universities, OCU and OPU. OMUP has been renovated to be a non-profit organization in Japan since 2006.

獣医学の狩人たち2
20世紀の獣医偉人列伝

2020年3月1日　初版第1刷発行

著　者　大竹　修
発行者　八木　孝司
発行所　大阪公立大学共同出版会（OMUP）
　　　　〒599-8531 大阪府堺市中区学園町1−1
　　　　大阪府立大学内
　　　　TEL　072 (251) 6533　FAX　072 (254) 9539
印刷所　和泉出版印刷株式会社